信息技术应用创新系列教材

U0605588

Python

程序设计

主　编 ◎ 姜春磊　陈虹洁

副主编 ◎ 孟庆岩　吕亚伟　张志芬　彭　航

中国水利水电出版社
www.waterpub.com.cn
·北京·

内 容 提 要

本书采用理论与实践相结合的教学方式，通俗易懂、图文并茂。本书详细讲解了 Python 编程基础、搭建 Python 开发环境、Python 语言基础、运算符与表达式、流程控制、序列、字符串和正则表达式、函数、面向对象程序设计、模块和包、异常处理与程序调试、操作文件与目录、操作数据库以及综合实战项目。在讲解过程中，本书特别注重案例和实际操作，在案例选取上注重与实际项目相结合，在讲解技术的同时，分析案例的业务逻辑，提升读者分析问题、解决问题的能力。

本书将配套完整的教学、教辅资源，包括课程标准、完整的教学课件、作业答案、演示案例代码和实践项目代码，以方便教师教学和学生学习。

本书适合作为应用型本科或高等职业院校软件技术、云计算、计算机网络、人工智能、大数据、信息管理、电子商务等专业的教学用书，也适合作为其他相关专业的选修课程教材。

图书在版编目（ＣＩＰ）数据

Python程序设计 / 姜春磊，陈虹洁主编. -- 北京：
中国水利水电出版社，2023.8
信息技术应用创新系列教材
ISBN 978-7-5226-1593-6

Ⅰ. ①P… Ⅱ. ①姜… ②陈… Ⅲ. ①软件工具—程序
设计—教材 Ⅳ. ①TP311.561

中国国家版本馆CIP数据核字(2023)第115213号

策划编辑：石永峰　　责任编辑：王玉梅　　加工编辑：刘　瑜　　封面设计：梁　燕

书　　名	信息技术应用创新系列教材 **Python 程序设计** Python CHENGXU SHEJI
作　　者	主　编　姜春磊　陈虹洁 副主编　孟庆岩　吕亚伟　张志芬　彭　航
出版发行	中国水利水电出版社 （北京市海淀区玉渊潭南路 1 号 D 座　100038） 网址：www.waterpub.com.cn E-mail：mchannel@263.net（答疑） 　　　　sales@mwr.gov.cn 电话：（010）68545888（营销中心）、82562819（组稿）
经　　售	北京科水图书销售有限公司 电话：（010）68545874、63202643 全国各地新华书店和相关出版物销售网点
排　　版	北京万水电子信息有限公司
印　　刷	三河市德贤弘印务有限公司
规　　格	210mm×285mm　16 开本　18.5 印张　496 千字
版　　次	2023 年 8 月第 1 版　2023 年 8 月第 1 次印刷
印　　数	0001—3000 册
定　　价	54.00 元

编　委　会

前　　言

本书是在中国指挥与控制学会（Chinese Institute of Command and Control，CICC）指导下，由统信国基（北京）科技有限公司联合烟台黄金职业学院共同研发的。

近年来，人工智能、大数据、云计算、物联网、机器人、智能制造等新兴产业发展迅速，Python作为一种面向对象的、解释型的、通用的、开源的编程语言，已成为全球颇受欢迎的编程语言之一，被广泛应用于 Web 应用开发、自动化运维、人工智能、大数据分析、网络爬虫、科学计算、游戏开发等领域。近年来，Python 课程已成为大学计算机相关专业的核心课程，一些高校还将 Python 作为非计算机专业学生的兴趣课或选修课，很多中小学也开设了 Python 入门课程。因此，未来 Python 的应用场景将更加丰富，学习和使用 Python 语言的人数将呈指数级增长。

中国指挥与控制学会是经中华人民共和国民政部正式注册的我国指挥与控制科学技术领域唯一的国家级学会，是全国性科技社会组织，是中国科学技术协会的正式团体会员，接受中国科学技术协会的直接领导。统信国基（北京）科技有限公司经过多年的教育实践，积累了丰富的课程研发和技能型人才培养经验。烟台黄金职业学院是教育部备案的全日制普通高等职业院校，是由大型国有企业招金集团投资兴办的公益性大学，是国企办学的典范。三方联合开发本教程，致力于为学生提供专业、系统、实战化的 Python 学习参考用书。

从实用性出发、通过案例教学、注重实战经验传递和创意训练是本书显著的特点，本书改变了先教知识后学应用的传统学习模式，根治了初学者对技术类课程感到枯燥和茫然的学习心态，激发学习者的学习兴趣，提升学习的成就感，建立对所学知识和技能的信心，是对传统学习模式的改进。本书具有以下 6 个特点。

1. 适应院校教学和技能型人才培养

本书课程体系专门为应用型本科或高等职业院校量身打造，根据高校教学特点，在设计课程体系时由高校教学计划逆推技能点课时设置，确保本课程与院校课程协调一致，最大化满足院校对人才培养的需求。

2. 课程体系由浅入深、关联递进、易学易用

本书课程体系设计以企业需求为基础打开人才培养突破口，技能点逐层深入，让初学者不断产生成就感，避免出现畏难心理。

3. 以实用技能为核心

本书在选取技能点时以企业实战技术为核心，确保技能的实用性，避免了技能点面面俱到但又蜻蜓点水的情况出现。

4. 以案例为主线

本书从实战出发，书中应用了大量案例，便于读者掌握，以提高学习效果。

5. 以动手能力为合格目标

本书注重培养实践能力，以是否能够独立完成真实项目为检验学习效果的标准，在教学和学习过程中，读者要认真完成本书中示例代码、实践项目和综合实战项目。

6. 以项目经验为教学目标

本书加入了大量具有含金量的经验分享，并加强了对示例项目的分析、讲解，在实践项目中加入了完整的注释，以期提升学生分析问题、解决问题的能力。

本书共分为 14 章，各章核心内容说明如下。

第 1 章：本章重点讲解编程语言，帮助读者理解机器语言、汇编语言和高级语言的特点与区别，理解解释型语言与编译型语言的执行过程及特点，并对 Python 语言及其应用领域有初步的了解。

第 2 章：本章讲解如何搭建 Python 开发环境，并与读者一起开发和运行第一个 Python 程序，学习 Python 比较成熟的几个集成开发环境。

第 3 章：本章讲解 Python 编程必备的基础知识，如注释、保留字、标识符、基本数据类型、基本输入输出和 Python 编程规范等。从本章起，读者将编写大量的 Python 程序，除要实现程序的功能外，还必须按 Python 的编程规范养成良好的编码习惯，不断提升代码的可读性和可维护性，让程序变得更加优雅。

第 4 章：本章重点讲解 Python 中的算术运算符、赋值运算符、关系运算符、逻辑运算符、位运算符、运算符的优先级，以及条件表达式，读者学习完本章可以开发出更加复杂的程序。

第 5 章：本章将详细讲解程序结构、实现选择结构的选择语句、实现循环结构的循环语句，以及中断和改变程序执行流程的 break、continue 语句。掌握流程控制结构需要具备较强的逻辑思维能力，读者在学习过程中要认真分析示例中每句代码的含义，理解每个程序执行的过程，认真完成示例项目和实践项目，勤加练习。

第 6 章：本章重点讲解列表、元组、字典、集合这 4 种序列类型，并详细介绍每种序列常用的操作方法，读者在学习过程中也要总结其差异，在后续的编程中要能够根据业务场景正确使用。

第 7 章：本章重点讲解字符串的常用操作方法、正则表达式的语法和如何在 Python 中使用正则表达式等相关知识。本章涉及的 API 较多，需要读者多写代码，以熟练掌握。

第 8 章：本章重点讲解函数的定义、函数调用、参数传递、变量的作用域、匿名函数和递归函数等知识。

第 9 章：本章重点讲解面向对象程序设计的特点、类的定义与使用、属性、类的继承等知识，使读者进入 Python 面向对象编程之路。

第 10 章：本章详细讲解 Python 中的模块和包，包括自定义模块、导入和使用标准模块、第三方模块的下载和安装、Python 程序中的包结构、如何创建和使用包等。

第 11 章：本章重点讲解 Python 中的异常、异常处理机制、断点调试和使用 assert 语句调试程序。

第 12 章：本章重点讲解文件的基本操作，如文件的创建、打开、读取、修改、关闭、删除和重命名等操作，同时讲解创建目录、删除目录和遍历目录的方法。

第 13 章：本章首先回顾数据库的基础知识和常用 SQL 语句，为后续操作数据库做准备，然后详细讲解 Python 数据库编程接口、Python 自带的 SQLite 数据库和应用较广泛的 MySQL 数据库等相关知识。

第 14 章：本章通过综合实战项目将所学 Python 技术综合运用，加深读者对技术的理解，强化读者对技能的掌握。

本书在编写过程中，得到了中国指挥与控制学会有关专家的指导，滨州学院信息工程学院王海燕院长、邯郸学院软件学院冯诚副院长的大力支持，在此一并感谢。如有不足之处，恳请读者批评指正，意见建议请发邮件至 unioninfo@163.com。

信息技术的快速发展正在深刻改变着世界，希望通过我们的努力，帮助您真正掌握实用技术、成为复合型人才，以实现高薪就业和技术改变命运的梦想。

编　者
2023 年 4 月　于烟台黄金职业学院

目　　录

第 1 章　Python 编程基础

本章简介

　　自计算机发明以来，人类就在不断探索让计算机更多地替代人类工作，然而，计算机不会自己思考和完成工作，因此要明确告诉它做什么工作及按什么步骤完成工作。为此，人类发明了计算机语言，并使用计算机语言开发程序，由程序告诉计算机执行动作的一系列指令。而用于编写程序的计算机语言也历经了机器语言、汇编语言、高级语言的演进，让编写程序变得更加容易，更加接近人类的自然语言。

　　Python 是一种面向对象的、解释型的、通用的、开源的脚本编程语言，经过几十年的发展，Python 已成为全球颇受欢迎的编程语言之一。

　　本章将从程序开始，带读者了解编程语言，理解机器语言、汇编语言和高级语言的特点与区别，理解解释型语言和编译型语言的执行过程及特点，并对 Python 语言及其应用领域有初步的了解。

本章目标

1. 理解什么是程序。
2. 理解什么是编程语言。
3. 理解机器语言、汇编语言和高级语言的特点与区别。
4. 理解编译型语言与解释型语言的特点与区别。
5. 了解 Python 语言的特点与应用领域。

本章知识架构

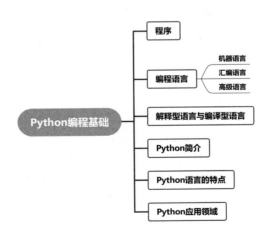

1.1　程　　序

　　"程序"一词源于生活，通常指完成某些事情的一种既定方式和过程。简单地说，程序可以看作是对一系列动作执行过程的描述。例如：一名员工要出差，首先要向领导提交出差申请，待出差申请审批通过后要订票、订酒店，然后出差完成工作，出差结束后要提交出差总结汇报工作，最后提交报销申请，待领导和财务审批后进行报销。这就是公司制定的出差程序。

那么，计算机程序到底是什么呢？计算机中的程序和日常生活中的程序很相似。用户在使用计算机时，就是利用计算机上的各类程序处理各种不同的问题。但是，计算机不会自己思考，因此要明确告诉它做什么工作及需要几个步骤才能完成这个工作。这里，人们所下达的每一个命令都称为指令，它对应着计算机执行的一个基本动作，计算机按照某种顺序完成一系列指令，这一系列指令的集合称为程序。

1.2　编程语言

为了使计算机能够理解人的意图，人类就必须将需解决的问题的思路、方法和手段通过计算机能够理解的形式告知计算机，使计算机能够根据人的指令一步一步去工作，完成某种特定的任务，这种人和计算机之间交流的过程就是编程。而人与计算机之间传递信息的媒介，因为是用来进行程序设计的，所以被称为程序设计语言或编程语言。

计算机语言在诞生的短短几十年里，也经历了一个从低级到高级的演变过程。具体地说，它经历了机器语言、汇编语言、高级语言 3 个阶段。

1.2.1　机器语言

机器语言是第一代计算机语言。机器语言是用二进制代码表示的，只有 0 和 1，是计算机能直接识别和执行的一种机器指令的集合，它是计算机的设计者通过计算机的硬件结构赋予计算机的操作功能。用机器语言编写程序，编程人员要熟记所用计算机的全部指令代码和代码的含义，得自己处理每条指令以及每个数据的存储分配和输入输出，还得记住编程过程中每步所使用的工作单元处在何种状态，这是一项十分烦琐的工作。而且，编出的程序全是二进制的指令代码，直观性差且容易出错，修改起来非常困难。此外，不同型号的计算机的机器语言是不相通的，按一种计算机的机器指令编写的程序，不能在另一种计算机上执行，所以，在一台计算机上执行的程序，要想在另一台计算机上执行，必须要另编程序，造成大量重复工作。但由于机器语言可以被计算机直接识别而不需要进行任何翻译，其运算效率是所有语言中最高的。

1.2.2　汇编语言

汇编语言是第二代计算机语言。为了克服机器语言难读、难编、难记和易出错的缺点，人们就用与代码指令实际含义相近的英文缩写词、字母和数字等符号来取代指令代码，于是就产生了汇编语言。所以说，汇编语言是一种用助记符表示的、仍然面向机器的计算机语言。汇编语言由于采用了助记符代替机器指令代码来编写程序，比用机器语言的二进制代码编程更方便，在一定程度上简化了编程过程。而且助记符与指令代码一一对应，基本保留了机器语言的灵活性。使用汇编语言能面向机器并较好地发挥机器的特性，得到质量较高的程序。

由于汇编语言中使用了助记符，用汇编语言编制的程序不能像用机器语言编写的程序一样被计算机直接识别和执行，必须通过预先放入计算机的"汇编程序"进行加工和翻译，才能变成能够被计算机识别和处理的二进制代码程序。用汇编语言等非机器语言书写好的符号程序称为源程序，运行时汇编程序要将源程序翻译成目标程序。目标程序是机器语言程序，它一经被安置在内存的预定位置上，就能被计算机的 CPU 处理和执行。

汇编语言像机器指令一样，是硬件操作的控制信息，因而仍然是面向机器的语言，使用起来还是比较烦琐，通用性也差。汇编语言虽然是低级语言，但是，常用来编制系统软件和过程控制软件，因其目标程序占用内存空间少，运行速度快，有着高级语言不可替代的用途。

1.2.3　高级语言

高级语言是面向用户的语言。不论是机器语言还是汇编语言，它们都是面向机器的，语言对机器的过分依赖，要求使用者必须对硬件结构及其工作原理都要十分熟悉，这对于非计算机专业人员而言是难以做到的，不利于计算机的推广应用，这促使人们去寻求一些与人类自然语言相近且能被计算机所接受、语义确定、规则明确、自然直观和通用易学的计算机语言。这种与自然语言相近并为计算机所接受和执行的计算机语言称为高级语言。无论何种机型的计算机，只要配备上相应的高级语言的编译或解释程序，则用该高级语言编写的程序就可以通用。当前主流的 Python、C、Java、C++、PHP 等都属于高级语言。

1.3　解释型语言与编译型语言

计算机不能直接地接受和执行用高级语言编写的源程序。源程序在输入计算机时，通过"翻译程序"翻译成机器语言形式的目标程序，才能被计算机识别和执行。这种"翻译"通常有两种方式，即编译方式和解释方式。

编译方式：事先编好一个称为编译程序或编译器的机器语言程序，将其作为系统软件存放在计算机内，当用高级语言编写的源程序输入计算机后，编译程序便把源程序一次性、整个地翻译成用机器语言表示的、与之等价的目标程序（二进制指令），然后计算机再执行该目标程序，以完成源程序要处理的运算并获得结果。按编译方式执行的编程语言被称为编译型语言，C、C++、Go、Pascal、汇编语言都是编译型语言。

解释方式：源程序进入计算机时，解释程序边扫描边解释，逐句输入逐句翻译，计算机一句一句执行，并不产生目标程序。按解释方式执行的编程语言被称为解释型语言，使用的转换工具被称为解释器，Python、JavaScript（简称 JS）、PHP、Shell 都是解释型语言。

编译型语言和解释型语言的执行过程如图 1-1 所示。

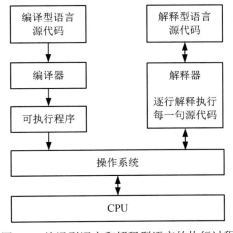

图 1-1　编译型语言和解释型语言的执行过程

编译型语言和解释型语言优缺点对比见表 1-1。

表 1-1   编译型语言和解释型语言优缺点对比

类型	原理	优点	缺点
编译型语言	通过专门的编译器，将所有源代码一次性全部转换成特定平台（Windows、Linux 等）执行的机器码（以可执行文件的形式存在）	编译一次后，脱离编译器也可以运行（一次编译，次次运行），运行效率高	可移植性差，不够灵活
解释型语言	由专门的解释器，根据需要将部分源代码临时转换成特定平台的机器码	跨平台性好（一次编写，处处运行），通过不同的解释器，将相同的源代码解释成不同平台下的机器码	一边执行一边转换，效率低

Java 和 C#是半编译半解释型的语言，源代码需要先转换成一种中间文件（字节码文件），然后再将中间文件放到虚拟机中执行。

1.4   Python 简 介

Python（中文为蟒蛇），是由荷兰数学和计算机科学研究学会的吉多·范罗苏姆（Guido van Rossum）于 1991 年年初设计的一种面向对象的、解释型的、通用的、开源的脚本编程语言，图 1-2 为 Python logo。

1991 年年初：第一个 Python 解释器问世。

1994 年 1 月：Python 1.0 正式发布。

2000 年 10 月 16 日：Python 2.0 的发布标志着 Python 的框架基本确定。

图 1-2   Python logo

2008 年 12 月 3 日：Python 3.0 成功面世，Python 逐步成了一门现代化的编程语言。

经过几十年的发展，Python 已成为全球颇受欢迎的编程语言之一。如图 1-3 所示，2023 年 6 月，根据 TIOBE 指数（TIOBE 编程社区指数是编程语言普及程度的指标，该索引每月更新一次，https://www.tiobe.com/tiobe-index），Python 已经连续一年蝉联榜首，排名前 4 位的 Python、C、Java 和 C++占有超过 50%的市场份额。

Jun 2023	Jun 2022	Change	Programming Language		Ratings	Change
1	1			Python	12.46%	+0.26%
2	2			C	12.37%	+0.46%
3	4	^		C++	11.36%	+1.73%
4	3	v		Java	11.28%	+0.81%
5	5			C#	6.71%	+0.59%
6	6			Visual Basic	3.34%	-2.08%
7	7		JS	JavaScript	2.82%	+0.73%
8	13	^^	php	PHP	1.74%	+0.49%
9	8	v	SQL	SQL	1.47%	-0.47%
10	9	v	ASM	Assembly language	1.29%	-0.56%
11	12	^		Delphi/Object Pascal	1.26%	-0.07%

图 1-3   2023 年 6 月 Python 语言位列编程语言市场占有率第一

作为一个简单且功能强大的编程语言，Python 因易于学习、编程周期短、具有各种框架，在数据分析、AI、机器学习、Web 开发、测试等多个领域都有出色的发挥。如图 1-4 所示，自 2018 年，随着大数据、人工智能等技术的兴起，Python 市场占有率也在持续增长。

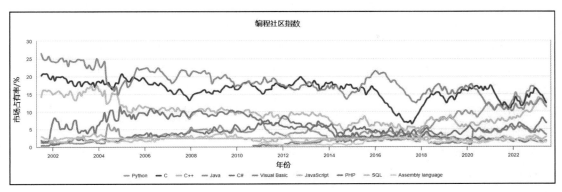

图 1-4　Python 市场占有率增长曲线

1.5　Python 语言的特点

Python 作为当前颇受欢迎的编程语言，具有以下特点。

（1）Python 语法简单。和 C、C++、Java、C#等语言相比，Python 对代码格式的要求没有那么严格，这种宽松使开发者在编写代码时不用在细枝末节上花费太多精力。

（2）Python 是开源的。开源，也即开放源代码，所有开发者都可以看到源代码。Python 的开源体现在两方面：一是开发者使用 Python 编写的代码是开源的；二是 Python 解释器和模块是开源的。

（3）Python 是免费的。开发者使用 Python 开发或发布自己的程序，不需要支付任何费用，也不用担心版权问题，即使作为商业用途，Python 也是免费的。

（4）Python 是高级语言。Python 封装较深，屏蔽了很多底层细节，使用方便。

（5）Python 是解释型语言，能跨平台。解释型语言一般都是跨平台的（可移植性好），Python 也不例外。

（6）Python 是面向对象的编程语言。面向对象是现代编程语言一般都具备的特性，Python 支持面向对象，但它不强制使用面向对象。

（7）Python 功能强大。Python 的模块众多，基本实现了常见的功能，从简单的字符串处理，到复杂的 3D 图形绘制，借助 Python 模块都可以轻松完成。

（8）Python 可扩展性强。Python 的可扩展性体现在它的模块，Python 具有脚本语言中最丰富和强大的类库，这些类库覆盖了文件 I/O、图形用户界面（Graphical User Interface，GUI）、网络编程、数据库访问、文本操作等绝大部分应用场景。如果需要一段关键代码运行得更快或希望某些算法不公开，可以部分程序用 C 或 C++编写，然后在 Python 程序中使用它们，Python 能把其他语言"粘"在一起，所以也被称为"胶水语言"。Python 依靠其良好的扩展性，在一定程度上弥补了运行效率慢的不足。

1.6　Python 应用领域

Python 在各行各业有着极为重要的作用，主要应用领域包括 Web 应用开发、自动化运维、人工智能领域、网络爬虫、科学计算、游戏开发等。

（1）Web 应用开发。Python 经常被用于 Web 应用开发，尽管目前 PHP、JS 依然是 Web 应用开发的主流语言，但 Python 上升势头迅猛。尤其随着 Python 的 Web 应用开发框架逐渐成熟（如 Django、flask、TurboGears、web2py 等），程序员可以更轻松地开发和管理复杂的 Web 应用程序，例如：全球最大的搜索引擎 Google，在其网络搜索系统中就广泛使用 Python；全球最大的视频网站 Youtube 及豆瓣网也都是使用 Python 实现的。

（2）自动化运维。很多操作系统中，Python 是标准的系统组件，大多 Linux 发行版以及 NetBSD、OpenBSD 和 macOS 都集成了 Python，可以在终端直接运行 Python。通常情况下，使用 Python 编写的系统管理脚本，无论是可读性，还是性能、代码重用度以及扩展性，都优于普通的 Shell 脚本。

（3）人工智能领域。Python 在人工智能领域内的机器学习、神经网络、深度学习等方面都是主流的编程语言，可以说，基于大数据分析和深度学习发展而来的人工智能，其本质上已经无法离开 Python 的支持了。

（4）网络爬虫。Python 很早就用来编写网络爬虫。Google 等搜索引擎公司大量地使用 Python 编写网络爬虫。Python 提供了很多服务于编写网络爬虫的工具，如 urllib、Selenium 和 BeautifulSoup 等，还提供了一个网络爬虫框架 Scrapy。

（5）科学计算。自 1997 年起，NASA（美国航空航天局）就大量使用 Python 进行各种复杂的科学计算。和 Shell、JS、PHP 等其他解释型语言相比，Python 在数据分析、可视化方面有相当完善和优秀的库，如 NumPy、SciPy、Matplotlib、Pandas 等，这可以满足 Python 程序员编写科学计算程序的需要。

（6）游戏开发。很多游戏使用 C++编写图形显示等高性能模块，而使用 Python 或 Lua 编写游戏的逻辑，Python 能支持更多的特性和数据类型。

本 章 总 结

1. 人给计算机所下达的每一个命令被称为指令，它对应着计算机执行的一个基本动作，计算机按照某种顺序完成一系列指令，这一系列指令的集合称为程序。

2. 机器语言是第一代计算机语言。机器语言是用二进制代码表示的，只有 0 和 1，是计算机能直接识别和执行的一种机器指令的集合，它是计算机的设计者通过计算机的硬件结构赋予计算机的操作功能。

3. 汇编语言是第二代计算机语言。为了克服机器语言难读、难编、难记和易出错的缺点，人们就用与代码指令实际含义相近的英文缩写词、字母和数字等符号来取代指令代码，于是就产生了汇编语言。所以说，汇编语言是一种用助记符表示的、仍然面向机器的计算机语言。

4. 高级语言是面向用户的语言，是与自然语言相近并为计算机所接受和执行的计算机语言，C 语言、Java、Python 都是高级语言。

5. 编译方式是指当用高级语言编写的源程序输入计算机后，编译程序便把源程序一次性、整个地翻译成用机器语言表示的、与之等价的目标程序（二进制指令），然后计算机再执行该目标程序，以完成源程序要处理的运算并取得结果。编译型语言的优点是编译一次后，脱离编译器也可以运行（一次编译，次次运行），因此运行效率高，缺点是可移植性差，不够灵活。

6. 解释方式是指源程序进入计算机时，解释程序边扫描边解释，逐句输入逐句翻译，计算机一句一句执行，并不产生目标程序。解释型语言的优点是跨平台性好（一次编写，处处运行），缺点是通过不同的解释器，将相同的源代码解释成不同平台下的机器码，一边执行一边转换，效率低。

7．Python 语言的特点是语法简单、开源、免费、面向对象、功能强大、可扩展性强、跨平台。

8．Python 的应用领域有 Web 应用开发、自动化运维、人工智能领域、网络爬虫、科学计算、游戏开发等。

实　践　项　目

1．请简述什么是程序。

2．请使用表格，从代码特点、面向的对象、编程难度和执行效率分析机器语言、汇编语言和高级语言的特点与区别。

3．请完成某公司的面试题：使用表格对比解释型语言与编译型语言的特点与区别，并绘制两类语言编译执行过程的流程图。

第 2 章　搭建 Python 开发环境

 本章简介

近年来，随着人工智能、大数据等新兴技术的发展，Python 的应用领域更加广阔，发展迅猛，根据 TIOBE 指数 2023 年 6 月统计数据，Python 作为全球颇受欢迎的编程语言已经连续一年蝉联榜首的位置，学习和使用 Python 的浪潮正在席卷全球。

本章将讲解如何搭建 Python 开发环境，并与读者一起开发和运行第一个 Python 程序，学习 Python 比较成熟的几个集成开发环境。

 **本章目标**

1. 能够独立搭建 Python 开发环境。
2. 开发第一个 Python 程序。
3. 熟练使用 Python 自带的 IDLE 开发环境。
4. 掌握 PyCharm 集成开发环境的安装与使用。
5. 掌握 Sublime Text 集成开发环境的安装、配置与使用。

本章知识架构

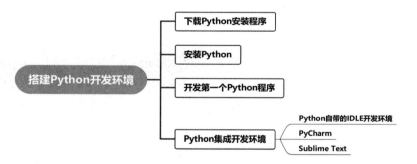

2.1　下载 Python 安装程序

Python 安装程序下载地址为 https://www.python.org/downloads，打开该链接，进入下载界面，如图 2-1 所示。Python 3.x 和 Python 2.x 是 Python 的两个版本，Python 3.x 是一次重大升级，为了避免引入历史包袱，Python 3.x 没有考虑与 Python 2.x 的兼容性，这导致很多已有的项目无法顺利升级 Python 3.x，只能继续使用 Python 2.x，而大部分刚刚起步的新项目又使用了 Python 3.x，所以目前官方还需要维护这两个版本的 Python。本教程建议初学者直接使用 Python 3.x。

本教程以 Python 3.10.5 为例演示 Windows 系统下 Python 的安装过程，需要注意的是 Python 3.10.5 不能在 Windows 7 及更早的 Windows 系统版本中使用。

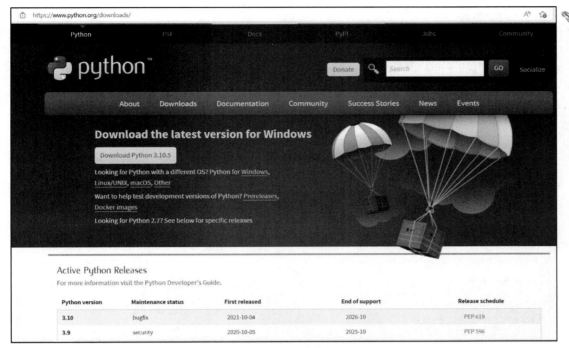

图 2-1　Python 下载界面

如图 2-2 所示，将鼠标指针放置于 Downloads 标签，在弹出的下拉列表中单击 Windows 命令，选择下载 Windows 版本。

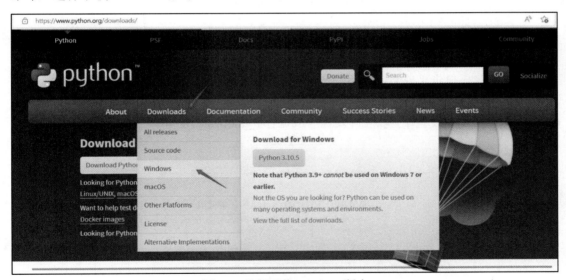

图 2-2　选择下载 Windows 版本

如图 2-3 所示，进入 Python Releases for Windows 界面，在该界面有多个可下载文件，说明如下。

（1）后缀为"32-bit"的文件是适用于 32 位操作系统的版本。

（2）后缀为"64-bit"的文件是适用于 64 位操作系统的版本。

（3）embeddable package 表示.zip 格式的绿色免安装版本，可以直接嵌入（集成）其他的应用程序中。

（4）help file 是为开发者提供的帮助文档。

一般选择 Windows installer(64-bit)，即 64 位的完整的离线安装包。

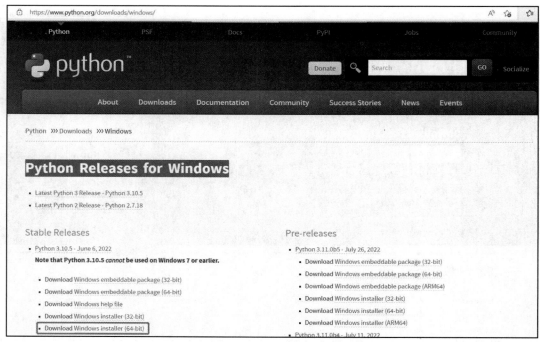

图 2-3　下载 Python 安装包

2.2　安　装　Python

双击下载的 python-3.10.5-amd64.exe 可执行程序，就可以开始安装 Python 了。如图 2-4 所示，Python 支持两种安装方式，即默认安装和自定义安装：默认安装会勾选所有组件，并安装在 C 盘；自定义安装可以手动选择要安装的组件，并可以指定安装的位置。

另外，建议勾选 Add Python 3.10 to PATH 复选框，可以将 Python 命令工具所在目录添加到系统 Path 环境变量中，以后开发程序或运行 Python 命令会非常方便，否则后续需要自行设置。

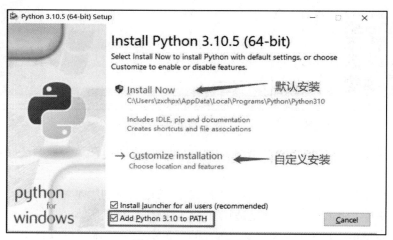

图 2-4　Python 安装界面

本教程选择自定义安装，单击 Customize installation 选项，如图 2-5 所示，进入 Optional Features（可选功能）界面，默认全选，单击 Next 按钮。

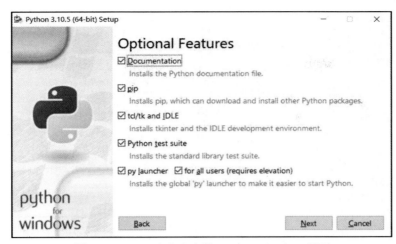

图 2-5　Python 自定义安装 Optional Features 界面

　　如图 2-6 所示，进入 Advanced Options（高级选项）界面，在该界面勾选 Install for all users 复选框，并单击 Browse 按钮选择 Python 要安装的目录，本教程安装在 D:\Program Files(x86) 目录下，选择完成后单击 Install 按钮，进入 Setup Progress（安装进程）界面，如图 2-7 所示。

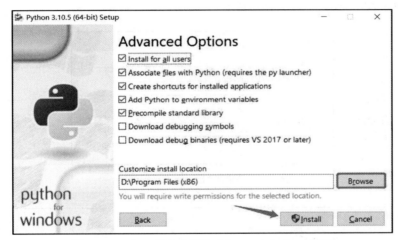

图 2-6　Python 自定义安装 Advanced Options 界面

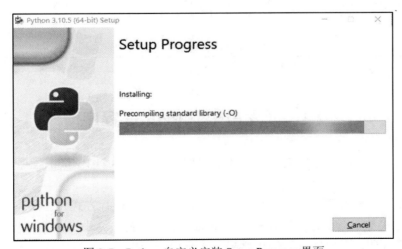

图 2-7　Python 自定义安装 Setup Progress 界面

　　在安装完成后，出现图 2-8 所示的安装成功界面，单击 Close 按钮，关闭安装程序。

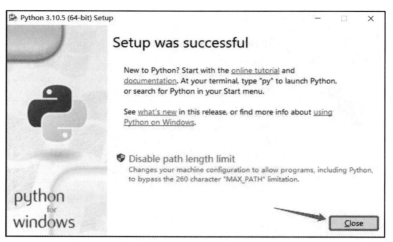

图 2-8　Python 安装成功界面

　　Python 安装完成以后，按 Windows+R 组合键，如图 2-9 所示，在出现的"运行"对话框中输入 cmd 并单击"确定"按钮，打开 Windows 的命令行程序（命令提示符），如图 2-10 所示，在窗口中输入 python 命令（注意字母 p 是小写的），如果出现 Python 的版本信息，并看到命令提示符">>>"，就说明安装成功了。

图 2-9　Windows "运行"对话框

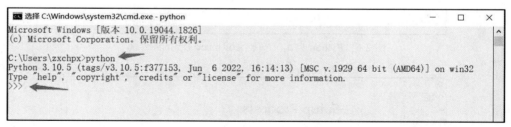

图 2-10　查看 Python 版本信息

2.3　开发第一个 Python 程序

　　在搭建好 Python 开发环境后，下面学习如何开发第一个 Python 程序，输出经典的 Hello World。

　　Python 是一种解释型的脚本编程语言，支持两种代码运行方式。

　　第一种方式是在命令行程序窗口（以下简称命令行窗口）中直接输入代码，按 Enter 键就可以运行代码，并立即看到输出结果；执行完一行代码，可以继续输入下一行代码，再次按 Enter 键并查看结果……整个过程就像在和计算机对话，所以称为交互式编程，如图 2-11 所示。

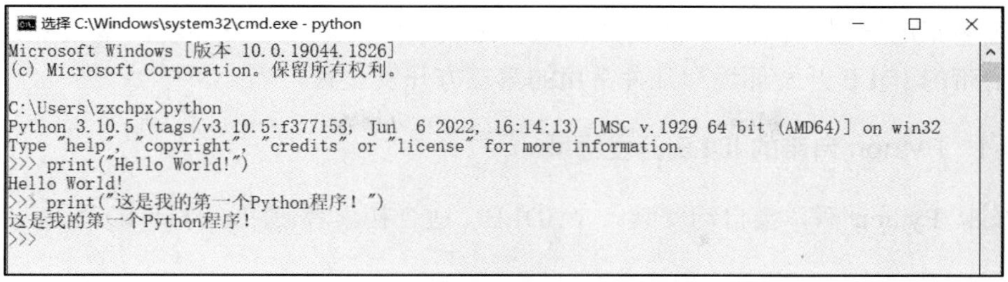

图 2-11　在命令行窗口运行 Python 程序

第二种方式是创建一个以.py 为扩展名的源文件，将所有代码放在该源文件中，让解释器逐行读取并执行源文件中的代码，直到文件末尾，也就是批量执行代码。例如，在记事本中输入示例 1 所示代码，并将文件保存并命名为 HelloWorld.py，如图 2-12 所示，在命令行窗口中首先找到源文件保存的目录，然后通过 python 命令运行该源文件，便可得到运行结果。

示例 1

```
print("Hello World!")
print("这是我的第一个 Python 程序")
```

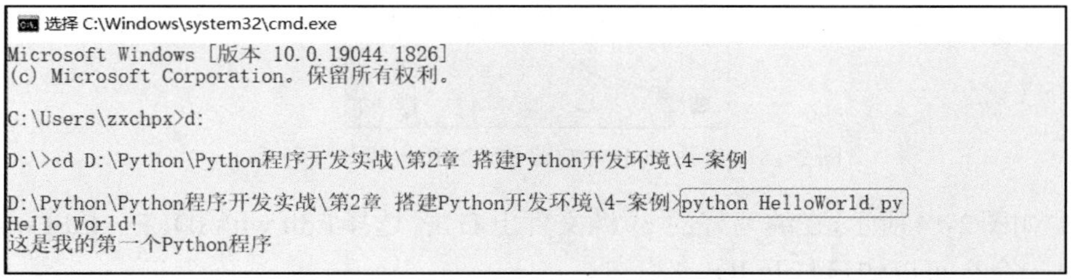

图 2-12　在命令行窗口运行 Python 源文件

如果源文件路径或文件名比较长，输入容易出错，可以在命令行窗口先输入 python 命令并加一个空格，然后将文件拖曳到空格位置，文件的完整位置便可显示在空格右侧，按 Enter 键也可得到同样的运行结果。

通过开发第一个 Python 程序，读者对于 Python 程序有了直观的认识，现就示例 1 说明如下。

（1）Python 的输出语句为 print("字符串内容")或 print('字符串内容')，字符串要用双引号" "或单引号' '包围，字符串可以是中文、英文、数字和特殊符号等。

（2）有编程经验的读者知道，很多编程语言（如 C、C++、Java 等）都要求在语句的最后加上分号 ";" 来表示一个语句的结束，但是 Python 不要求语句使用分号结尾，即便是使用了分号，也没有实质的作用。如果同一行有多句代码，每句代码间要用分号 ";" 隔开，但这种做法 Python 并不推荐。

（3）Python 是严格区分大小写的，print 和 Print 代表不同的含义。

2.4　Python 集成开发环境

集成开发环境（Integrated Development Environment，IDE）是指辅助程序员开发程序的应用软件，一般包括代码编辑器、编译器、调试器和图形用户界面等工具。好的集成开发环境可以帮助程序员节省时间和精力，让开发工作更加快捷方便，为开发团队建立统一标准，并有效管理开发工作。

经过多年的发展，Python 已经具备许多比较成熟的集成开发环境，本教程重点讲解 Python 自带的 IDLE 开发环境和几种常用的第三方开发工具。

2.4.1　Python 自带的 IDLE 开发环境

在安装 Python 后，会自动安装一个 IDLE，适合初学者使用。打开 IDLE 有以下两种方式。

（1）如图 2-13 所示，单击系统的开始菜单，在程序列表中找到 Python 3.10 菜单项，单击 IDLE(Python 3.10 64-bit)菜单项，即可打开 IDLE 窗口。

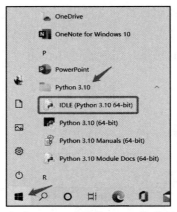

图 2-13　启动 Python 自带的 IDLE 集成开发环境 1

（2）如图 2-14 所示，在编写好的.py 源文件上右击，选择 Edit with IDLE→Edit with IDLE 3.10(64-bit)命令可以快捷打开 IDLE 窗口。

图 2-14　启动 Python 自带的 IDLE 集成开发环境 2

如图 2-15 所示，打开 IDLE 主窗口，可以在标题栏上看到 IDLE 是一个 Python Shell，包括菜单栏、Python 版本信息和 Python 提示符。

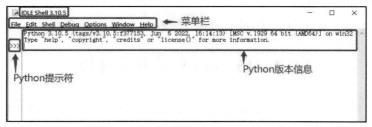

图 2-15　IDLE 主窗口

在 IDLE 主窗口的菜单栏上，选择 File→New File 命令，将打开一个新窗口（快捷键 Ctrl+N），在该窗口中，输入示例 2 所示程序，在输入完一行代码后按 Enter 键换到下一行继续输入，效果如图 2-16 所示。

示例 2

```
print("学习 Python 编程的三个方法：")
print("第一.多写代码！")
print("第二.多写代码！！")
print("第三.多写代码！！！")
```

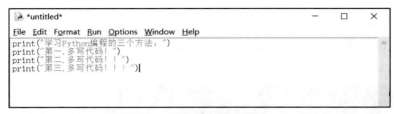

图 2-16　在 IDLE 中编写程序

如图 2-16 所示，在标题栏中显示"*untitled*"，*号表示文件没有被保存，untitle 表示文件未命名，单击 File→Save 命令（快捷键 Ctrl+S），选择文件保存位置并命名便可将编写的程序保存为以.py 为扩展名的源文件。在菜单栏单击 Run→Run Module 命令（快捷键 F5），可在 IDLE 中运行该程序，示例 2 执行结果如图 2-17 所示。

```
IDLE Shell 3.10.5                                                    —    □    ×
File  Edit  Shell  Debug  Options  Window  Help
    Python 3.10.5 (tags/v3.10.5:f377153, Jun  6 2022, 16:14:13) [MSC v.1929 64 bit (AMD64)] on win32
    Type "help", "copyright", "credits" or "license()" for more information.
>>>
    ===== RESTART: D:\Python\Python程序开发实战\第2章 搭建Python开发环境\4-案例\IDLE Example.py =====
    学习Python编程的三个方法：
    第一.多写代码！
    第二.多写代码！！
    第三.多写代码！！！
>>>
```

图 2-17　示例 2 执行结果

正如在办公软件中使用快捷键一样，IDLE 也提供了大量快捷键，可以极大地提升开发效率和降低错误，要成为熟练的开发者必须掌握快捷键，表 2-1 是 IDLE 中常用的快捷键，以供读者参考。

表 2-1　IDLE 中常用的快捷键

快捷键	说明
F1	打开 Python 帮助文档
F5	运行程序
Alt + /	自动补全
Alt + 3	注释代码块
Alt + 4	解除注释
Ctrl + S	保存
Ctrl + N	新建文件
Ctrl + Z	撤销上个操作
Ctrl +]	缩进代码块
Ctrl +[	取消代码块的缩进

2.4.2　PyCharm

PyCharm 是由 JetBrains 公司开发的一款 Python 开发工具，在 Windows、macOS 和

Linux 操作系统中都可以使用。

　　PyCharm 带有一整套可以帮助开发者在使用 Python 语言开发时提高其效率的工具，如调试、语法高亮、项目管理、代码跳转、智能提示、自动完成、单元测试以及版本控制等一般开发工具都具有的功能，除此之外，它还支持在 Django（Python 的 Web 应用开发框架）框架下进行 Web 应用开发，是很受 Python 开发者喜爱的集成开发环境。本教程使用 PyCharm 作为集成开发环境。

　　（1）下载 PyCharm。如图 2-18 所示，进入 PyCharm 官方网站 www.jetbrains.com，单击 Developer Tools 菜单，单击 IDEs 下的 PyCharm 进入下载界面。

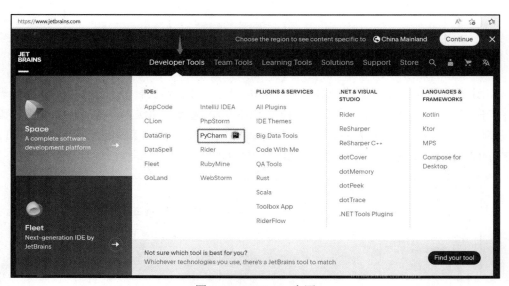

图 2-18　PyCharm 官网

　　如图 2-19 所示，在下载界面单击右侧的 Download 按钮，可以看到 PyCharm 有两个版本，分别是 Professional（专业版）和 Community（社区版）。其中，专业版是收费的，可以免费试用 30 天；而社区版是完全免费的。建议初学者使用社区版，该版本不会对学习 Python 产生任何影响。

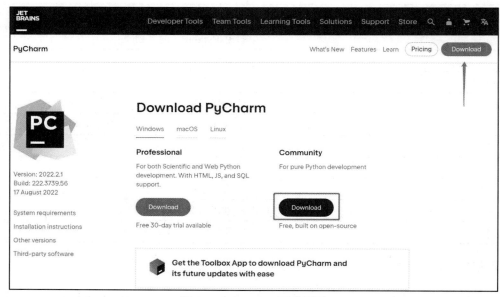

图 2-19　PyCharm 下载界面

（2）安装 PyCharm。双击下载的 PyCharm 安装程序（扩展名为.exe 的可执行文件），
进入图 2-20 所示的安装界面，单击 Next 按钮进入选择安装路径界面。

图 2-20　PyCharm 安装界面

如图 2-21 所示，在选择安装路径界面，默认安装路径为 C 盘，建议安装到非系统盘，
确定好安装路径后单击 Next 按钮进入安装选项设置界面。

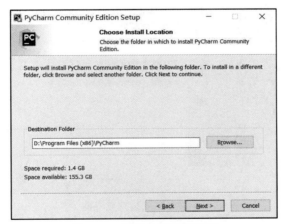

图 2-21　选择安装路径界面

如图 2-22 所示，安装选项设置界面中有多个可勾选项，如无特殊要求，勾选创建桌面
快捷图标对应复选框即可，单击 Next 按钮进入设置开始菜单文件夹界面。

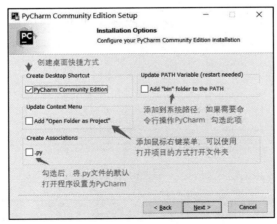

图 2-22　安装选项设置界面

如图 2-23 所示，在设置开始菜单文件夹界面，开始菜单文件夹默认为 JetBrains，单击 Install 按钮，开始安装，进入图 2-24 所示的安装进度界面，安装完成后单击 Next 按钮，进入图 2-25 所示的安装完成界面。

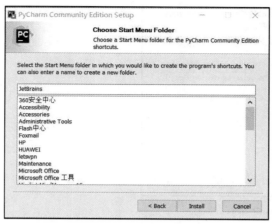

图 2-23   设置开始菜单文件夹界面

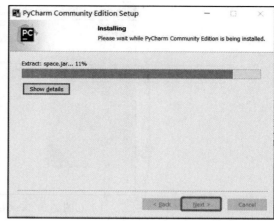

图 2-24   安装进度界面

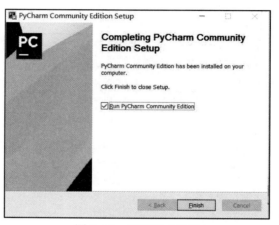

图 2- 25   安装完成界面

在安装完成界面勾选 Run PyCharm Community Editon 复选框，单击 Finish 按钮，将运行 PyCharm，PyCharm 开发界面如图 2-26 所示。

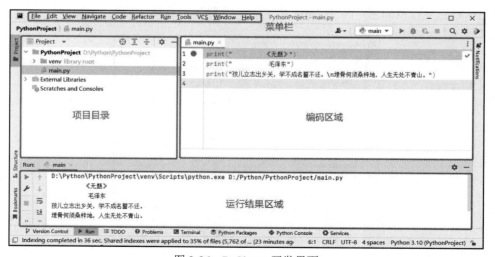

图 2-26   PyCharm 开发界面

如果想使用中文界面，可以单击左上角 File 菜单，在下拉列表中选择 Settings 命令，如图 2-27 所示。

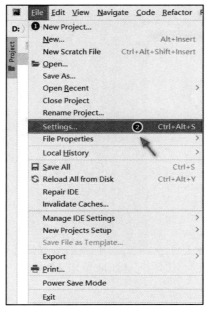

图 2-27　打开设置界面

如图 2-28 所示，在打开的设置界面，单击界面左侧列表中的 Plugins，打开 Plugins 界面后，在插件 Plugins 界面搜索框中输入"中文"，找到中文插件包，单击 Install 按钮进行下载安装。

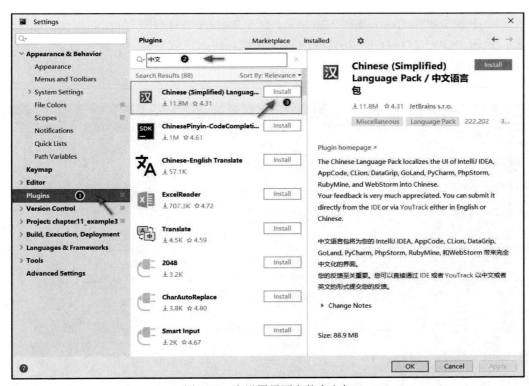

图 2-28　在设置界面安装中文包

下载完成后，弹出提示框，单击 Restart 按钮，重新启动 PyCharm。重启完成后，PyCharm

软件的界面就为中文界面了，如图 2-29 所示。

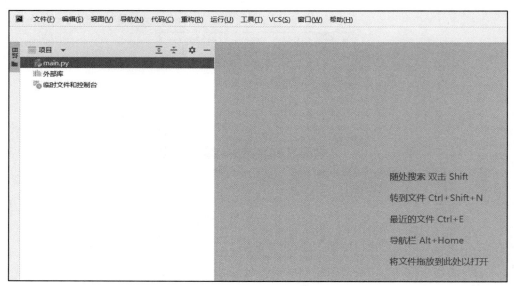

图 2-29　PyCharm 中文界面

2.4.3　Sublime Text

Sublime Text 是一款流行的文本编辑器，它具有体积小、运行速度快、文本功能强大、跨平台的优点。Sublime Text 还是一款非常好用的代码编辑器，它支持代码高亮显示、代码补全、多窗口、即时项目切换等功能，支持运行用 C/C++、Python、Java 等多种语言编写的程序。

（1）下载 Sublime Text。如图 2-30 所示，打开 Sublime Text 官网（https://www.sublimetext.com），单击 DOWNLOAD FOR WINDOWS 按钮，进入下载界面，下载 Windows 平台的 Sublime Text 安装程序。

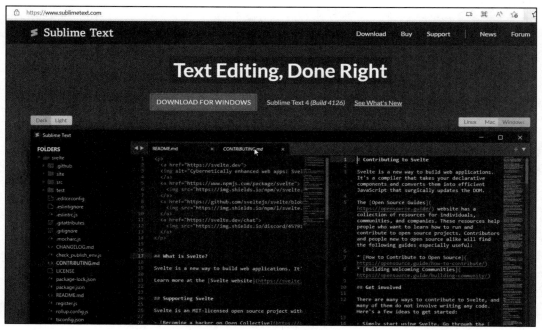

图 2-30　Sublime Text 官网

双击下载的 sublime_text_build_4126_x64_setup.exe 程序，安装过程比较简单，不再赘述。

（2）使用 Sublime Text 开发程序。打开 Sublime Text 界面，可在其中编写程序，如图 2-31 所示。程序中"\n"代表的是自动换行。

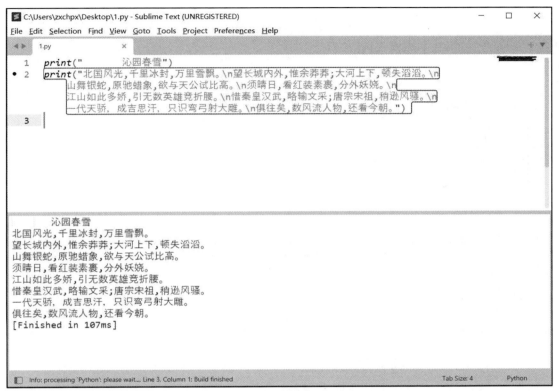

图 2-31　Sublime Text 开发界面

如图 2-32 所示，使用 Sublime Text 编写完程序后，在菜单栏中依次单击 Tools→Build System 命令，选择 Python 命令，然后按 Ctrl+B 组合键或选择 Tools 菜单中的 Build 命令，就可以运行 Python 程序。

（3）设置 Sublime Text 代码补全功能。Sublime Text 本身作为一个文本编辑器，是没有链接到 Python 库的，所以它默认是不能对 Python 代码自动补全的，需要第三方插件辅助其实现自动联想，即代码自动补全。需要用到的第三方插件是 Anaconda 插件，该插件需要下载、安装及配置。

打开 Sublime Text，按 Ctrl+Shift+P 组合键，在图 2-33 所示界面中输入 install package，并按 Enter 键，进入插件安装界面。在弹出的界面中输入 Anaconda，选择第一个并按 Enter 键，几秒后 Anaconda 插件便可自动安装成功。

安装完成后，如图 2-34 所示，在 Sublime Text 中依次单击 Preferences→Package Settings→Anaconda→Settings→Default 命令，将会弹出 Anaconda 的配置界面。

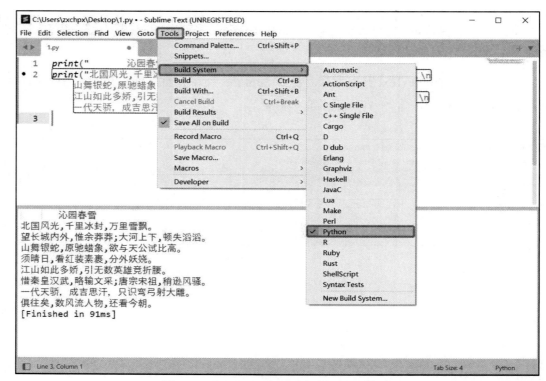

图 2-32　在 Sublime Text 中运行 Python 程序

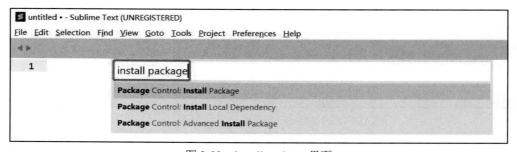

图 2-33　install package 界面

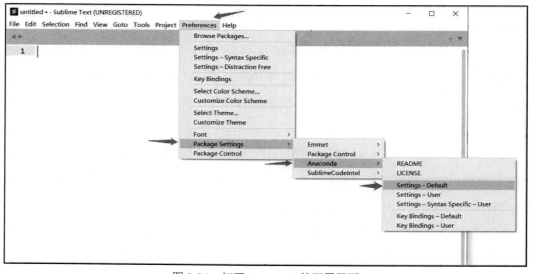

图 2-34　打开 Anaconda 的配置界面

如图 2-35 所示，在配置界面按 Ctrl+F 组合键，在界面底端出现的搜索框中输入 python_interpreter，并单击 Find 按钮，在找到的""python_interpreter":"后，将路径修改成自己本地的 python.exe 的路径，重启 Sublime Text 即可实现代码补全功能。

图 2-35　关联 Python 库

本 章 总 结

1．Python 安装完成以后，在 Windows 的命令行窗口中输入 python 命令，如果出现 Python 的版本信息，并看到命令提示符 ">>>"，就说明安装成功了。

2．Python 程序源文件的扩展名是.py。

3．Python 的输出语句为 print("字符串内容")或 print('字符串内容'),字符串要用双引号" "或单引号' '包围。

4．Python 不要求语句使用分号结尾。

5．Python 是严格区分大小写的，print 和 Print 代表不同的含义。

6．集成开发环境是指辅助程序员开发程序的应用软件，Python 自带了名称为 IDLE 的开发环境。

7．PyCharm 是一款很受开发者喜爱的 Python 集成开发工具，在 Windows、macOS 和 Linux 操作系统中都可以使用。

8．Sublime Text 是一款流行的代码编辑器，它具有体积小、运行速度快、文本功能强大、跨平台的优点。

实 践 项 目

1．安装 Python，并验证是否安装成功。

2．安装 PyCharm 集成开发工具，并输入唐代书法家颜真卿的《劝学》诗，程序执行结果如图 2-36 所示。

```
劝学
唐 颜真卿
三更灯火五更鸡，正是男儿读书时。
黑发不知勤学早，白首方悔读书迟。
```

图 2-36　使用 PyCharm 编写程序

第 3 章　Python 语言基础

 **本章简介**

　　正如任何一门人类语言都有自己的语法一样，Python 作为一门成熟的编程语言，也有自己的语法，要学好 Python，就要充分掌握这些基本的语法规则。

　　本章将介绍 Python 编程必备的基础知识，重点是注释、保留字、标识符、基本数据类型和基本输入输出。

　　从本章起，读者将编写大量的 Python 程序，除要实现程序的功能外，还必须按 Python 的编码规范养成良好的编码习惯，不断提升代码的可读性和可维护性，让程序变得更加优雅。

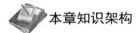 **本章目标**

1. 掌握 Python 中的注释方法。
2. 理解 Python 编码规范。
3. 掌握保留字与标识符的用法。
4. 掌握 Python 基本数据类型及数据类型转换。

本章知识架构

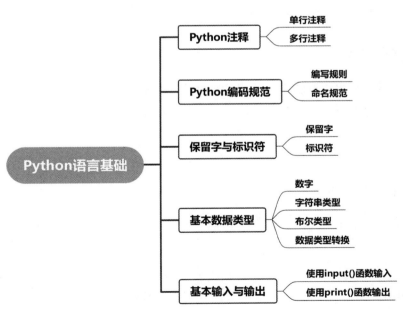

3.1　Python 注释

　　注释（comments）用来提示或解释某些代码的作用和功能。注释可以出现在代码中的任何位置。Python 解释器在执行代码时会忽略注释，不做任何处理，就好像它不存在一样。

在调试（debug）程序的过程中，注释也可以用来临时移除不需要执行的代码。

注释的最大作用是提高程序的可读性，没有注释的程序是极难维护的。一般情况下，合理的代码注释应该占源代码的 1/3 左右。

Python 支持两种类型的注释，分别是单行注释和多行注释。

3.1.1　单行注释

在 Python 中，使用#作为单行注释的符号，从#开始，直到这行结束为止的所有内容都是注释。Python 解释器遇到#时，会忽略它后面的整行内容，如示例 1 所示。单行注释可以在代码的前面，也可以在代码的右侧。

示例 1

```
#本程序用于判定输入成绩所处等级
#要求输入成绩
score = float(input("请输入你的成绩") )
if score< 0 or score> 100:                    #判断成绩输入是否在合理范围内
    print("输入错误，重新输入!")
if score>= 0 and score< 60:                   #成绩低于 60 分，判定为不及格
    print("实在抱歉，你不及格!")
if score>= 60 and score< 80:                  #成绩在 60～80 分，判定为良好
    print("还不错哦，属于良好!")
if score>= 80 and score<= 100:                #成绩大于等于 80 分，判定为优秀
    print("给你点赞，属于优秀!")
```

注意　（1）在添加注释时，注释要有意义，能够充分说明代码的作用。

（2）单行注释一般放在代码的前面或右侧，不能放在一句代码的内部，否则会导致代码不完整，执行出现错误。

3.1.2　多行注释

在 Python 中，如果需要将多行代码注释掉，可以使用三引号（'''被注释掉的内容'''或"""被注释掉的内容"""），如示例 2 所示，在代码前使用了多行注释来说明程序的功能、开发者和开发时间。

示例 2

```
'''
本程序用于求 1～100 的和
开发者：Andony
开发时间：11 月 15 日
'''

sum = 0                           #用于保存累加结果的变量
for i in range(101):              #逐个获取从 1 到 100 的数，并做累加操作
    sum += i
print("计算 1 到 100 的和：", sum)
```

运行程序，执行结果为

```
计算 1 到 100 的和：5050
```

示例 2 中，使用了 Python 的内置函数 range()，该函数允许用户在给定范围内生成一系列数字，多用于循环，后续章节会介绍。

注意

（1）多行注释中的三引号必须成对出现，有开始必须要有结束。

（2）多行注释可以出现在程序的开始用于说明程序的功能、版权等信息，也可以用于在程序中去掉暂时不需要的一整段代码。

3.2　Python 编码规范

3.2.1　编写规则

为了使代码更加整洁、易读和易维护，各程序开发语言都形成了一系列符合自身特点的编码规范。养成良好的编码习惯、遵循一定的代码编写规则和命名规范，对代码的理解和维护具有重要意义，同时也能体现出开发者的素养。

Python 采用 Python 增强建议书 8（Python Enhancement Proposal 8，PEP8）作为编码规范，这是 Python 代码的样式规范，开发者应该以此为标准。以下是 PEP8 中建议开发者要严格遵守的关键条目。

（1）每一个 import 语句只导入一个模块，尽量避免一次导入多个模块。

（2）采用代码缩进和冒号"："来区分代码块之间的层次。在 Python 中，对于类定义、函数定义、流程控制语句、异常处理语句等，行尾的冒号和下一行的缩进，表示下一个代码块的开始，而缩进的结束则表示此代码块的结束。Python 对代码的缩进非常严格，同一级别代码块的缩进量必须相同，若缩进不合理则会抛出 SyntaxError 异常。Python 中实现对代码的缩进可以使用空格（4 个空格）或 Tab 键。

（3）不要在语句后面加分号"；"，也不要用分号将两条语句放在一行。

（4）每行代码建议不超过 80 个字符，如果一行显示不下需要多行显示，建议使用小括号"（）"将这些代码括起来，推荐做法如下。

```
print("这世间所有的错过，都无须重逢。看看镜子中的自己，"
      "请记住：此刻的你，永远是余生中最年轻的你，也是最美好的你！")
```

（5）在函数、类定义、方法之间等必要的地方空行，可以增强代码的可读性。

（6）通常情况下，在运算符、函数参数之间和"，"两侧建议各加一个空格，有助于增强代码的可读性。

（7）适当使用异常处理结构提高程序的容错性，并准确提示异常信息。

3.2.2　命名规范

在程序中，要自定义类、函数、变量时都要对其命名，遵循命名规范在编写代码时具有重要意义，可以更加直观地了解程序功能或所代表的含义，从而增强程序的可读性和可维护性。Python 基本命名规范如下。

（1）命名要有意义，达到"见名知义"的目的，如 age、name、student、result、id、address，要避免使用单个字母或会引起歧义的名称。

（2）包名尽量短小，并且全部使用小写字母，建议不要使用下划线。

（3）模块名尽量短小，并且全部使用小写字母，可以使用下划线"_"分隔多个词组；如 student、teacher、city、user_login。

（4）类名首字母大写，若是多个单词，则每个单词的首字母大写，即采用"驼峰命名法"，如 Book、Login、GetStudentId。

（5）模块内部的类，采用下划线+类名的方式命名，如_User、_Bird。

（6）函数、类的属性、方法命名全部使用小写字母，多个词组间使用下划线分隔。

（7）使用双下划线"__"开头的实例变量或方法是类私有的。

（8）常量命名全部使用大写字母，可以使用下划线，如 LEVEL、SPEED、RATE。

3.3　保留字与标识符

3.3.1　保留字

保留字是 Python 中已经被使用且赋予特定意义的一些单词，其不能用作常量、变量、类、函数等任何其他标识符名称。Python 中的保留字是严格区分大小写的，例如：break 是保留字，但 Break 就不是保留字，但不建议通过改变保留字大小写而作为标识符使用，容易产生误解。

Python 中的保留字有 False、None、True、and、as、assert、async、await、break、class、continue、def、del、elif、else、except、finally、for、from、global、if、import、in、is、lambda、nonlocal、not、or、pass、raise、return、try、while、with、yield。

在 PyCharm 中输入以下代码，执行后会列出 Python 中所有保留字。

```
import keyword
print(keyword.kwlist)
```

在开发时，若使用保留字作为类、函数、变量等的名称，则运行时系统会提示 invalid syntax（无效语法）异常。

3.3.2　标识符

标识符可以简单理解为就是一个名称，是在开发中为模块、类、函数、变量、常量以及其他对象定义的名称。Python 中标识符的命名不是随意的，要遵守一定的命名规范，主要有以下几点。

（1）标识符是由字符（A～Z 和 a～z）、下划线和数字组成的，且第一个字符不能是数字。

（2）标识符不能和 Python 中的保留字相同，即不能使用保留字作为标识符。

（3）标识符中不能包含空格、@、%以及$等特殊字符。

（4）严格区分大小写，两个同样的单词若大小写不一样，则是两个完全不同的标识符，例如：city、City、CITY 三个代表不同的标识符。

（5）Python 中使用下划线开头的标识符具有特殊意义：以单下划线开头的标识符（如_high），表示是不能直接访问的类属性；以双下划线开头的标识符（如__name）表示类的私有成员；以双下划线作为开头和结尾的标识符（如__init__），是专用标识符。

因此，除非特定场景需要，应避免使用以下划线开头的标识符。

3.4　基本数据类型

在编程中，数据类型是一个重要的概念。编程语言编写的程序都是对数据进行运算的，必然涉及对数据的存储，在内存中可以使用多种类型存储数据，例如：家庭地址可以使用字符串存储，年龄可以使用整数存储，体重可以使用浮点数存储，是否结婚可以使用布尔类型存储，这些都是 Python 默认拥有的内置数据类型。

3.4.1　数字

1. 整数类型

整数类型（int）是用来表示整数数值的，即没有小数部分的数值。在 Python 中，整数包括正整数、负整数和 0，并且它的位数是任意的。例如：

```
x = 10
y = -25
z = 3232448908900980933247569
```

2. 浮点数

浮点数（float）由整数部分和小数部分组成，主要用于处理包括小数的数。浮点数包括正浮点数和负浮点数。例如：

```
x = 10.25
y = -3
```

浮点数也可以使用科学记数法表示，如 23e5、52e-2。

3. 随机数

Python 内置了一个 random 模块，可用于生成随机数。使用方法为调用 random.randranger(star,end)，其中 randranger(star,end)函数用于确定产生随机数的范围，star 参数为该范围的最小值，end 为该范围的最大值。如随机产生 1～100 之间的数字，代码为 random.randranger(1,100)。

示例 3　编写一个猜拳游戏，为甲、乙、丙三人各生成一个 1～10 的随机数，若任意两个随机数一样，则输出"出的相同，重新来！"，否则谁出的数大谁赢。

```
import random                    #导入 random 模块
a = random.randrange(1,10)
b = random.randrange(1,10)
c = random.randrange(1,10)
print("甲出的数：",a)             #打印 1 到 9 之间的随机数
print("乙出的数：",b)             #打印 1 到 9 之间的随机数
print("丙出的数：",c)             #打印 1 到 9 之间的随机数
if a == b or a == c or b == c:
    print("出的相同，重新来！")
else :
    if a > b and a > c:
        print("甲赢了！")
    if b > a and b > c:
        print("乙赢了！")
    if c > a  and c > b:
        print("丙赢了！")
```

3.4.2　字符串类型

字符串（str）是连续的字符序列，可以是中文、英文、特殊符号等计算机可以表示的一切字符的集合。在 Python 中，字符串属于不可变序列，通常使用单引号' '、双引号" "或三引号(''' '''或""" """)将字符串括起来，建议使用双引号。

示例 4　使用三种字符串的定义形式。

```
str1 ='黄沙百战穿金甲，不破楼兰终不还'
str2 = "世间无限丹青手，一片伤心画不成"
str3 = """男儿何不带吴钩，收取关山五十州"""
str4 = ''' Hello World,@_@'''
```

```
print(str1)
print(str2)
print(str3)
print(str4)
```

运行程序，执行结果如图 3-1 所示。

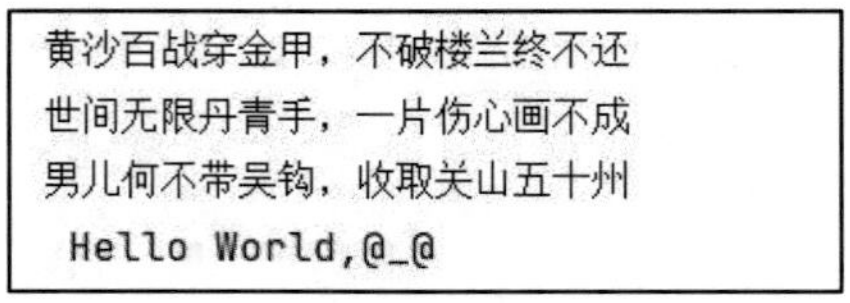

```
黄沙百战穿金甲，不破楼兰终不还
世间无限丹青手，一片伤心画不成
男儿何不带吴钩，收取关山五十州
Hello World,@_@
```

图 3-1　三种形式字符串定义

在 Python 中，一些特殊字符已被占用，如单引号、双引号、反斜杠等，要输入这些字符就需要使用转义字符。转义字符是指使用反斜杠"\"对一些特殊字符进行转义。Python 常用的转义字符见表 3-1。

表 3-1　Python 常用的转义字符

转义字符	说明	转义字符	说明
\	续行	\\	一个反斜杠
\n	换行	\t	水平制表符
\0	空	\f	换页
\'	单引号	\0dd	八进制数，dd 表示字符
\"	双引号	\xhh	十六进制数，hh 表示字符

示例 5　使用转义字符输入特殊字符。

```
print("\"苟利国家生死以，岂因祸福避趋之\"")      #使用转义字符输出双引号
print("\\输出一个反斜杠")                        #使用转义字符输出一个反斜杠
print("\\\\输出两个反斜杠")                      #使用转义字符输出两个反斜杠
print("三十功名尘与土，\n 八千里路云和月。")      #使用转义字符\n 换行
```

运行程序，执行结果如图 3-2 所示。

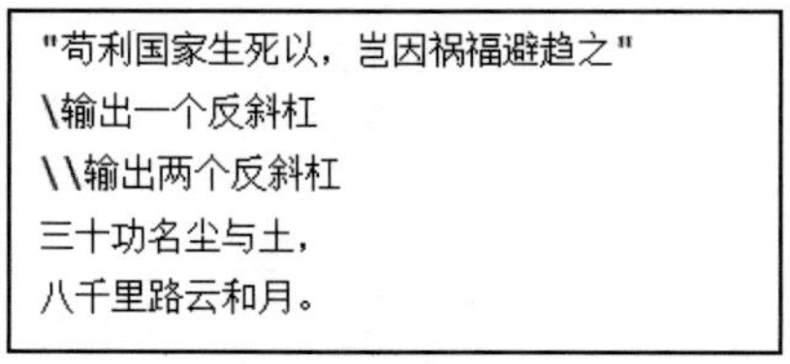

```
"苟利国家生死以，岂因祸福避趋之"
\输出一个反斜杠
\\输出两个反斜杠
三十功名尘与土，
八千里路云和月。
```

图 3-2　转义字符

3.4.3　布尔类型

布尔类型用来表示真或假的值，或者在程序中描述是或否。标识符 True（真）和 False（假）被解释为布尔值。True 和 False 是 Python 中的保留字，要注意首字母大写，否则解释器会报错。布尔值也可以转换为数据，其中 True 表示 1，False 表示 0。

示例 6　运用布尔值进行运算。

```
x = True + 1
y = False + 1
print(x)
print(y)
```

运行程序，执行结果为

```
2
1
```

3.4.4　数据类型转换

Python 是动态类型语言，也称为弱类型语言，在使用变量前不需要先声明数据类型。但在一些特定场景中，仍然需要用到类型转换。例如：执行示例 7，系统会报 TypeError 异常。

示例 7　数据类型转换。

```
name = "Andony"                    #姓名
age = 20                           #年龄
height = 173.5                     #身高
marry = False                      #婚否，初始值为 False
id = 123456789205123456            #身份证号码

print("name 的数据类型是：",type(name))
print("age 的数据类型是：",type(age))
print("height 的数据类型是：",type(height))
print("marry 的数据类型是：",type(marry))
print("id 的数据类型是：",type(id))

print("你的姓名是：" + name)
print("你的身高是：" + height)
print("你的年龄是：" + age)
if marry == True:
    print("你的婚姻状况是：已婚")
else:
    print("你的婚姻状况是：未婚")
print("你的身份证号码是：" + id)
```

运行程序，执行结果如图 3-3 所示，系统报 TypeError 异常。

```
name的数据类型是： <class 'str'>
age的数据类型是： <class 'int'>
height的数据类型是： <class 'float'>
marry的数据类型是： <class 'bool'>
id的数据类型是： <class 'int'>
你的姓名是： Andony
Traceback (most recent call last):
  File "D:\Python\chapter3_example\example7_DataTypeConversion.py", line 15, in <module>
    print("你的身高是：" + height)
TypeError: can only concatenate str (not "float") to str
```

图 3-3　TypeError 异常

示例 7 中使用了 Python 内置函数 tpye()，该函数可返回变量的数据类型。

分析异常信息，字符串只能和字符串类型连接，而 height 是 float 类型，字符串和浮点数类型直接连接会出现 TypeError 异常。同样，age 是 int 类型，id 也是 int 类型，程序运行至此也会出现 TypeError 异常。为避免程序运行出现异常，就需要对 height、age 和 id 进行数据类型转换，将其转换为字符串类型。修改后，正确的示例 7 代码如下。

```
name = "Andony"                    #姓名
age = 20                           #年龄
```

```
height = 173.5                          #身高
marry = False                           #婚否，初始值为 False
id = 123456789205123456                 #身份证号码

print("name 的数据类型是： ",type(name))
print("age 的数据类型是： ",type(age))
print("height 的数据类型是： ",type(height))
print("marry 的数据类型是： ",type(marry))
print("id 的数据类型是： ",type(id))

print("你的姓名是： " + name)
print("你的身高是： " + str(height))
print("你的年龄是： " + str(age))
if marry == True:
    print("你的婚姻状况是：已婚")
else:
    print("你的婚姻状况是：未婚")
print("你的身份证号码是： " + str(id))
```

运行程序，执行结果如图 3-4 所示。

```
name的数据类型是：  <class 'str'>
age的数据类型是：  <class 'int'>
height的数据类型是：  <class 'float'>
marry的数据类型是：  <class 'bool'>
id的数据类型是：  <class 'int'>
你的姓名是：Andony
你的身高是：173.5
你的年龄是：20
你的婚姻状况是：未婚
你的身份证号码是：123456789205123456
```

图 3-4 数据类型转换

常见的数据类型转换函数及其作用见表 3-2。

表 3-2 常见的数据类型转换函数及其作用

函数	作用
int(x)	将 x 转换成整数类型
float(x)	将 x 转换成浮点数类型
str(x)	将 x 转换成字符串类型
repr(x)	将 x 转换成表达式字符串
eval(str)	计算在字符串中的有效 Python 表达式，并返回一个对象
chr(x)	将整数转换成一个字符
ord(x)	将一个字符转换成对应的整数值
hex(x)	将整数 x 转换成一个十六进制的字符串
oct(x)	将整数 x 转换成一个八进制的字符串
bin(x)	将整数 x 转换成一个二进制的字符串

3.5　基本输入与输出

3.5.1　使用 input()函数输入

Python 内置了 input()函数，可以接收用户通过键盘输入的内容。input()函数的基本使用方法如下。

```
value = input("提示文字")
```

其中，value 为保存输入结果的变量；双引号内的文字为提示信息。

示例 8　提示用户输入一个 1～10 之间的数字，打印出该数字及其数据类型。

```
number = input("请输入一个 1～10 之间的数字")
print(number)
print("number 的数据类型是：",type(number))
```

运行程序，执行结果如图 3-5 所示。

```
请输入一个1～10之间的数字8
8
number的数据类型是： <class 'str'>
```

图 3-5　使用 input()函数输入

当用户在控制台输入这个数字后，将把这个数字赋值给 number 变量。但用户输入的是数字，为什么 number 的数据类型是 str 字符串呢？在 Python 中，不论用户输入的是数字还是字符，都会被当成字符串读取，若要获得这个数字，则需要进行数据类型转换，修改示例 8 代码如下。

```
number = int(input("请输入一个 1～10 之间的数字"))
print(number)
print("number 的数据类型是：",type(number))
```

运行程序，执行结果如图 3-6 所示，此时，number 的数据类型为整数 int。

```
请输入一个1～10之间的数字8
8
number的数据类型是： <class 'int'>
```

图 3-6　对输入数据进行数据类型转换

3.5.2　使用 print()函数输出

在 Python 中，使用 print()内置函数将结果输出到控制台。print()函数的使用方法如下。

```
print(输出的内容)
```

在 print()函数的参数内，既可以直接写要输出的内容，也可以是表达式，Python 会将表达式执行完后输出表达式运算的结果。

示例 9　使用 print()函数输出内容。

```
a = 12
b = 9
#输出字符串，连接字符串和整数，需要对整数进行类型转换
print("a 的值是" + str(a))
```

```
print("b 的值是",b)                        #输出字符串和变量的值
print(a if a>b else b)                     #输出表达式的值
print("大的数字是：", a if a>b else b)      #输出字符串和表达式的值
```

运行程序，执行结果如图 3-7 所示。

```
a的值是12
b的值是  9
12
大的数字是：  12
```

图 3-7　使用 print()函数输出

本 章 总 结

1．注释用来提示或解释某些代码的作用和功能。注释可以出现在代码中的任何位置。Python 解释器在执行代码时会忽略注释，不做任何处理。在调试程序的过程中，注释也可以用来临时移除无用的代码。

2．注释的最大作用是提高程序的可读性，没有注释的程序是极难维护的，一般情况下，合理的代码注释应该占源代码的 1/3 左右。

3．在 Python 中，使用#作为单行注释的符号，从#开始，直到这行结束为止的所有内容都是注释。Python 解释器遇到#时，会忽略它后面的整行内容，单行注释可以在代码的前面，也可以在代码的右侧。

4．在 Python 中，多行注释使用三引号，可以将多行文本或代码注释掉。

5．为了使代码更加整洁、易读和易维护，程序员应该养成良好的编码习惯、遵循 Python 的代码编写规则和命名规范，这对代码的理解和维护具有重要意义，同时也能体现出开发者的素养。

6．Python 使用代码缩进和冒号来区分代码块之间的层次。在 Python 中，对于类定义、函数定义、流程控制语句、异常处理语句等，行尾的冒号和下一行的缩进，表示下一个代码块的开始，而缩进的结束则表示此代码块的结束。

7．Python 对代码的缩进非常严格，同一级别代码块的缩进量必须相同，若缩进不合理则会抛出 SyntaxError 异常。Python 中实现对代码的缩进可以使用空格或 Tab 键。

8．保留字是 Python 中已被使用且被赋予特定意义的一些单词，其不能用作常量、变量、类、函数等任何其他标识符名称。Python 中的保留字是严格区分大小写的。在开发时，若使用保留字作为类、函数、变量等的名称，则运行时系统会提示 invalid syntax（无效语法）异常。

9．标识符是在开发中为模块、类、函数、变量、常量以及其他对象定义的名称。Python 中标识符的命名不可以使用保留字，要遵守一定的命名规范。

10．在 Python 中，整数类型用来表示整数数值，即没有小数部分的数值，整数包括正整数、负整数和 0，并且它的位数是任意的。

11．字符串是连续的字符序列，可以是中文、英文、特殊符号等计算机可以表示的一切字符的集合。在 Python 中，字符串属于不可变序列，通常使用单引号、双引号或三引号将字符串括起来。

12．在 Python 中，一些特殊字符已被占用，如单引号、双引号、反斜杠等，要输入这些字符就需要使用转义字符。转义字符是指使用反斜杠对一些特殊字符进行转义。

13．布尔类型用来表示真或假的值，或者在程序中描述是或否。标识符 True（真）和 False（假）被解释为布尔值。布尔值也可以转换为数据，其中 True 表示 1，False 表示 0。

14．Python 是动态类型语言，也称为弱类型语言，在使用变量前不需要先声明数据类型。但在一些特定场景中，仍然需要用到类型转换，否则系统会报 TypeError 异常。

15．Python 内置了函数 tpye()，该函数可返回变量的数据类型。

16．Python 内置了一个 random 模块，可用于生成随机数。使用方法为调用 random.randranger(star,end)，其中 randranger(star,end)函数用于确定产生随机数的范围，star 参数为该范围的最小值，end 为该范围的最大值。

17．Python 内置了 input()函数，可以接收用户通过键盘输入的内容。在 Python 中，不论用户输入的是数字还是字符，input()函数都会当成字符串读取，若要获得其他类型数据，则需要进行数据类型转换。

18．在 Python 中，使用 print()内置函数将结果输出到控制台。在 print()函数的参数内，既可以直接写要输出的内容，也可以是表达式，Python 会将表达式执行完后输出表达式运算的结果。

实 践 项 目

1．开发一个超市收银程序，根据表 3-3 所列客户购买的商品、数量及单价，打印出购物小票并计算出总金额，总金额保留两位小数。（注：总金额保留两位小数可使用 Python 内置函数 round(x,num)实现，其中 x 是要处理的浮点数，num 是要保留的位数，在本项目中 num 为 2。）

表 3-3　购物列表

商品名称	数量	单位	单价
白菜	0.8	千克	4.8
冬瓜	1.6	千克	5.2
椰黄包	1	个	6.5
橙汁	2	瓶	4.0
营养麦片	1	袋	12.0

输出效果如图 3-8 所示。

```
****************欢迎光临好客超市****************
      商品        数量         单价        小计
      白菜        0.8千克      6.8         5.44
      冬瓜        1.6千克      5.2         8.32
      椰黄包      1个          6.5         6.5
      橙汁        2瓶          4.0         8.0
      营养麦片    1袋          12.0        12.0
      合计                                 40.26
*************感谢您惠顾，欢迎再次光临*************
```

图 3-8　打印超市购物小票

2．编写一个电影打分程序，由用户对《阿甘正传》《战狼 2》《当幸福来敲门》《平凡英雄》四部电影打分，最低分为 1 分，最高分为 5 分，根据用户所打分数，显示与分数相同数量的★，程序运行效果如图 3-9 所示。（注：输出多个相同的五角星时，可使用'★'*要输出的数量，例如：输出 4 个五角星则为'★'* 4。）

```
请对以下每部电影打分，最低1分，最高5分
请为《阿甘正传》打分：5
请为《战狼2》打分：4
请为《当幸福来敲门》打分：4
请为《平凡英雄》打分：3
------------------------------------------------

你对《阿甘正传》的评价是： ★★★★★
你对《战狼2》的评价是： ★★★★
你对《当幸福来敲门》的评价是： ★★★★
你对《平凡英雄》的评价是： ★★★
```

图 3-9　电影打分程序

3．为学校图书馆开发一个借书的程序，要求借书的同学自己填写书名、作者、出版社等信息，当信息填写完成后输出所借图书信息，让学生确认，若确认要借，则输出借书时间，提示学生按时还书；若学生确认不借，则提示“谢谢，借书流程结束”。

程序运行效果如图 3-10 所示。

注：Python 内置了 time 模块，可以对日期和时间进行处理，使用方法如下。

```
import time                                    #引入 time 模块
lend_date = time.localtime()                   #获取当地时间
print(time.strftime("%Y-%m-%d",lend_date))     #按年-月-日格式打印借书时间
```

```
请输入您要借的书的书名：平凡的世界
请输入您要借的书的作者：路遥
请输入您要借的书的出版社：人民文学出版社
---------------------------------------------
您要借的书的信息为：
书名： 平凡的世界
作者： 路遥
出版社： 人民文学出版社
该书尚有库存，您确定要借吗？确定输入1，否则输入0：1
借阅成功，您借书的日期为： 2022-10-17 借阅期限为1个月，请按时还书，谢谢！
```

图 3-10　图书馆借书程序

第4章　运算符与表达式

 **本章简介**

　　程序的本质是对各类数据的处理，数学运算、逻辑判断和数值比较在任何程序中都是最基本且不可或缺的，Python 中定义了一些特殊的符号，用于进行数学计算、逻辑运算和比较大小，这类符号就是运算符。

　　本章将重点讲解 Python 中的算术运算符、赋值运算符、关系运算符、逻辑运算符、位运算符、运算符的优先级，以及条件表达式，读者学习完本章可以开发出更加复杂的程序。

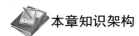 **本章目标**

　　1．掌握 Python 中的算术运算符、赋值运算符、关系运算符、逻辑运算符和位运算符。
　　2．理解运算符的优先级。
　　3．掌握条件表达式的使用方法。

本章知识架构

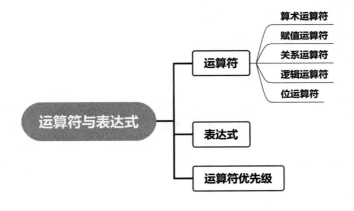

4.1　运　算　符

　　数学计算和逻辑判断在任何程序中都是最基本且不可或缺的，Python 也提供了进行这些基本运算的运算符。运算符是 Python 中定义的一些特殊符号，用于进行数学计算、逻辑运算和比较大小等操作。Python 的运算符主要包括算术运算符、赋值运算符、关系运算符和逻辑运算符。

4.1.1　算术运算符

　　算术运算符是处理加、减、乘、除等四则运算的符号，在数字的处理中应用得较多，常用的算术运算符见表 4-1。

表 4-1 常用的算术运算符

运算符	说明	示例	结果
+	加	1+2.5	3.5
-	减	5-2.7	2.3
*	乘	3*2.2	6.6
/	除	8/4	2
%	求余，返回除法的余数	15%2	1
//	取整数，返回商的整数部分	15//2	7
**	幂，返回 x 的 y 次方	3**3	27

与数学运算规则一样，在使用除法"/"或取整数"//"运算时，除数不能为 0，否则程序会出现 ZeroDivisionError 异常。

示例 1 为学校开发一个成绩管理系统，要求根据学生各科成绩得出学生的总分和平均分。

```python
#提示用户输入学生姓名及各科成绩
name = input("请输入学生姓名：")
chinese =    float(input("请输入学生的语文成绩："))
math = float(input("请输入学生的数学成绩："))
english = float(input("请输入学生的英语成绩："))
#求学生的总分
sum = chinese + math + english
#输出总成绩，保留两位小数
print(name+"同学的总分为：",round(sum,2))
#输出平均分，保留两位小数
print(name+"同学的平均分为：",round(sum / 3,2))
```

运行程序，执行结果如图 4-1 所示。

在示例 1 中，因为 input()函数返回的是字符串，在程序中使用强制类型转换，将用户输入的语文、数学和英语成绩转换为浮点数，以便求和时可以进行算术运算。在求学生总分和平均分时，使用了 Python 内置函数 round()，对运算结果保留两位小数。

```
请输入学生姓名：王小小
请输入学生的语文成绩：90.4
请输入学生的数学成绩：82.5
请输入学生的英语成绩：75.5
王小小同学的总分为：  248.4
王小小同学的平均分为：  82.8
```

图 4-1 求学生总分及平均分

4.1.2 赋值运算符

赋值运算符主要用来为变量、常量赋值。在使用时，可以将赋值运算符右边的值赋给左边的变量。赋值运算符右边也可以是表达式，可以将运算后的值赋给左边的变量。在 Python 中，常用的赋值运算符见表 4-2。

表 4-2 常用的赋值运算符

运算符	说明	示例	展开形式
=	赋值运算	x = y	x = y
+=	加法赋值	x += y	x = x+y
-=	减法赋值	x -= y	x = x-y
*=	乘法赋值	x *= y	x = x*y
/=	除法赋值	x /= y	x = x/y

续表

运算符	说明	示例	展开形式
%=	取余数赋值	x %= y	x = x%y
**=	幂赋值	x **= y	x = x**y
//=	取整数赋值	x //= y	x = x//y

示例 2　使用赋值运算符进行算数运算。

```
x = 16    #将 16 赋值给变量 x，x 的值为 16
y = 3     #将 3 赋值给变量 y，y 的值为 3
x += y    #相当于 x=x+y，经过加法运算，x 的值为 16+3=19
print("x 的值为：", x)
x -= y    #相当于 x=x-y，经过减法运算，x 的值为 19-3=16
print("x 的值为：", x)
x *= y    #相当于 x=x*y，经过乘法运算，x 的值为 16*3=48
print("x 的值为：", x)
x /= y    #相当于 x=x/y，经过除法运算，x 的值为 48/3=16.0
print("x 的值为：", x)
x %= y    #相当于 x=x%y，经过取余运算，x 的值为 16%3=1.0
print("x 的值为：", x)
x **= y   #相当于 x=x**y，经过幂运算，x 的值为 1 的 3 次方仍为 1.0
print("x 的值为：", x)
x //= y   #相当于 x=x//y，经过取整数运算，x 的值为 1//3，即 0.0
print("x 的值为：", x)
```

运行结果如图 4-2 所示。

```
x的值为： 19
x的值为： 16
x的值为： 48
x的值为： 16.0
x的值为： 1.0
x的值为： 1.0
x的值为： 0.0
```

图 4-2　赋值运算符的用法

4.1.3　关系运算符

关系运算符也被称为比较运算符，用于对变量或表达式的结果进行大小、真假比较。若比较结果为真，则返回 True；若比较结果为假，则返回 False。关系运算符常用于条件语句中，作为判断的依据。Python 中的关系运算符见表 4-3。

表 4-3　Python 中的关系运算符

运算符	说明	示例
==	等于，用于比较对象是否相等	(a == b) 返回 False
!=	不等于，用于比较两个对象是否不相等	(a != b) 返回 True
>	大于，用于比较左侧的值是否大于右侧的值	(a > b) 返回 True
<	小于，用于比较左侧的值是否小于右侧的值	(a < b) 返回 False

续表

运算符	说明	示例
>=	大于等于，用于比较左侧的值是否大于或等于右侧的值	(a >= b) 返回 True
<=	小于等于，用于比较左侧的值是否小于或等于右侧的值	(a <= b) 返回 False

注：示例中假设 a=5，b=3。

注意   在 Python 中 "=" 和 "==" 代表的意义不同，"=" 是赋值运算符，用于将其右边的值赋给左边的变量。而 "==" 是关系运算符，用于判断其两侧的值是否相同，返回的是布尔类型。

示例 3   为学校开发一个成绩管理系统，要求根据学生各科成绩得出学生的总分和平均分，并根据学生各科成绩的分差判断学生是否偏科（分差大于 20 分断定为偏科）。

```python
#输入学生姓名及各科成绩
name = input("请输入学生姓名：")
chinese = float(input("请输入学生的语文成绩："))
math = float(input("请输入学生的数学成绩："))
english = float(input("请输入学生的英语成绩："))
print("------------------------------")
#求学生的总分
sum = chinese + math + english
#输出总成绩，保留两位小数
print(name+"同学的总分为：",round(sum,2))
#输出平均分，保留两位小数
print(name+"同学的平均分为：",round(sum/3,2))
#判断学生是否偏科，成绩两两相减，若分差大于 20 分则判定被减数代表的课程差，属于偏科
if chinese - math >= 20 or english - math >= 20:
    print(name+"同学数学成绩较差，偏科")
else:
    if chinese - english >= 20 or math - english >= 20:
        print(name+"同学英语成绩较差，偏科")
    else:
        if math - chinese >= 20 or english - chinese >= 20:
            print(name + "同学语文成绩较差，偏科")
        else:
            print(name + "同学不偏科")   #两两相差后，都小于 20 分，则判定该学生不偏科
```

运行程序，执行结果如图 4-3 所示。

```
请输入学生姓名：王小小
请输入学生的语文成绩：90
请输入学生的数学成绩：69
请输入学生的英语成绩：75
------------------------------

王小小同学的总分为： 234.0
王小小同学的平均分为： 78.0
王小小同学数学成绩较差，偏科
```

图 4-3   关系运算符的使用

在示例 3 中，判断学生成绩是否偏科使用了 if...else 语句，判断条件为成绩两两相减，若分差超过 20 分则判定为偏科，使用的是关系运算符 ">="，即分差大于 20 分或等于 20 分都判定为偏科。

4.1.4　逻辑运算符

在现实生活中，常会用到"并且""或""除非"这样的逻辑判断。Python 中也定义了相应的逻辑运算符 and（逻辑与）、or（逻辑或）、not（逻辑非）对真、假两种布尔值进行运算。逻辑运算符的用法见表 4-4。

表 4-4　逻辑运算符的用法

运算符	含义	基本格式	说明
and	逻辑与运算，表示"且"	a and b	a 和 b 同时为真，结果为真 a 和 b 同时为假，结果为真 a 和 b 只要有一个为假，结果为假
or	逻辑或运算，表示"或"	a or b	a 和 b 有一个为真，结果为真 a 和 b 同时为假，结果为假
not	逻辑非运算，表示"非"	not a	如果 a 为真，not a 的结果为假 如果 a 为假，not a 的结果为真 相当于对 a 取反

示例 4　学校评选奖学金，若学生成绩优秀（平均分大于 85 分）并且表现良好（综合素质分大于 80 分），则其可以参与评选，或者若参加省级大赛获奖，则也可以参与评选。

```
#提示用户输入平均分、综合素质分和是否在省赛中获奖
grades = float(input("请输入你的平均分："))
literacy = float(input("请输入你的综合素质分："))
race = input("你是否在省赛中获奖？　yes / no:")

#判断条件：若平均分大于 85 并且综合素质分大于 80 具备资格，或者参加过省赛获奖具备资格
if grades >= 85 and literacy >= 80 or race == "yes":
    print("恭喜你，具备评选资格！")
else:
    print("很遗憾，你不具备评选资格！")
```

运行程序，执行结果如图 4-4 所示。

```
请输入你的平均分：80.5
请输入你的综合素质分：76
你是否在省赛中获奖？ yes / no:yes
恭喜你，具备评选资格！
```

图 4-4　逻辑运算符的使用

示例 4 中，使用了 if...else 语句来做判断，具备评选的条件为二选一即可（要么平均分大于 85 并且综合素质分大于 80，要么参加过省赛获奖），所以使用 or 逻辑运算符连接。在 or 运算符左侧的"平均分大于 85 和综合素质分大于 80"是缺一不可的两个条件，使用 and 逻辑运算符连接，同时满足才能为真。

4.1.5　位运算符

如果程序涉及底层开发，如算法设计、驱动、图像处理、单片机开发，会对二进制数进行操作，此时就需要运用到位运算符。在使用位运算符时，会将数据转换为二进制再进行运算。Python 中的位运算符有按位与（&）、按位或（|）、按位异或（^）、按位取反（~）、左移位（<<）和右移位（>>）。位运算符的用法见表 4-5。

表 4-5　位运算符的用法

运算符	描述
&	按位与运算符：参与运算的两个值，若两个相应位都为 1，则该位的结果为 1，否则为 0
|	按位或运算符：只要对应的两个二进制位有一个为 1，该位结果就为 1
^	按位异或运算符：当两个对应的二进制位相异时，该位结果为 1
~	按位取反运算符：对数据的每个二进制位取反，即把 1 变为 0，把 0 变为 1
<<	左移位运算符：运算数的各二进制位全部左移若干位，由 << 右边的数字指定移动的位数，高位丢弃，低位补 0
>>	右移位运算符：把>>左边的运算数的各二进制位全部右移若干位，>>右边的数字指定了移动的位数

示例 5　使用位运算符进行运算。

```python
a = 12
b = 8
c = 0
print("---------按位与运算---------------")
print("12    的二进制为：",bin(a))
print("8    的二进制为：",bin(b))
c = a & b   #12 和 8 进行按位与运算
print("12&8 的二进制为：",bin(c),"，十进制结果为：",c)

print("---------按位或运算---------------")
print("12    的二进制为：",bin(a))
print("8    的二进制为：",bin(b))
c = a | b   #12 和 8 进行按位或运算
print("12|8 的二进制为：",bin(c),"，十进制结果为：",c)

print("---------按位异或运算---------------")
print("12    的二进制为：",bin(a))
print("8    的二进制为：",bin(b))
c = a ^ b   #12 和 8 进行按位异或运算
print("12^8 的二进制为：",bin(c),"，十进制结果为：",c)

print("---------按位取反运算---------------")
print("12    的二进制为：",bin(a))
c = ~ a      #对 12 进行按位取反运算
print("~12 的二进制为：",bin(c),"，十进制结果为：",c)

print("---------按位左移运算---------------")
print("12    的二进制为：",bin(a))
c = a<<2   #对 12 按位左移两位
print("12<<2 的二进制为：",bin(c),"，十进制结果为：",c)

print("---------按位右移运算---------------")
print("12    的二进制为：",bin(a))
c = a>>2   #对 12 按位右移两位
print("12>>2 的二进制为：",bin(c),"，十进制结果为：",c)
```

运行程序，执行结果如图 4-5 所示。

```
----------按位与运算----------------
12   的二进制为：  0b1100
8    的二进制为：  0b1000
12&8的二进制为：  0b1000 ,十进制结果为：  8
----------按位或运算----------------
12   的二进制为：  0b1100
8    的二进制为：  0b1000
12|8的二进制为：  0b1100 ,十进制结果为：  12
----------按位异或运算--------------
12   的二进制为：  0b1100
8    的二进制为：  0b1000
12^8的二进制为：  0b100 ,十进制结果为：  4
----------按位取反运算--------------
12   的二进制为：  0b1100
~12的二进制为：  -0b1101 ,十进制结果为：  -13
----------按位左移运算--------------
12   的二进制为：  0b1100
12<<2的二进制为： 0b110000 ,十进制结果为：  48
----------按位右移运算--------------
12   的二进制为：  0b1100
12>>2的二进制为： 0b11 ,十进制结果为：  3
```

图 4-5　位运算符的使用

示例 5 中，使用了 Python 内置函数 bin()获得数值的二进制，获得的二进制以 0b 开头。

4.2　表　达　式

使用运算符将不同类型的数据按照一定的规则连接起来的式子，称为表达式。例如：以下每一句程序都是一个表达式。

```
a = 12
b = a * 8
c = a > b
```

在对运算符分类时，还有一种分类方法，是根据运算符所需操作数的数量来分类的，如按位取反"~"，逻辑非"not"，按位右移">>"，按位左移"<<"等运算符的操作数只有一个，称为单目运算符；加"+"、减"-"、乘"*"、除"/"、逻辑与"and"、按位与"&"等运算符的操作数都是两个，称为双目运算符。同理，若运算符的操作数的数量是三个，则称为三目运算符，例如：

```
max = a if a > b else b
```

这个表达式中的 if...else 条件表达式就是一个三目运算符，该表达式的含义为：若 a>b 成立，则 max = a；若 a>b 不成立，则 max = b，等价于以下程序。

```
if a > b:
    max = a
else:
    max = b
```

可以看出，条件表达式可以让程序变得更简洁。在使用 if...else 表达式时，if 前和 else 后也可以是表达式，并且 if...else 还可以嵌套使用。

示例 6　三目运算符 if...else 的使用。

```
a = int(input("请输入任意一个数字：a = "))
b = int(input("请再输入任意一个数字：b = "))
```

```
#求 a-b 的绝对值
abs = a-b if a>b else b-a
print("a-b 的绝对值为：",abs )

# 通过 if...else 运算符判断大小
print("a 大于 b" if a > b else ( "a 小于 b" if a<b else "a 等于 b" ))
```

运行程序，执行结果如图 4-6 所示。

```
请输入任意一个数字：a = 25
请再输入任意一个数字：b = 29
a-b的绝对值为： 4
a小于b
```

图 4-6　三目运算符

示例 6 中，在 if...else 表达式中，if 和 else 之间是判断条件，程序会首先执行该判断条件，若条件成立（返回 True）则执行 if 左侧的表达式并返回执行结果，若条件不成立（返回 False）则执行 else 右侧的表达式并返回执行结果。

在判断 a 和 b 的大小时，使用了嵌套的 if...else，同理，程序先执行 a>b，如果该表达式为 True，程序就执行第一个表达式 print("a 大于 b")，否则将继续执行 else 后面的内容，即"a 小于 b" if a<b else "a 等于 b"，进入该表达式后，先判断 a<b 是否成立，如果 a<b 的结果为 True，将执行 print("a 小于 b")，否则执行 print("a 等于 b")。

4.3　运算符优先级

一个表达式中，往往会有多个运算符，而程序在执行时，各运算符执行先后不同得出的结果必然大不相同。为此，Python 为各个运算符确定了优先级，以此来明确当多个运算符同时出现在一个表达式中时，先执行哪个运算符。从高到低，Python 运算符优先级见表 4-6。

表 4-6　Python 运算符优先级

Python 运算符	优先级
( )	小括号，优先级最高
**	乘方
~	按位取反
+（正号）、-（负号）	正号、负号
*、/、//、%	乘、除、取整、求余
+、-	加、减
>>、<<	右位移、左位移
&	按位与
^	按位异或
|	按位或
==、!=、>、>=、<、<=	关系运算符
=、%=、/=、//=、-=、+=、*=、**=	赋值运算符
is、is not	is 运算符

续表

Python 运算符	优先级
in、not in	in 运算符
not、and、or	逻辑运算符
,	逗号运算符

对于优先级相同的运算符，程序会从左至右进行执行。例如：a = b + c − d 的执行顺序为，先计算 b+c 的值，再用该值减去 d，最后将运算结果赋给 a。

虽然 Python 确定了运算符的优先级，但读者不要过度依赖运算符的优先级，这会导致程序可读性降低。因此，建议读者遵循以下两点。

（1）表达式尽量清晰简洁，不要把一个表达式写得过于复杂，如果一个表达式过于复杂，可以拆分开写。

（2）不要过分依赖运算符的优先级来控制表达式的执行顺序，应尽量使用小括号来控制表达式的执行顺序。

本 章 总 结

1．运算符是 Python 中定义的一些特殊符号，用于进行数学计算、逻辑运算和比较大小等操作。

2．算术运算符是处理加、减、乘、除等四则运算的符号，有加（+）、减（-）、乘（*）、除（/）、求余（%）、取整（//）、求幂（**）等运算符。

3．赋值运算符主要用来为变量、常量赋值，有赋值运算（=）、加法赋值（+=）、减法赋值（-=）、乘法赋值（*=）、除法赋值（/=）、取余数赋值（%=）、幂赋值（**=）、取整数赋值（//=）等运算符。

4．关系运算符也被称为比较运算符，用于对变量或表达式的结果进行大小、真假比较，有等于（==）、不等于（!=）、大于（>）、小于（<）、大于等于（>=）、小于等于（<=）等运算符。

5．逻辑运算符用于进行"与""或""非"这样的逻辑判断，有逻辑与运算符（and）、逻辑或运算符（or）、逻辑非运算符（not）。

6．位运算符主要用于对二进制数进行操作，有按位与（&）、按位或（|）、按位异或（^）、按位取反（~）、左移位（<<）和右移位（>>）等运算符。

7．条件表达式是一个三目运算符，条件表达式 max = a if b else b 的含义：若 b 为真，则 max=a；否则 max=c，其中 b 也可以是一个表达式。

8．Python 为各个运算符确定了优先级，以此来明确当多个运算符同时出现在一个表达式中时，先执行哪个运算符。

9．表达式尽量清晰简洁，不要把一个表达式写得过于复杂，如果一个表达式过于复杂，可以拆分开写。

10．不要过分依赖运算符的优先级来控制表达式的执行顺序，应尽量使用小括号来控制表达式的执行顺序。

实 践 项 目

1. a、b、c 三个变量的值分别为 10、23、8，执行以下运算，运行结果如图 4-7 所示。

（1）先求 a 与 b 的和，再乘以 c，输出最终结果。

（2）先求 b 和 c 的余数，再乘以 a，再减去 c，输出最终结果。

（3）使用一个嵌套的条件表达式判断 a、b、c 中的最大值，并输出"最大数是 23"。

```
先求a与b的和，再乘以c的最终结果是：  264
先求b和c的余数，再乘以a，再减去c的最终结果是：  62
最大数是23
```

图 4-7　实践项目 1 运行结果

2. 某公司对所有文件都是加密的，密码的明文是随机生成的五位正整数，请按以下规则生成该文档密码，每位数字都加上 3，然后用和除以 8 的余数代替该数字，再将第一位和第五位交换，第二位和第四位交换。编写程序为随机生成的密码明文加密生成最终密码，运行结果如图 4-8 所示。

```
随机产生的五位正整数为：  61759
万位是：  6，千位是：  1，百位是：  7，十位是：  5，个位是：  9
------------------------------------------------------------
经过每位数字都加上3，然后用和除以8的余数代替该数字操作后：
万位是：  1，千位是：  4，百位是：  2，十位是：  0，个位是：  4
------------------------------------------------------------
经过将第一位和第五位交换数字操作后：
万位是：  4，千位是：  4，百位是：  2，十位是：  0，个位是：  1
------------------------------------------------------------
经过将第二位和第四位交换数字操作后：
万位是：  4，千位是：  0，百位是：  2，十位是：  4，个位是：  1
------------------------------------------------------------
经过加密，得到的密码为：  4 0 2 4 1
```

图 4-8　加密程序运行结果

提示：

（1）产生一个随机的五位正整数，需要导入 Python 内置模块 random，通过调用 random 的内置函数 random.randint(star,end) 便可产生一个指定范围的正整数，根据题目要求是五位，则最小的五位数是 10000，最大的五位数是 99999，所以完整的产生随机五位正整数的函数为 random.randint(10000,99999)

（2）获取各个位的数字，需要使用取整和求余操作，例如，获得 4123 的各个位上的数字，操作如下。

获取千位上的数字 4，可以直接用 1000 对其进行取整操作，即 4123//1000;

获取百位上的数字 1，需要先用 100 取整得到 41，再用 10 求余数，即 4123//100%10;

获取十位上的数字 2，需要先用 10 取整得到 412，再用 10 求余数，即 4123//10%10;

获得个位上的数字 3，可以直接用 10 求余得到，即 4123%10。

第5章 流程控制

 **本章简介**

不论是个人还是企业，流程都至关重要。如果没有流程或违背流程，我们就会做错事，企业运行就会陷入混乱，而执行流程的过程也不一定是线性的，面临着各种选择和判断，不同的情形会采取不同的方法来应对。程序是按一定规则编写的一系列指令集，其根据用户需求按预定的流程来执行。在程序的流程控制中，可以用顺序结构、选择结构和循环结构来描述所有的流程控制情形。

本章将详细讲解程序结构、实现选择结构的选择语句、实现循环结构的循环语句，以及中断和改变程序执行流程的 break、continue 语句。

流程控制结构非常考验逻辑思维能力，读者在学习过程中要认真分析示例中每句代码的含义，理解每个程序执行的过程，认真完成示例和实践项目，勤加练习。

本章目标

1. 理解程序结构。
2. 能够正确使用选择结构、循环结构处理问题。
3. 能够正确使用选择语句的嵌套、循环语句的嵌套解决复杂问题。
4. 能够正确使用 break 和 continue 语句。

本章知识架构

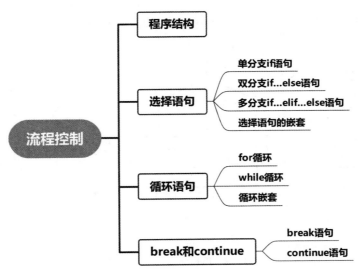

5.1 程序结构

在生活中，经常可以听到"流程"这个词，图 5-1 所示是一名大学毕业生要找到满意工作的流程，首先要写一份简历，然后要在各招聘网站上投递简历，企业 HR 如果对简历满意会预约面试，如果面试通过了，并且符合预期，则入职公司；如果面试没有通过或薪资等不符合预期，则继续投递简历，这个过程会不断地重复，直到找到满意的工作为止。这是找工作的流程，程序也是如此，需要使用流程控制来告诉程序什么情况下做什么、该怎么做。

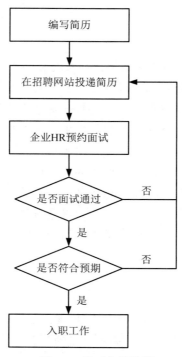

图 5-1　找工作的流程

流程控制提供了控制程序如何执行的方法，如果没有流程控制整个程序只能按线性顺序执行，必然达不到用户需求。和其他编程语言一样，Python 也提供了 3 种流程控制结构：顺序结构、选择结构和循环结构。这 3 种结构的执行流程如图 5-2 所示。

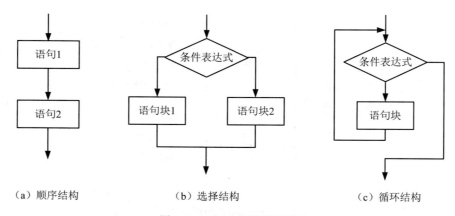

图 5-2　Python 流程控制结构

顺序结构：程序从上向下依次执行每条语句，中间没有任何的判断和跳转。

选择结构：根据条件判断的结果选择执行不同的语句。

循环结构：根据条件判断的结果重复性地执行某段代码。

5.2　选择语句

选择语句是根据条件判断的结果来选择执行不同语句的结构，Python 中的选择语句有 if 语句、if...else 语句和 if...elif...else 多分支语句 3 种形式。

5.2.1　单分支 if 语句

单分支选择语句描述的是汉语里的"如果……就……"的情形，Python 中使用 if 保留字来实现选择语句，语法结构如下。

```
if 表达式:
    语句块      #当表达式值为 True 时执行，否则不执行
```

其中，表达式可以是一个布尔值或变量，也可以是比较表达式（如 a>b）或逻辑表达式（如 age>18 and weight>= 90），如果表达式的值为 True，就执行语句块，语句块可以是一句或一组代码。如果表达式的值为 False，就跳过语句块，继续执行后面的语句。其流程如图 5-3 所示。

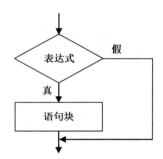

图 5-3　if 选择结构流程

在 Python 中，使用 if 选择结构时需要特别注意以下几点。

（1）if 后面表达式的值不是非零的数或非空的字符时，if 语句也被认为是条件成立。

（2）if 语句表达式后面一定要加英文冒号"："。

（3）Python 通过缩进来确定语句块是否结束，要正确使用缩进来实现功能。

示例 1　要求提示用户输入年龄，根据用户输入的年龄，若年龄大于 18 岁则输出"你已经成年了！"。某同学根据需求编写了以下程序，请你帮忙找出程序中存在的错误。

```
age = input("请输入你的年龄：")
if age >= 18
print("你已经成年了！")
```

不难发现，示例 1 中共有 3 处错误：

（1）age >= 18 在运行时会出现数据类型错误（TypeError），input()语句返回的是字符串类型，所以 age 是 str 类型，将 str 与 int 类型进行比较运算会出现数据类型错误。

（2）if 表达式 age >= 18 后面没有加冒号，会出现语法错误（SyntaxError）。

（3）print("你已经成年了！")的缩进不正确，虽然程序在运行时不会出现异常，但不论 age >= 18 的条件是否成立，程序都会执行 print("你已经成年了！")语句，这在逻辑上与程序的需求不符。

修改后，正确的程序应该为

```
age = int(input("请输入你的年龄："))
```

```
if age >= 18:
    print("你已经成年了！")
```

运行程序，运行结果如图 5-4 所示，当输入的年龄大于等于 18 岁时输出"你已经成年了！"，若输入的年龄小于 18，则什么也不输出。

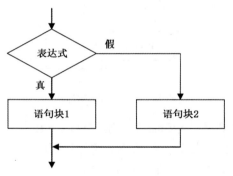

图 5-4　使用 if 语句

5.2.2　双分支 if...else 语句

if...else 用来处理只能二选一的情况，描述的是汉语里的"如果……就……，否则……就……"，例如：如果周末天晴就去郊游，否则就去看电影。if...else 语句的语法结构如下。

```
if 表达式:
    语句块 1
else:
    语句块 2
```

和 if 语句一样，表达式可以是一个布尔值或变量，也可以是比较表达式或逻辑表达式，若表达式为 True 则执行语句块 1，若表达式为 False 则执行语句块 2。

if...else 语句的执行流程如图 5-5 所示。

图 5-5　if...else 语句的执行流程

示例 2　要求提示用户输入年龄，根据用户输入的年龄，若年龄大于 18 岁则输出"你已经成年了！"，否则输出"你还未成年！"。

```
age = int(input("请输入你的年龄："))
if age >= 18:
    print("你已经成年了！")
else:
    print("你还未成年！")
```

运行程序，运行结果如图 5-6 所示。

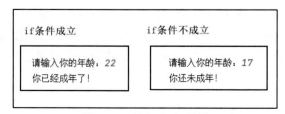

图 5-6　示例 2 运行结果

示例 2 中，在 if 和 else 后面都要加冒号。若年龄 age >= 18 则输出"你已经成年了！"，否则输出"你还未成年！"。示例 2 的程序也可以用条件表达式简写如下。

```
age = int(input("请输入你的年龄："))
print("你已经成年了！" if age >= 18 else "你还未成年！")
```

再次强调，在 Python 中，是用缩进表达程序的框架结构和代码之间的层次关系的，缩进对代码格式要求非常严格。在使用 if...else 时，if 与 else 之间的对应关系是通过缩进来体现的。

示例 3　要求提示用户输入年龄和性别，根据用户输入的年龄和性别，若年龄大于 18 岁则输出"你已经成年了！"，否则输出"你还未成年！"，若年龄大于 22 且为男性或年龄大于 20 且为女性，则输出"你已经达到法定结婚年龄！"，否则输出"你还未达到法定结婚年龄！"。分析以下代码是否有问题。

```
age = int(input("请输入你的年龄："))
sex = input("请输入你的姓名：男/女？")
if age >= 18:
    print("你已经成年了！")
else:
    print("你还未成年！")
if(age >= 22 and sex == "男" or age >=20 and sex == "女"):
    print("你已经达到法定结婚年龄！")
else:
    print("你还未达到法定结婚年龄!")
```

上述代码能实现示例 3 所描述的功能，程序首先执行第一个 if...else 语句，然后执行第二个 if...else 语句。不论年龄是否大于 18 岁，第二个 if...else 语句都要执行一遍。从逻辑上分析这样写是有问题的，因为第二个 if 语句的条件是包含在第一个 if 语句的条件中的，只有 age >= 18 才有可能存在 age >= 22 或 age >= 20 的情况，如果 age < 18，第二个 if...else 语句就没有执行的必要。在编程时，不仅要实现功能，还要分析程序的逻辑关系，要优化程序以提升执行的效率。示例 3 的代码可以优化如下。

```
age = int(input("请输入你的年龄："))
sex = input("请输入你的姓名：男/女？")
if age >= 18:
    print("你已经成年了！")
    if(age >= 22 and sex == "男" or age >=20 and sex == "女"):
        print("你已经达到法定结婚年龄！")
    else:
        print("你还未达到法定结婚年龄!")
else:
    print("你还未成年！")
```

运行程序，运行结果如图 5-7 所示。

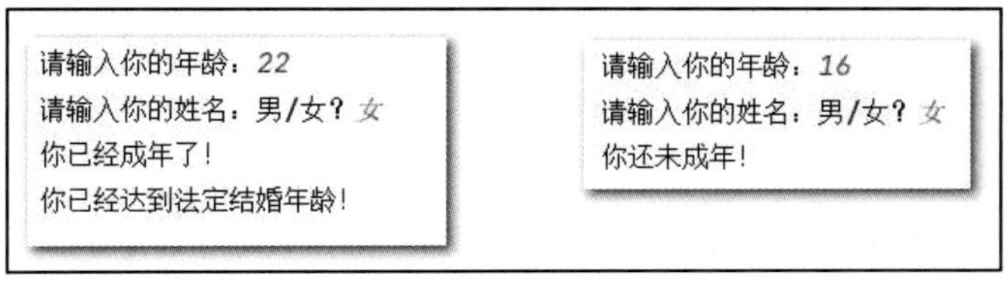

图 5-7　嵌套 if...else 语句

在示例 3 优化后的程序中，嵌套使用了 if...else 语句，第二个 if...else 语句写在第一个

if 语句的语句块中，而 else 属于哪个 if 语句是根据缩进决定的，这样写体现了判断条件的包含关系，如果 age < 18，整个语句块就都不会执行，会直接输出"你还未成年！"。

5.2.3　多分支 if...elif...else 语句

多分支 if...elif...else 语句用来处理多选一的情况。例如：如果周末有工作就加班，否则如果天气晴就去郊游，否则如果约到朋友就去看电影，否则就待在家。if...elif...else 语句的语法结构如下。

```
if 表达式 1:
    语句块 1
elif 表达式 2:
    语句块 2
elif 表达式 3:
    语句块 3
…
else:
    语句块 n
```

if...elif...else 语句的执行流程如图 5-8 所示。

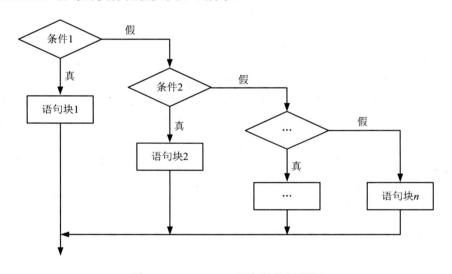

图 5-8　if...elif...else 语句的执行流程

示例 4　为公司开发一个绩效考核程序，根据员工不同的业绩给予相应的奖励。

```
achievement = int(input("请输入你本月的业绩（单位：万元）："))
if achievement >= 100:
    print("奖励七天国内带薪免费旅游！")
elif achievement >= 80:
    print("奖励一台笔记本电脑！")
elif achievement >= 50:
    print("奖励一台手机！")
elif achievement >= 30:
    print("奖励一副无线耳机！")
else:
    print("业绩不达标，继续努力吧！")
```

运行结果如图 5-9 所示。

```
请输入你本月的业绩（单位：万元）：60
奖励一台手机！
```

图 5-9 示例 4 绩效考核程序运行结果

在使用 if...elif...else 语句时要注意以下几点。

（1）if 和 elif 表达式的值都要判断真假，而 else 不需要判断。

（2）elif 和 else 都要和 if 一起使用，不能单独使用。

（3）不论有多少个 elif，只要有一个满足条件，执行完其语句块后程序就会退出，即便后面的 elif 也满足条件，都不会执行。

5.2.4 选择语句的嵌套

选择语句的嵌套是指在选择语句中又包含选择语句，在编程时可以根据逻辑关系进行一层或多层嵌套，但一定要严格控制好不同级别语句块的缩进量，否则会出现混乱。

示例 5 为某银行开发一个自动咨询程序。

```python
language = int(input("请选择语言，1 为普通话，2 为英语："))
if language == 1:
    type = int(input("请选择您要咨询的是个人业务还是企业业务，1 为个人业务，2 为企业业务："))
    if type == 1:
        business = int(input("请选择你要办的业务，1 为查询余额，2 为挂失，3 为信用卡业务："))
        if business == 1:
            print("您账户余额为 100 万元！")
        elif business == 2:
            print("已为您的卡办理挂失！")
        elif business == 3:
            print("已为您转到信用卡中心！")
        else:
            print("输入错误，返回上一级")
    elif type == 2:
        print("已为您转接到企业业务！")
    else:
        print("输入错误，返回上一级")
elif language == 2:
    print("已为您转接到英语人工服务！")
else:
    print("输入错误，请正确输入，本次咨询结束！")
```

运行程序，运行结果如图 5-10 所示。

```
请选择语言，1为普通话，2为英语：1
请选择您要咨询的是个人业务还是企业业务，1为个人业务，2为企业业务：1
请选择你要办的业务，1为查询余额，2为挂失，3为信用卡业务：1
您账户余额为100万元！
```

图 5-10 示例 5 银行自动咨询程序运行结果

示例 5 描述的业务是典型的多层嵌套应用场景，后面的每一个选择都是以前面的条件为前提的。在程序中如果是二选一就使用 if...else 语句，如果是多选一就要使用 if...elif...else 语句。

5.3 循 环 语 句

在生活中，经常会遇到重复处理一件事的情况，例如：公司每天要记录员工考勤、公交车每天要往返于始发站与终点站之间、每个月要给员工发一次工资等。在程序中也会遇到重复处理一件事的情况，例如：输出全班学生的学习成绩、输出公司所有员工的个人信息、输出本市所有企业的工商信息等。类似这样重复做一件事的情形称为循环。循环主要有以下两种情况。

（1）重复一定次数的循环，如 for 循环。

（2）一直重复，直到条件不满足时才结束的循环，如 while 循环。

5.3.1 for 循环

for 循环是计次循环，一般应用在循环次数已知的情况下。它通常用于遍历字符串、列表、元组、字典、集合等序列类型，逐个获取序列中的各个元素，其语法格式如下。

```
for 迭代变量 in 对象:
    循环体
```

其中，迭代变量用于存放从序列类型变量中读取出来的元素，所以一般不会在循环中对迭代变量手动赋值；对象为要遍历或迭代的任何有序的序列对象；循环体指的是具有相同缩进格式的多行代码。需要注意，for 语句在对象后要加上冒号。

for 语句的执行流程如图 5-11 所示。

for 语句的执行步骤如下。

（1）首先执行判断条件，即判断对象中是否还有项。

（2）若结果为真（True），则取下一项，并执行循环体。

（3）循环体执行完毕，再次判断对象是否还有项，结果为真（True），继续取值并循环。

（4）若结果为假（False），即对象中所有项都遍历完，则终止循环，执行 for 语句后面的语句。

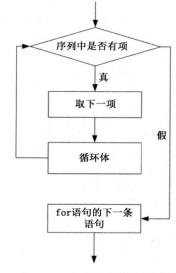

图 5-11 for 语句的执行流程

示例 6 分别输出 100 以内所有奇数的和、偶数的和。

```
print("------------求 1~100 之间偶数的和--------------------")
sum1 = 0
for num1 in range(0,101,2):          #从 0 开始，步长为 2，循环产生的所有数都是偶数
    sum1 += num1
print("1 到 100 的偶数和是：",sum1)


print("------------求 1~100 之间奇数的和--------------------")
sum2 = 0
for num2 in range(1,101,2):          #从 1 开始，步长为 2，循环产生的所有数都是奇数
    sum2 += num2
print("1 到 100 的奇数和是：",sum2)
```

运行程序，运行结果如图 5-12 所示。

```
---------------求1～100之间偶数的和--------------------
1到100的偶数和是：  2550
---------------求1～100之间奇数的和--------------------
1到100的奇数和是：  2500
```

图 5-12　示例 6 运行结果

示例 6 中，再次使用了 Python 的内置函数 range()，该函数用于生成一系列连续的整数，range() 函数的语法格式如下。

```
range(start,end,step)
```

各参数说明如下。

- start：用于指定计数器的起始值，该值可以省略，若省略则从 0 开始，如示例 6 中，要求 1～100 之间的偶数和奇数的和，起始值分别为 0 和 1。
- end：用于指定计数器的结束值，但不包括该值，如示例 6 中，要求 1～100 之间奇数或偶数的和，结束值是 101。
- step：用于指定步长，即两个数之间的间隔，可以省略，若省略则默认步长为 1。如示例 6 中，不论求奇数的和还是求偶数的和，步长都是 2，所以 step 的值为 2。

仔细分析示例 6 中的程序，不论是求 1～100 之间的奇数和还是偶数和，for 循环的判断条件都是一样的，如果这样写程序要遍历两遍 1～100 的数，可以使用条件语句对程序进行以下优化。

```
sum1 = 0                              #偶数的和
sum2 = 0                              #奇数的和

for num in range(1,101,1):
    if num % 2 ==0:                   #如果能被 2 整除就是偶数
        sum1 += num
    else:                             #否则是奇数
        sum2 += num
print("-------------求 1～100 之间偶数的和--------------------")
print("1 到 100 的偶数的和是：", sum1)
print("-------------求 1～100 之间奇数的和--------------------")
print("1 到 100 的奇数的和是：",sum2)
```

运行程序，运行结果与图 5-12 所示一致。在 for 循环中，通过判断能不能被 2 整除可以确定该数是偶数还是奇数，如果能整除就是偶数，与 sum1 累加；否则就是奇数，与 sum2 累加，程序只进行了一次遍历，运行效率大大提高。在实际开发中，要不断优化程序，避免代码冗余或性能降低。

5.3.2　while 循环

while 循环是通过一个条件来判断是否继续执行循环体，while 循环的语法格式如下。

```
while 表达式:
    循环体
```

while 循环首先要进行条件判断，若条件满足（True）则继续执行循环体，若条件不满足（False）则不执行循环体。需要注意，while 语句表达式后面要加上冒号。while 语句的

🖋 执行流程如图 5-13 所示。

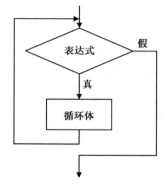

图 5-13   while 语句的执行流程

示例 7   使用 while 语句输出 1～100 内的所有数。

```
# 循环的初始化条件
num = 1
# 当 num 小于等于 100 时，会一直执行循环体
while num <= 100:
    print(num , end=" ")
    if num %10 == 0:
        print("")
    # 迭代语句
    num += 1                #增加变量的值，否则程序将一直输出 1，导致死循环
print("循环结束!")          #当 num 等于 101 时，条件不满足，执行该语句
```

运行程序，运行结果如图 5-14 所示。

```
1 2 3 4 5 6 7 8 9 10
11 12 13 14 15 16 17 18 19 20
21 22 23 24 25 26 27 28 29 30
31 32 33 34 35 36 37 38 39 40
41 42 43 44 45 46 47 48 49 50
51 52 53 54 55 56 57 58 59 60
61 62 63 64 65 66 67 68 69 70
71 72 73 74 75 76 77 78 79 80
81 82 83 84 85 86 87 88 89 90
91 92 93 94 95 96 97 98 99 100
循环结束!
```

图 5-14   示例 7 运行结果

示例 7 中，首先初始化了变量 num=1，该变量用于 while 语句的条件判断，当 num<=100 时，都会执行循环体，在循环体中，在每一次循环时都会通过 print(num , end=" ")输出这个数，在 print 语句中，第二个参数 end=" "，含义是每次输出后以一个空格结尾，这就是为什么图 5-14 中每个数据之间都会有一个空格的原因，如果不写默认是输出一个换行，那样，100 个数字每一个都会单独占一行。在循环体中，还通过 if num %10 == 0 进行条件判断，即若某个数字能够整除 10，则执行 print("")，虽然什么也没有输出，但默认会输出一个换行，该条件判断的目的是让每行只输出 10 个数字。循环体中最后一条语句 num += 1 非常重要，该语句让变量每循环一次增加 1，直到 num = 101 时，不符合 num <= 100 的条件，

程序就会终止循环，执行最后一条语句：print("循环结束!")。若示例 7 中没有 num += 1 这
条语句，则程序会陷入死循环，一直输出 1，要终止程序只能关闭解释器。

5.3.3 循环嵌套

在 Python 中，若一个循环体中嵌入另一个循环，则被称为循环嵌套。for 循环和 while
循环都可以嵌套，常见的几种嵌套格式如下。

（1）在 while 循环中嵌套 while 循环。

```
while 表达式 1:
    while 表达式 2:
        循环体 2
    循环体 1
```

（2）在 for 循环中嵌套 for 循环。

```
for 迭代变量 1 in 对象 1:
    for 迭代变量 2 in 对象 2:
        循环体 2
    循环体 1
```

（3）在 while 循环中嵌套 for 循环。

```
while 表达式:
    for 迭代变量 in 对象:
        循环体 2
    循环体 1
```

（4）在 for 循环中嵌套 while 循环。

```
for 迭代变量 1 in 对象:
    while 表达式:
        循环体 2
    循环体 1
```

5.4 break 和 continue

在循环结构中，如果满足循环条件，程序就会一直运行下去，但在实际开发中，经常
会遇到在执行过程中离开循环的情形。例如：如果学校有 10000 名学生，要通过循环比对
身份证号码找到某个学生，当这个学生找到后就应该停止比对，因为剩下的比对已经没有
意义了。在 Python 中通过以下两种方法可以实现。

（1）使用 break 语句终止循环。

（2）使用 continue 语句终止本次循环，直接跳到循环的下一次迭代。

5.4.1 break 语句

不论是 for 循环还是 while 循环，break 语句都可以终止当前的循环。break 语句的语法
比较简单，只要在循环语句中加入 break 关键字即可。

在 for 循环中使用 break 语句的形式如下，执行流程如图 5-15 所示。

```
for 迭代变量 in 对象:
    if 表达式:
        break
```

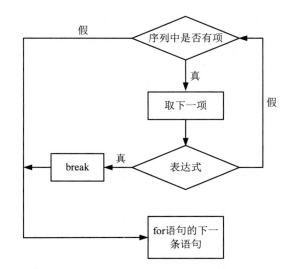

图 5-15　for 循环中使用 break 语句的执行流程

在 while 循环中使用 break 语句的形式如下，执行流程如图 5-16 所示。

```
while 表达式 1:
    执行代码
    if 表达式 2:
        break
```

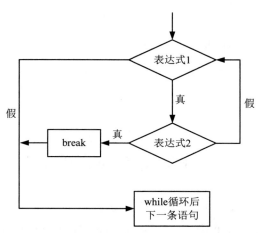

图 5-16　while 循环中使用 break 语句的执行流程

示例 8　输出 100 以内所有的素数（素数是大于 1 且只能被 1 和自身整除的数）。

```
for i in range(2,101,1):              #i 是被除数，通过循环判断 i 是不是素数
    flag = 0                          #用于标记 i 是否被 j 整除
    count = 0                         #计数器，用于记录内循环执行次数
    for j in range(2,int(i/2)+1,1):   #j 是除数，通过循环判断 i 能不能被 j 整除
        count += 1
        if i % j == 0:
            flag += 1
    if flag == 0:
        print(i , "是素数")
    else:
        print(i,"不是素数，判断了",count,"次","它能被除了 1 和自身之外的",flag,"个数整除")
```

运行程序，运行效果如图 5-17 所示（数据较多，只截取部分）。

```
2  是素数
3  是素数
4  不是素数, 判断了  1  次  它能被除了1和自身之外的  1  个数整除
5  是素数
6  不是素数, 判断了  2  次  它能被除了1和自身之外的  2  个数整除
7  是素数
8  不是素数, 判断了  3  次  它能被除了1和自身之外的  2  个数整除
9  不是素数, 判断了  3  次  它能被除了1和自身之外的  1  个数整除
10  不是素数, 判断了  4  次  它能被除了1和自身之外的  2  个数整除
11  是素数
12  不是素数, 判断了  5  次  它能被除了1和自身之外的  4  个数整除
13  是素数
14  不是素数, 判断了  6  次  它能被除了1和自身之外的  2  个数整除
15  不是素数, 判断了  6  次  它能被除了1和自身之外的  2  个数整除
16  不是素数, 判断了  7  次  它能被除了1和自身之外的  3  个数整除
17  是素数
18  不是素数, 判断了  8  次  它能被除了1和自身之外的  4  个数整除
19  是素数
20  不是素数, 判断了  9  次  它能被除了1和自身之外的  4  个数整除
21  不是素数, 判断了  9  次  它能被除了1和自身之外的  2  个数整除
22  不是素数, 判断了  10  次  它能被除了1和自身之外的  2  个数整除
23  是素数
24  不是素数, 判断了  11  次  它能被除了1和自身之外的  6  个数整除
25  不是素数, 判断了  11  次  它能被除了1和自身之外的  1  个数整除
26  不是素数, 判断了  12  次  它能被除了1和自身之外的  2  个数整除
27  不是素数, 判断了  12  次  它能被除了1和自身之外的  2  个数整除
28  不是素数, 判断了  13  次  它能被除了1和自身之外的  4  个数整除
29  是素数
```

图 5-17　示例 8 运行效果（部分）

示例 8 中，外层 for 循环中从 2 循环到 100，i 是被除数，通过循环判断 i 是不是素数，任何一个数能整除它的最大数是它除以 2 的数，所以内层 for 循环从 2 循环到（i/2）+1 就可以。变量 flag 用于标记 i 有没有被 j 整除，当循环结束时，若 flag 仍为 0 则说明 i 没有被整除过，是素数，反之则说明 i 被整除过，不是素数。变量 count 是个计数器，用于记录内循环执行的次数。

在示例 8 中，我们分析会发现程序的性能并不高，因为，当 flag 第一次为 1 的时候就说明 i 被某个数整除了，便已经证明了 i 不是素数，后面的循环就没有意义了，如果此时能中止循环，就可以极大地提升效率，示例 8 优化如下。

```
for i in range(2,101,1):
    flag = 0                        #用于判断是否被某个数整除过
    count = 0                       #用于记录内循环执行了多少次
    for j in range(2,int(i/2)+1,1):
        count += 1
        if i % j == 0:
            flag = j                #i 被整除则不是素数, falg 被赋值为第一个整除 i 的数
            break                   #i 被整除, 不是素数, 跳出内循环
    if flag == 0:                   #内循环结束后, flag 仍为 0 则 i 是素数
        print(i, "是素数")
    else:                           #内循环结束后, flag 不为 0 则 i 不是素数
        print(i, "不是素数, 判断了", count, "次，", "除了 1，能整除它的第一个数是：",flag)
```

优化后的程序运行效果如图 5-18 所示（数据较多，只展示部分）。

```
----------求1~100之间的素数----------
2 是素数
3 是素数
4 不是素数，判断了 1 次，除了1，能整除它的第一个数是：  2
5 是素数
6 不是素数，判断了 1 次，除了1，能整除它的第一个数是：  2
7 是素数
8 不是素数，判断了 1 次，除了1，能整除它的第一个数是：  2
9 不是素数，判断了 2 次，除了1，能整除它的第一个数是：  3
10 不是素数，判断了 1 次，除了1，能整除它的第一个数是：  2
11 是素数
12 不是素数，判断了 1 次，除了1，能整除它的第一个数是：  2
13 是素数
14 不是素数，判断了 1 次，除了1，能整除它的第一个数是：  2
15 不是素数，判断了 2 次，除了1，能整除它的第一个数是：  3
16 不是素数，判断了 1 次，除了1，能整除它的第一个数是：  2
17 是素数
18 不是素数，判断了 1 次，除了1，能整除它的第一个数是：  2
19 是素数
20 不是素数，判断了 1 次，除了1，能整除它的第一个数是：  2
21 不是素数，判断了 2 次，除了1，能整除它的第一个数是：  3
22 不是素数，判断了 1 次，除了1，能整除它的第一个数是：  2
23 是素数
24 不是素数，判断了 1 次，除了1，能整除它的第一个数是：  2
25 不是素数，判断了 4 次，除了1，能整除它的第一个数是：  5
```

图 5-18　示例 8 优化后运行效果（部分）

在优化后的程序中，当 i%j==0 的时候，说明 i 被 j 整除了，执行 break 语句，程序可以中止并跳出内循环，继续执行外循环中后续的语句。对比图 5-17 和图 5-18，可以看到，判断次数有了大幅减少。

经验：break 语句一般会结合 if 语句使用，表示当满足某种条件时终止循环。如果使用嵌套循环，break 语句终止的是其所在的循环。

5.4.2　continue 语句

continue 语句只是终止本次循环，不再执行本次循环 continue 之后的语句，直接开始下一次循环。例如：某学校有 10000 名学生，若学生有大赛获奖经历，则记录该学生的专业、学号信息，否则继续判断，直到所有学生都遍历完，当判断某个学生没有大赛获奖经历时，就可以使用 continue 语句结束本次循环，不用执行后面记录专业、学号信息的语句。

在 for 循环语句中使用 continue 语句的形式如下。

```
for 迭代变量 in 对象:
    if 表达式:
        continue
```

在 while 循环语句中使用 continue 语句的形式如下。

```
while 表达式 1:
    执行代码
    if 表达式 2:
        continue
```

示例 9　求 1~100 内所有能被 5 整除的数的和。

```
sum = 0
for i in range(5,101,1):
    if(i % 5 != 0):
```

```
        continue
    sum += i
print("1～100 所有能被 5 整除的数的和为：",sum)
```

运行程序，运行结果如下。

1～100 所有能被 5 整除的数的和为：　1050

示例 9 中，i%5 != 0 时，说明 i 不能被 5 整除，执行 continue 语句终止本次循环，循环体内的 sum += i 累加操作不会被执行，直接开始下一次的迭代。

本 章 总 结

1．流程控制提供了控制程序如何执行的方法，Python 提供了 3 种流程控制结构：顺序结构、选择结构和循环结构。

2．顺序结构是程序从上到下依次执行每条语句的结构，中间没有任何的判断和跳转。

3．选择结构是根据条件判断的结果选择执行不同语句的结构。

4．循环结构是根据条件判断的结果重复性地执行某段代码的结构。

5．单分支 if 语句描述的是汉语里的"如果……就……"的情形，使用时要注意：if 后面表达式的值不是非零的数或非空的字符时，if 语句也被认为是条件成立；if 语句表达式后面一定要加英文冒号；Python 通过缩进来确定语句块是否结束，要正确使用缩进来实现功能。

6．双分支 if...else 语句用来处理只能二选一的情况，描述的是汉语里的"如果……就……，否则……就……"。

7．多分支 if...elif...else 语句用来处理多选一的情况，使用时要注意：if 和 elif 表达式的值都要判断真假，而 else 不需要判断；elif 和 else 都要和 if 一起使用，不能单独使用；不论有多少个 elif，只要有一个满足条件，执行完其语句块后程序就会退出，即便后面的 elif 也满足条件，都不会执行。

8．选择语句的嵌套是指在选择语句中又包含选择语句，在编程时可以根据逻辑关系进行一层或多层嵌套，一定要严格控制好不同级别语句块的缩进量，否则会出现混乱。

9．for 循环是计次循环，一般应用在循环次数已知的情况下。它通常用于遍历字符串、列表、元组、字典、集合等序列类型，逐个获取序列中的各个元素。

10．while 循环通过一个条件来判断是否继续执行循环体。

11．在 Python 中，若一个循环体中嵌入另一个循环，则被称为循环嵌套。for 循环和 while 循环都可以嵌套。

12．使用 break 语句可以终止循环，不论是 for 循环还是 while 循环，break 语句都可以终止当前的循环。

13．continue 语句只是终止本次循环，不再执行本次循环 continue 之后的语句，直接开始下一次循环。

14．Python 的内置函数 range()用于生成一系列连续的整数，其语法是 range(start, end,step)，其中第 1 个参数 start 用于指定计数器的起始值，该值可以省略，若省略则从 0 开始。第 2 个参数 end 用于指定计数器的结束值，但不包括该值。第 3 个参数 step 用于指定步长，即两个数之间的间隔，可以省略，若省略则默认步长为 1。

实 践 项 目

1．分别使用 for 循环和 while 循环在控制台打印九九乘法表，效果如图 5-19 所示。

```
九九乘法表
1X1=1
1X2=2    2X2=4
1X3=3    2X3=6    3X3=9
1X4=4    2X4=8    3X4=12   4X4=16
1X5=5    2X5=10   3X5=15   4X5=20   5X5=25
1X6=6    2X6=12   3X6=18   4X6=24   5X6=30   6X6=36
1X7=7    2X7=14   3X7=21   4X7=28   5X7=35   6X7=42   7X7=49
1X8=8    2X8=16   3X8=24   4X8=32   5X8=40   6X8=48   7X8=56   8X8=64
1X9=9    2X9=18   3X9=27   4X9=36   5X9=45   6X9=54   7X9=63   8X9=72   9X9=81
```

图 5-19　使用循环打印九九乘法表

2．求 1!+2!+3!+…+10!的和。

3．一个三位数，若其各位数字立方后的和等于该数本身，则被称为水仙花数，请打印出 1000 内的所有水仙花数，并输出其数量。

4．根据输入的正整数打印出菱形，菱形的行数为控制台输入的正整数*2-1，效果如图 5-20 所示。

图 5-20　打印菱形

第6章 序 列

本章简介

第3章介绍了整型、浮点型、布尔型等基本数据类型，这些数据类型的特点是只能存储一个数据。但在现实中往往存在要对一类或一组数据同时进行处理的情形，例如：一个班级有40名学生，我们要对这40名学生的数据进行处理，这种情况下就需要使用Python提供的序列类型。

序列是Python中基本且重要的一种组合数据类型。在数学上，序列是被排成一列的对象，是一个包含其他对象的有序集合。在程序中，序列本质上是一种数据存储方式。Python中，序列类型包括列表、元组、字典、集合和字符串。

本章将重点讲解列表、元组、字典、集合这4种序列类型，并详细介绍每种序列常用的操作方法，总结这4种序列的差异，希望读者在后续的编程中能够根据业务场景正确使用。

本章目标

1. 理解序列。
2. 掌握列表、元组、字典、集合的特点及常用操作方法。
3. 能够正确使用列表、元组、字典、集合。

本章知识架构

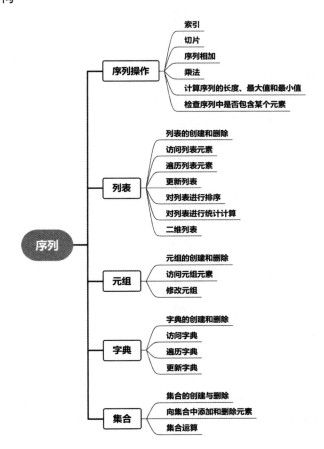

6.1　序　列　操　作

Python 中，序列类型包括列表（list）、元组（tuple）、字典（dict）、集合（set）和字符串。Python 为序列提供了切片、相加、相乘、检查成员、获取序列的长度、获取序列中最大元素和最小元素等通用操作，但是字典和集合不支持索引、切片、相加和相乘操作。

6.1.1　索引

序列是被排成一列的对象，是一个包含其他对象的有序集合，注意"有序"二字。序列中的每个对象或数据被称为元素（element），每个元素都被分配一个数字来表示它在序列中的位置，这个数字被称为索引（index），第一个元素的索引是 0，第二个元素的索引是 1，以此类推。

如图 6-1 所示，一个存储学生姓名的序列，每一个学生姓名被称为元素，而索引则唯一指向每一个元素的位置，序列中索引是从 0 开始的。

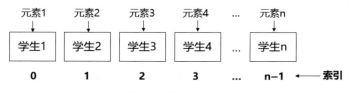

图 6-1　序列及索引

在 Python 中，索引也可以是负数，若使用负数来表示索引，则这个索引从右向左计数，最后一个元素的索引为–1，倒数第二个元素的索引是–2，以此类推，第 1 个元素的索引是–n。一般情况下建议使用正数索引。

在序列中，每个元素之间使用逗号","分开，使用索引可以访问序列中的任何元素。例如：以下代码可以实现打印列表中第 1 个和第 4 个元素。

```
book = ["红楼梦","三国演义","水浒传","西游记"]    #定义列表 book
print("book 序列中第 1 个元素是：",book[0])        #第 1 个元素的索引为 0
print("book 序列中第 4 个元素是：",book[3])        #第 4 个元素的索引为 3
```

运行程序，运行结果如下。

```
book 序列中第 1 个元素是：  红楼梦
book 序列中第 4 个元素是：  西游记
```

6.1.2　切片

切片（slice）是从序列中获取一部分连续元素而产生新序列的操作。实现切片操作的语法格式如下。

```
name = [start : end : step ]
```

各参数说明如下。

- name：序列的名称。
- start：切片的开始位置的索引（包含该位置），若省略，则默认从 0 开始。
- end：切片的结束位置的索引（不包含该位置），若省略，则默认为序列的长度。
- step：切片的步长，若省略，则默认为 1，若省略步长，则最后一个冒号也可省略。

注意 若将 3 个参数都省略，只有一个冒号，则表示使用切片复制序列。

例如：以下代码可以实现通过切片获取数列中第 3～5 个元素，获取第 1、3、5 个元素，并复制整个列表。

```
langue =["Python","Java","C","C++","JavaScript","HTML"]
print("切片获取第 3～5 个元素：", langue[2:5:1])
print("切片获取第 1、3、5 个元素：", langue[0:5:2])
print("通过切片复制整个列表：",langue[:])
```

运行程序，运行结果如下。

```
切片获取第 3～5 个元素：  ['C', 'C++', 'JavaScript']
切片获取第 1、3、5 个元素：  ['Python', 'C', 'JavaScript']
通过切片复制整个列表：['Python', 'Java', 'C', 'C++', 'JavaScript', 'HTML']
```

6.1.3 序列相加

Python 支持两个相同类型的序列相加（addition）操作，相加操作相当于连接两个序列，例如：两个列表相加、两个元组相加。不同类型的序列不能进行相加操作，例如：一个列表和一个元组是无法进行相加操作的。相加操作使用加"+"运算符实现。例如：以下代码可以实现将两个列表相加。

```
list1 = [1,2,3,"apple"]
list2 = ["apple","orange",100]
print(list1 + list2)
```

运行程序，运行结果如下。

```
[1, 2, 3, 'apple', 'apple', 'orange', 100]
```

从以上代码可以看出以下几点。

（1）一个列表中可以有不同数据类型的元素，如 list1 中包含整型和字符串元素。

（2）相加操作实质上是两个序列原样进行连接，不会去除重复的元素。

（3）两个列表相加的结果仍然是列表类型。

6.1.4 乘法

在 Python 中，使用一个序列与某个数字相乘可以得到一个新序列。例如：以下代码中将列表 life*3，则会生成一个新列表，新列表的内容是列表 life 的内容重复 3 遍。

```
life = ["学习","吃饭","睡觉"]
print(life * 3)
```

运行程序，运行结果如下。

```
['学习', '吃饭', '睡觉', '学习', '吃饭', '睡觉', '学习', '吃饭', '睡觉']
```

6.1.5 计算序列的长度、最大值和最小值

Python 提供了内置函数 len()来计算序列的长度，可以返回序列中包含元素的个数，使用 max()函数返回序列中的最大值，使用 min()函数返回序列中的最小值。例如：执行以下代码可以获取序列 num 的长度、最大值和最小值。

```
num = [8,12,44,56,24,19,96,4]
print("列表 num 的长度为： ", len(num))
print("列表 num 中的最大值为：",max(num))
print("列表 num 中的最小值为：",min(num))
```

运行程序，运行结果如下。

```
列表 num 的长度为：8
列表 num 中的最大值为：96
列表 num 中的最小值为：4
```

6.1.6　检查序列中是否包含某个元素

在 Python 中使用保留字 in 检查某个元素是否包含在序列中，语法格式如下。

```
element in sequence
```

各参数说明如下。

- element：要检查的元素。
- sequence：序列名称。

使用保留字 in 判断某个元素是否在序列中，返回结果为布尔值，若序列包含该元素则返回 True，不包含则返回 False。也可以使用保留字 not in 检查某个元素是否包含在序列中，返回结果与使用保留字 in 正好相反，若包含返回 False，不包含返回 True。

例如：要检查 music 序列中是否包含某个元素，可以使用以下代码实现。

```
music = ["我爱你中国","歌唱祖国","朋友","真心英雄"]
print("朋友" in music)
print("团结就是力量" in music)
print("真心英雄" not in music)
```

运行程序，运行结果如下。

```
True
False
False
```

在程序中，"朋友"包含在 music 序列中，返回 True，"团结就是力量"不包含在序列中，返回 False，"真心英雄"包含在 music 序列中，使用 not in 则返回 False。

6.2　列　　表

在计算机或手机中，我们都会用到通讯录、歌曲列表、视频播放列表和各类菜单列表，可以发现这些列表都有以下两个共同特征。

（1）列表中每个元素之间是有顺序的。

（2）列表中元素的数量和内容是可以变化的。

Python 中的列表与这些列表类似，它是由一系列按特定顺序排列的元素组成的可变序列。

列表的所有元素放在一对中括号"[]"中，相邻元素之间用逗号","分隔。可以将列表理解为一个容器，各元素之间没有任何关系，可以将数值、字符串、列表、元组等任何类型的内容放入列表中，且在同一个列表中，各个元素的类型也可以不同，允许有重复的元素。

6.2.1　列表的创建和删除

1. 使用赋值运算符创建列表

可以在创建列表时，直接将一个列表赋值给一个变量，语法如下。

```
listname = [元素 1,元素 2,元素 3,...,元素 n]
```

各参数说明如下。

- listname：列表的名称，可以自定义，只要符合 Python 标识符命名规则即可。
- 元素 1 至元素 n 是列表的元素，数量不受限制，可以是 Python 支持的任何类型的数据。

例如：以下创建的列表都是合法的。

```
name = ["张三","李四","王五"]
age = [18,21,33,19,21,45]
food = ["大米",110,"小麦",90,"红豆",60]
student = ["小王",22,["学生","团员",176]]
```

也可以创建空列表，后续再给列表添加元素，创建空列表的代码如下。

```
listname = []
```

2. 使用 list()函数创建列表

Python 提供了内置函数 list()，使用它可以将其他数据类型转换为列表类型，语法格式如下。

```
list(data)
```

参数 data 表示可以转换为列表的数据，其类型可以是字符串、range 对象、元组、字典、集合等。

例如：执行以下代码可以创建列表。

```
list1 = list(range(1,11))          #将 1～10 之间的整数创建为列表
print(list1)
list2 = list(range(1,10,2))        #将 1～10 之间的奇数创建为列表
print(list2)
list3 = list("我爱你中国")          #将字符串创建为列表
print(list3)
```

运行程序，运行结果如下。

```
[1, 2, 3, 4, 5, 6, 7, 8, 9, 10]
[1, 3, 5, 7, 9]
['我', '爱', '你', '中', '国']
```

3. 删除列表

已经创建的列表，如果不再使用了，可以使用 del 语句将其删除，语法格式如下。

```
del listname
```

其中，listname 是要被删除的列表的名称。

因为 Python 自带垃圾回收机制，所以开发者不需要关注列表是否需要删除，对于不用的列表，即使我们不手动将其删除，Python 也会自动将其回收销毁。

6.2.2　访问列表元素

如果要访问列表中的某个元素，那么可以通过索引获取，语法格式如下。

```
element = listname[index]
```

各参数说明如下。

- element：返回的列表中索引为 index 的元素。
- listname：索引名称。
- index：该元素的索引值。

例如：使用以下代码可以获取列表中索引为 2 的元素。

```
num = list(range(1,11))                    #将 1~10 的数值创建为列表
print(num)                                 #输出列表
print(num[2])                              #输出列表中索引为 2 的元素
```

运行程序，运行结果如下。

```
[1, 2, 3, 4, 5, 6, 7, 8, 9, 10]
3
```

示例 1　某公司开发了一个 App，当用户每次使用时，都会随机发一句激励的话，请实现该功能。

```
import random

strs = ["只有坚持才能获得最后的成功","给人生一个梦，给梦一条路，给路一个方向","人的命运靠自己奋斗","半途而废的人永远摸不到成功的尾巴","人活着就是为了解决困难","没有不进步的人生，只有不进取的人","没有伞的孩子，必须努力奔跑","懂得感恩，是收获幸福的源泉"]

long = len(strs)                           #获取列表长度
index = random.randint(0,long-1)           #产生随机数，作为列表索引
print(strs[index])                         #根据索引输出对应的列表元素
```

运行程序，运行结果为随机输出 strs 列表中的一句励志话语。

示例 1 中，因为要产生随机数，所以要使用 import 导入 random 模块。程序中使用 len(strs) 获得 strs 列表的长度，通过 random.randint(0,long-1) 产生一个 0 至 long-1 之间的随机数作为索引，最后通过 print(strs[index]) 输出 strs 列表中索引为 index 的元素。

6.2.3　遍历列表元素

列表是存储有序数据的可变序列，当需要对列表中某些或所有元素进行处理时，先要对列表进行遍历，获取这些元素。在 Python 中遍历列表有两种常用方法。

1. 使用 for 循环遍历列表

使用 for 循环遍历列表，可以获得列表中元素的值，其语法格式如下。

```
for element in listname:
```

各参数说明如下。

● element：用于保存元素的值。

● listname：列表名称。

例如：使用以下代码可以循环遍历 invention 列表，输出中国古代四大发明。

```
invention = ["造纸术","指南针","火药","印刷术"]
for element in invention:
    print(element,end=" "*3)               #输出列表元素，每个元素之间 3 个空格
```

执行程序，输出结果如下。

```
造纸术   指南针   火药   印刷术
```

2. 使用 for 循环和 enumerate() 函数遍历列表

使用 for 循环和 enumerate() 函数可以实现同时输出索引值和元素内容，语法格式如下。

```
for index, element in enumerate(listname):
```

各参数说明如下。

● index：用于保存元素的索引。

● element：用于保存元素值。

● listname：要遍历的列表名称。

例如：使用以下代码可以循环遍历 invention 列表，输出中国古代四大发明。

```
invention = ["造纸术","指南针","火药","印刷术"]
for index,element in enumerate(invention):
    print(index,element,end=" "*3)
```

运行程序，运行结果如下。

```
0 造纸术   1 指南针   2 火药   3 印刷术
```

示例 2 某公司开发了一个 App，用户在注册时要设置昵称，而且要求昵称必须是唯一的，编写程序实现该功能。

```
#nikename 为存储用户昵称的列表
nikename = ["小林夕","会飞的鱼","清月","小七","忆江南","临水观天"]
name = input("请输入昵称：")            #接受用户输入的昵称

#判断用户输入的昵称是否在昵称列表中
if name in nikename:
    print("你输入的昵称已经被占用，以下昵称已被使用，不可使用，请重新输入！")

    #循环输出昵称列表中的所有元素
    for item in nikename:
        print(item,end=" ")
else:
    print("昵称可用！")
```

运行程序，当输入的昵称在 nikename 列表中时，提示"你输入的昵称已经被占用，以下昵称已被使用，不可使用，请重新输入！"，并输出 nikename 列表中的所有元素。当输入的昵称不在 nikename 列表中时，提示"昵称可用！"。运行结果如图 6-2 所示。

```
请输入昵称：小七
你输入的昵称已经被占用，以下昵称已被使用，不可使用，请重新输入！
小林夕 会飞的鱼 清月 小七 忆江南 临水观天
```

图 6-2 示例 2 运行结果

6.2.4 更新列表

列表是可变的，在实际开发中经常需要对列表进行更新，更新列表包括添加、修改和删除列表元素等操作。

1. 添加元素

Python 中提供了 append()、extend()、insert()、"+"运算符等多种方法向列表中添加元素。

（1）使用 append()方法向末尾添加元素。append()方法可以为列表添加元素，添加的元素将追加到列表的末尾，语法格式如下。

```
listname.append(element)
```

各参数说明如下。

- listname：要添加元素的列表名称。
- element：要添加到列表末尾的元素，它可以是单个元素，也可以是列表、元组等。

例如：使用 append()方法为 week 列表添加元素。

```
week = ["星期一","星期二","星期三","星期四","星期五","星期六"]
time = ["早上","中午","下午"]
```

```
week.append("星期日")            #将元素"星期日"添加到 week 列表的末尾
time.append(week)               #将 week 列表添加到 time 列表的末尾

#循环输出 week 列表
for item in week:
    print(item,end=" "*2)

print("\n",time)                #输出 time 列表
```

运行程序，运行结果如下。

```
星期一   星期二   星期三   星期四   星期五   星期六   星期日
 ['早上','中午','下午', ['星期一','星期二','星期三','星期四','星期五','星期六','星期日']]
```

（2）使用 extend()方法为列表添加元素。extend()方法可以为列表添加元素，添加的元素也是被追加到列表的末尾，语法格式如下。

```
listname.extend(element)
```

各参数说明如下。

● listname：要添加元素的列表名称。

● element：要添加到列表末尾的元素，它可以是单个元素，也可以是列表、元组等。

使用 extend()方法为列表添加元素，运行结果与使用 append()方法一样。

> append()和 extend()方法都可以为列表末尾添加元素，它们的区别是，当给列表添加的是列表或元组时，append()方法会将被添加的列表或元组视为一个整体，作为一个元素添加到列表中，从而形成包含列表或元组的新列表，效率较高；而 extend()方法不会把列表或元组视为一个整体，而是把它们包含的元素逐个添加到列表中，效率相对较低。

（3）使用 insert()方法向列表指定位置添加元素。append()和 extend()方法为列表添加元素只能将新元素添加到列表的末尾，而 insert()方法可以向列表指定位置添加元素。当 insert()方法向指定位置添加元素时，列表中该位置原来的元素并不是被覆盖，而是将该位置及后续位置的所有元素向后移一个位置，语法格式如下。

```
listname.insert(index,element)
```

各参数说明如下。

● listname：要添加元素的列表名称。

● index：指定位置的索引值。

● element：要插入的元素。

例如：要将某个元素插入列表中，可以使用以下代码实现。

```
mylist = ["元素 1","元素 2","元素 3","元素 4"]
#循环输出 mylist 列表
for item in mylist:
    print(item,end=" ")
print()        #输出换行

#向 mylist 列表索引为 2 的位置插入元素"我是新来的"
mylist.insert(2,"我是新来的")
#循环输出新的 mylist 列表
for item in mylist:
    print(item,end=" ")
```

执行程序，输出结果如下。

```
元素 1 元素 2 元素 3 元素 4
元素 1 元素 2 我是新来的 元素 3 元素 4
```

（4）使用 "+" 运算符向列表添加元素。在 6.1.3 节已经讲解过，可以使用 "+" 运算符向序列添加元素，但要注意："+" 运算符两侧的对象类型必须是一致的，当两个对象都是列表时，可以直接使用 "+" 运算符将运算符右侧的列表追加到左侧列表的末尾。但是为了提高程序效率和可读性，这类场景建议使用 append() 方法。

示例 3　有一古诗列表，请插入作者信息，并按格式打印。

```
poetry = ["      夜宿山寺","危楼高百尺","手可摘星辰","不敢高声语","恐惊天上人"]
poetry.insert(1,"      唐 李白")              #插入作者信息

for index,item in enumerate(poetry):         #循环打印 poetry 列表

    #如果索引为 0 或 1 打印诗名并换行，打印作者并换行
    if index == 0 or index == 1:
        print(item)
    else:
        if index % 2 == 0:                   #如果索引为 2，打印诗句，并打印逗号
            print(item,end=",")
        else:                                #其他情况打印诗句，并打印句号和换行
            print(item,end="。\n")
```

运行程序，运行结果如图 6-3 所示。

```
夜宿山寺
唐 李白
危楼高百尺,手可摘星辰。
不敢高声语,恐惊天上人。
```

图 6-3　示例 3 运行效果

示例 3 中，使用了 insert() 函数向 poetry 列表索引为 1 的位置插入了作者信息，通过 for 循环遍历打印诗句，根据诗句打印的格式，对索引进行了判断，当索引为 0 时是诗名，直接输出并换行，当索引为 1 时是作者，直接输出并换行，所以这两种情形通过逻辑运算符 or 合为一条判断语句 if index == 0 or index == 1。当索引为 2 和 4 时，是诗的第 1 句和第 3 句，需要直接输出并加一个逗号，所以这两句诗句的判断合并成一句，用索引与 2 求余是否为 0 来判断，若等于 0，则索引是 2、4，则使用 print(item,end="，")输出诗句并加逗号；若不是 0，则索引就是 3 和 5，是诗的第 2 句和第 4 句，需使用 print(item,end="。\n")语句输出诗句、加句号并换行。

2．修改元素

修改列表中的元素非常简单，只需要通过索引获取该位置的元素，并给其重新赋值即可。

例如：修改 mylist 列表中索引为 2、3、4 的元素，可以通过以下代码实现。

```
mylist = ["元素 1","元素 2","我是新来的","元素 3","元素 4"]
print(mylist)                    #输出原列表
mylist[2] = "元素 3"              #修改索引值为 2 的元素
mylist[3] = "元素 4"              #修改索引值为 3 的元素
mylist[4] = "元素 5"              #修改索引值为 4 的元素
print(mylist)                    #输出修改后的列表
```

运行程序，运行结果如下。

['元素 1', '元素 2', '我是新来的', '元素 3', '元素 4']
['元素 1', '元素 2', '元素 3', '元素 4', '元素 5']

3. 删除元素

删除列表中元素的方法有两种，一种是知道元素的索引时，可以直接使用 del 语句删除；另一种是只知道元素值而不知道索引时，可以使用 remove()方法删除。

（1）根据索引删除。如果知道元素的索引，可以使用 del 语句删除元素。例如：以下使用 del 语句删除列表元素的方法都是正确的。

```
mylist = ["元素 1","元素 2","元素 3","元素 4","元素 5"]

del mylist[0]                  #删除列表的第一个元素
print(mylist)

del mylist[-1]                 #删除列表的最后一个元素
print(mylist)

del mylist[2]                  #删除列表索引为 2 的元素
print(mylist)
```

运行程序，运行结果如下。

```
['元素 2', '元素 3', '元素 4', '元素 5']
['元素 2', '元素 3', '元素 4']
['元素 2', '元素 3']
```

（2）根据元素值删除。如果不知道元素索引，可以使用 remove()方法删除元素，但若要删除的元素不在列表中，则会出现 ValueError 异常，所以，在使用 remove()方法删除元素时，要先判断列表中是否存在该元素。

例如：根据用户输入，判断用户输入是否是列表中的元素，若是，则删除该元素；若不是，则提示用户"列表中不存在该元素"，可使用以下代码实现。

```
mylist = ["元素 1","元素 2","元素 3","元素 4","元素 5"]
print("原列表 mylist = ",mylist)         #输出原列表

#提示用户输入要删除的元素
element = input("请输入要删除的元素：")

if element in mylist:                    #判断用户输入的元素是否在 mylist 列表中
    mylist.remove(element)               #若存在，则删除该元素
    print("修改后的列表 mylist = ",mylist)
else:
    print("列表中不存在该元素")
```

运行程序，若用户输入的不是 mylist 列表的元素，则提示"列表中不存在该元素"，若用户输入的是列表中元素，运行结果如下。

```
原列表 mylist =   ['元素 1', '元素 2', '元素 3', '元素 4', '元素 5']
请输入要删除的元素：元素 2
修改后的列表 mylist =   ['元素 1', '元素 3', '元素 4', '元素 5']
```

6.2.5 对列表进行排序

Python 中提供了两种常用的对列表进行排序的方法。

1. 使用 sort()方法实现列表排序

使用 sort()方法实现对列表中元素进行排序，语法格式如下。

```
listname.sort(key=None ,reverse=False)
```

各参数说明如下。

- listname：要进行排序的列表名。
- key：指定排序标准，如 key=str.lower 表示在排序时不区分字母大小写。
- reverse：可选参数，reverse=False 是升序排序，reverse=True 是降序排序，默认为升序排序。

例如：对保存学生成绩的列表进行排序，可用以下代码实现。

```python
score = [98,75,87,91,79,80,93,75,83,82,94]
print("原来列表：",score)            #打印原列表

score.sort()                         #默认按升序排序
print("升序排序：",score)

score.sort(reverse=True)             #按降序进行排序
print("降序排序：",score)
```

运行程序，运行结果如下。

```
原来列表：  [98, 75, 87, 91, 79, 80, 93, 75, 83, 82, 94]
升序排序：  [75, 75, 79, 80, 82, 83, 87, 91, 93, 94, 98]
降序排序：  [98, 94, 93, 91, 87, 83, 82, 80, 79, 75, 75]
```

在使用 sort()对字符串列表进行排序时，默认是区分大小写的，先按大写字母排序，再按小写字母排序。如果在排序时不区分大小写，就要通过 key 参数指定。

例如：使用 sort()方法对一个列表进行排序，可用以下代码实现。

```python
fruit = ["Apple","Orange","Banana","cherry "]
print("原来列表：",fruit)            #打印原列表

fruit.sort()                         #默认区分大小写，且按升序排序
print("按区分大小写，升序排序：",fruit)

fruit.sort(key=str.lower)            #按不区分大小写，升序排序
print("按不区分大小写，升序排序：",fruit)

fruit.sort(reverse=True)             #按降序进行排序
print("按区分大小写，降序排序：",fruit)

fruit.sort(key=str.lower,reverse=True)  #按不区分大小写、降序排序
print("按不区分大小写，降序排序：",fruit)
```

运行程序，运行结果如下。

```
原来列表：  ['Apple', 'Orange', 'Banana', 'cherry ']
按区分大小写，升序排序：['Apple', 'Banana', 'Orange', 'cherry ']
按不区分大小写，升序排序：['Apple', 'Banana', 'cherry ', 'Orange']
按区分大小写，降序排序：['cherry ', 'Orange', 'Banana', 'Apple']
按不区分大小写，降序排序：['Orange', 'cherry ', 'Banana', 'Apple']
```

2. 使用内置的 sorted()函数实现列表排序

Python 提供了内置函数 sorted()可实现为列表排序，语法格式如下。

```
sorted(listname,key=None,reverse=False)
```

各参数说明如下。

- listname：要进行排序的列表名。
- key：指定排序标准，如 key=str.lower 表示在排序时不区分字母大小写。
- reverse：可选参数，reverse=False 是升序排序，reverse=True 是降序排序，默认为升序排序。

例如：使用 sorted()内置函数对保存学生成绩的列表进行排序，实现代码如下。

```
score = [98,75,87,91,79,80,93,75,83,82,94]
print("原来列表： ",score)              #打印原列表

#默认按升序排序
print("升序排序： ",sorted(score))

#按降序进行排序
print("降序排序： ",sorted(score,reverse=True))

print("原来列表： ",score)              #打印原列表
```

运行程序，运行结果如下。

```
原来列表：  [98, 75, 87, 91, 79, 80, 93, 75, 83, 82, 94]
升序排序：  [75, 75, 79, 80, 82, 83, 87, 91, 93, 94, 98]
降序排序：  [98, 94, 93, 91, 87, 83, 82, 80, 79, 75, 75]
原来列表：  [98, 75, 87, 91, 79, 80, 93, 75, 83, 82, 94]
```

从示例可以看出，使用 sorted()内置函数对列表进行排序，即使进行了排序操作，原来列表中元素的位置并没有发生任何变化。

注意　　使用列表提供的 sort()方法排序和使用 Python 内置的 sorted()函数排序的区别在于：使用 sort()方法排序后，列表中的元素位置会根据排序结果发生变化，而使用 sorted()函数排序后，原列表中的元素位置不发生变化。

6.2.6　对列表进行统计计算

为提高开发效率，Python 提供了一些方法对列表进行统计计算。

1. 获取某个元素在列表中的数量

使用列表的 count()方法可以获取某个指定元素在列表中的数量，语法格式如下。

```
listname.count(element)
```

各参数说明如下。

- listname：列表名称。
- element：要统计出现次数的列表元素。

例如：要统计班级中有多少学生得了 100 分，实现代码如下。

```
score = [100,75,87,100,79,80,93,100,83,82,100]
num = score.count(100)
print("成绩中 100 的个数是： ",num)
```

运行程序，运行结果如下。

```
成绩中 100 的个数是：  4
```

2. 获取某个元素在列表中首次出现的位置

如果需要获得某个元素在列表中首次出现的位置（即索引），可以使用列表的 index()

方法实现，语法格式如下。

```
listname.index(element)
```

各参数说明如下。

- listname：列表名称。
- element：要获取索引的列表元素。

使用 index()方法时，如果列表不包含该元素，那么会返回 ValueError 异常，所以要先判断该元素是否包含在列表中。

例如：要获得用户输入的某个分数在成绩列表中的位置，实现代码如下。

```
score = [100,75,87,100,79,80,93,100,83,82,100]
grade = int(input("请输入你要查找的分数：")) 　　　　　#提示用户输入分数

#判断用户输入的分数是否在 score 列表中
if grade in score:
    #在列表中，获取该分数首次出现的位置
    grade_index = score.index(grade)
    print(grade,"在成绩列表中首次出现的位置是：",grade_index)
else:
    #不在列表中，提示用户
    print(grade,"不在成绩列表中")
```

运行程序，若输入的分数不是 score 列表中的元素，则输出该分数不在成绩列表中；若输入的分数在 score 列表中，则输出该成绩首次出现的位置索引。若用户输入为 100，则运行结果如下。

```
请输入你要查找的分数：100
100 在成绩列表中首次出现的位置是： 0
```

3. 统计数值列表的元素和

Python 提供了 sum()内置函数，可以获取列表中所有元素的和，语法格式如下。

```
sum(listname[,start])
```

各参数说明如下。

- listname：列表名称。
- start：指定列表所有元素求和后再加的数，默认为 0。

例如：统计班级的总成绩和平均分，实现代码如下。

```
score = [100,75,87,100,79,80,93,100,83,82,100]
sum_grade = sum(score)                    #获取 score 列表中所有元素的和
average = sum_grade / len(score)          #用总分/元素数量，得到平均分
print("总成绩为：",sum_grade,"，平均分为：",average)
```

运行程序，运行结果如下。

```
总成绩为：979，平均分为：89.0
```

示例 4　编写一个评分程序，列表中记录了各评委给某选手打的分数，要求先按升序排序输出分数，然后去掉一个最高分，去掉一个最低分，求最后得分和平均分。

```
score = [89,90,87,98,79,80,93,72,83,82,88]
score.sort()                        #按升序排序
print("评委打分为：",score)
score.remove(max(score))            #去掉最高分
```

```
score.remove(min(score))              #去掉最低分
result = sum(score)                   #求 score 列表剩下元素的和
ave= result / len(score)              #求平均分，保留两位小数
print("去掉最高分和最低分后的总分是：",result)
print("去掉最高分和最低分后的平均分是：",round(ave,2))
```

运行程序，运行结果如下。

```
评委打分为：   [72, 79, 80, 82, 83, 87, 88, 89, 90, 93, 98]
去掉最高分和最低分后的总分是：  771
去掉最高分和最低分后的平均分是：  85.67
```

6.2.7　二维列表

在现实生活中，数据通常是被存放在表里，我们在描述一些信息的时候也常常使用表格。如图 6-4 所示，用一张学生信息表记录学生的姓名、年龄、性别、籍贯，表格是二维的，表格中每一个数据都由行和列来确定，例如：第 4 行第 4 列表示的是王五的籍贯。

姓名	年龄	性别	籍贯
张三	19	男	北京市海淀区
李四	20	女	山东省烟台市
王五	20	男	甘肃省张掖市

图 6-4　二维表格

在 Python 中，由于列表的元素也可以是列表，因此，二维列表就是包含列表的列表，即一个列表的每个元素又都是一个列表。二维列表中的信息以行和列的形式表示，第一个索引代表元素所在的行，第二个索引代表元素所在的列。图 6-4 中的数据使用二维列表可以表示如下。

```
student = [["张三","19","男","北京市海淀区"], ["李四","20","女","山东省烟台市"], ["王五","20","男",
"甘肃省张掖市"]]
```

在二维列表中，访问子列表与一维列表一样，使用一个索引，相当于获取一行数据，例如：student[0]，返回的是['张三', '19', '男', '北京市海淀区']，如果要访问子列表的元素"张三"，就要使用 student[0][0]，通过两个索引来定位子列表的元素。student 列表中，各元素的索引如图 6-5 所示。

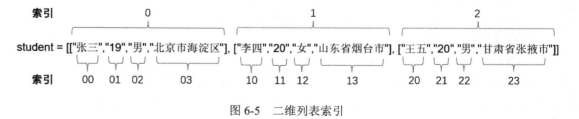

图 6-5　二维列表索引

示例 5　请为老师编写一个程序，将表 6-1 所列的每位学生姓名和各科成绩录入计算机，并计算出每位学生的总分和平均分，将总分和平均分插入列表，按表格形式输出学生成绩。

表 6-1　学生成绩表

姓名	英语	数学	语文
张小小	80	94	90
王小虎	78	86	92
刘小强	85	83	89
赵小花	94	92	90

程序运行效果如图 6-6 所示。

```
请输入学生姓名：张小小
请输入学生英语成绩：80
请输入学生数学成绩：94
请输入学生语文成绩90
请输入学生姓名：王小虎
请输入学生英语成绩：78
请输入学生数学成绩：86
请输入学生语文成绩92
请输入学生姓名：刘小强
请输入学生英语成绩：85
请输入学生数学成绩：83
请输入学生语文成绩89
请输入学生姓名：赵小花
请输入学生英语成绩：94
请输入学生数学成绩：92
请输入学生语文成绩90
学生成绩列表为：
 [['张小小', 80, 94, 90], ['王小虎', 78, 86, 92], ['刘小强', 85, 83, 89], ['赵小花', 94, 92, 90]]
插入总分和平均分的学生成绩列表：
 [['张小小', 80, 94, 90, 264, 88], ['王小虎', 78, 86, 92, 256, 85], ['刘小强', 85, 83, 89, 257, 86], ['赵小花', 94, 92, 90, 276, 92]]
姓名   英语  数学  语文   总分    平均分
张小小   80    94    90    264     88
王小虎   78    86    92    256     85
刘小强   85    83    89    257     86
赵小花   94    92    90    276     92
```

图 6-6　学生成绩处理程序运行效果

程序实现代码如下。

```python
score = []              #定义空列表
#循环为二维列表赋值
for i in range(0,4):          #4 行
    score.append([])        #增加一行，将列表变为二维列表
    #通过循环为每一行添加元素
    for j in range(0,4):       #4 列
        if j == 0:          #每一行的第 1 列是学生姓名
            score[i].append(input("请输入学生姓名："))
        if j == 1:          #每一行的第 2 列是英语成绩
            score[i].append(int(input("请输入学生英语成绩：")))
        if j ==2:          #每一行的第 3 列是数学成绩
            score[i].append(int(input("请输入学生数学成绩：")))
        if j == 3:          #每一行的第 4 列是语文成绩
            score[i].append(int(input("请输入学生语文成绩")))
print("学生成绩列表为：\n",score)

i = 0
#循环获取二维列表中每个元素的值
while i < len(score):
    j = 1              #每一行的第 1 列是姓名，不参与计算，所以 j=1，从第 2 列开始
    sum = 0
```

```
        ave = 0
        while j < len(score[i]):
            sum += score[i][j]          #将第 2、3、4 列的每个子元素求和
            j += 1
        ave = sum / (len(score[i]) - 1)  #求每一行成绩的平均值
        score[i].append(sum)             #将成绩的和添加到子列表中，相当于增加一列
        score[i].append(round(ave))      #将平均分添加到子列表中，相当于增加一列
        i += 1
print("插入总分和平均分的学生成绩列表：\n",score)

table = ["姓名","英语","数学","语文","总分","平均分"] #表头
score.insert(0,table)                    #将表头插入列表索引为 0 的位置

i = 0
#循环输出二维列表
while i < len(score):                    #控制行
    j = 0
    while j < len(score[i]):             #控制列
        print(score[i][j],end=" "*3)     #输出列表元素
        j += 1                           #到下一个元素
    print()                              #输出完一行后换行
    i += 1                               #到下一行
```

运行程序，输入表 6-1 中的数据，运行效果如图 6-6 所示。请读者在 PyCharm 中编写示例 5 的代码，按程序中的注释，逐行阅读代码，理解每句代码的含义及作用。

6.3　元　　组

元组是由一系列按特定顺序排列的元素组成的不可变序列。元组与列表的相同之处是，它们的元素都是按一定顺序排列的，都是有序序列。不同之处是，列表是可变序列，而元组是不可变序列，元组通常用于保存程序中不可修改的内容。

元组的所有元素都放在一对小括号中，两个相邻元素之间使用逗号分隔，与列表一样，可以将整数、字符串、列表、元组等任何类型的内容放入元组中，并且同一个元组中各元素的类型可以不同。元组中各元素相互独立，没有任何关系。

6.3.1　元组的创建和删除

1. 创建元组

同其他类型的 Python 变量一样，创建元组时可以使用赋值运算符"="直接将一个元组赋值给变量，语法格式如下。

```
tuplename = (element1,element2,element3,…,element n)
```

其中，tuplename 为元组的名称，element1 到 elementn 是元组的元素，个数没有限制，可以是 Python 支持的任意数据类型。

 注意　　在 Python 中元组是用一对小括号括起来的，但小括号并不是必需的，如果省略了小括号，一组被逗号分隔开的值还是会被当成元组来处理。例如：

```
city = "北京","上海","天津","重庆"
print(type(city))
```

运行代码，将显示以下内容，city 是元组类型。

```
<class 'tuple'>
```

如果创建的元组中只有一个元素，那么需要在元素后面加一个逗号，告诉 Python 这是一个元组，而不是字符串或其他类型。例如：

```
county = ("China",)
```

如果要定义一个空元组，那么可以使用以下代码。

```
emptytuple = ()
```

如果要创建一个数值元组，那么可以使用 tuple()函数将 range()函数循环出来的结果转换为元组，例如：要创建一个 0～10 之间的所有整数的元组，可以用以下代码实现。

```
tuplename = tuple(range(0,11))
print(tuplename)
```

运行代码，运行结果如下。

```
(0, 1, 2, 3, 4, 5, 6, 7, 8, 9, 10)
```

tuple()函数除了可以转换 range()对象，还可以将字符串、列表等其他可迭代对象转换为元组类型。

2.　删除元组

对于已经创建的元组，可以使用 del 语句将其删除，语法格式如下。

```
del tuplename
```

其中，tuplename 为要删除元组的名称。

与删除列表一样，开发者无须关注不再使用的元组对象是否要删除，Python 自带了垃圾回收机制，即使开发者不手动删除，Python 也会自动回收不用的元组。

6.3.2　访问元组元素

与访问列表一样，访问元组的元素也需要使用索引，元组的索引从左到右也是从 0 开始的，第 1 个元素的索引是 0，第 2 个元素的索引为 1，以此类推。例如：定义 zodiac 元组用于存储十二生肖，访问元组的元素。

```
zodiac = ("鼠","牛","虎","兔","龙","蛇","马","羊","猴","鸡","狗","猪")
print(zodiac)                #直接输出 zodiac 元组
print(zodiac[0])             #输出"鼠"
print(zodiac[-1])            #输出"猪"
```

运行程序，运行结果如下。

```
('鼠', '牛', '虎', '兔', '龙', '蛇', '马', '羊', '猴', '鸡', '狗', '猪')
鼠
猪
```

与访问列表元素一样，也可以使用 while 循环和 for 循环遍历元组中的各元素。例如：使用 while 循环和 for 循环遍历 zodiac 元组，实现代码如下。

```
print("使用 while 循环打印十二生肖：")
i = 0
while i < len(zodiac):
    print(zodiac[i],end= " "*2)        #打印元组元素，每个元素空两个空格
    i += 1
print()
print("使用 for 循环打印十二生肖：")
```

```
for name in zodiac:
    print(name, end=" " * 2)              #打印元组元素，每个元素空两个空格
```

运行程序，运行结果如下。

```
使用 while 循环打印十二生肖：
鼠 牛 虎 兔 龙 蛇 马 羊 猴 鸡 狗 猪
使用 for 循环打印十二生肖：
鼠 牛 虎 兔 龙 蛇 马 羊 猴 鸡 狗 猪
```

和列表一样，也可以使用 for 循环和 enumerate()函数相结合遍历元组，语法格式如下。

```
for index, element in enumerate(tuplename):
```

各参数说明如下。

- index：元组各元素的索引。
- element：元组的元素。
- tuplename：要遍历元组的名称。

示例 6　中国按地理位置划分为东北、华北、华东、华南、华中、西北和西南地区，使用元组保存数据，其中，各地区名为字符串类型，各地区内的省（自治区、直辖市、特别行政区）为列表类型，输出效果如图 6-7 所示。编写程序实现中国地理区域划分。

```
中国按地理位置划分为：
东北地区（ 3 个）:黑龙江　吉林　辽宁
华北地区（ 5 个）:北京　天津　河北　山西　内蒙古
华中地区（ 3 个）:河南　湖南　湖北
华东地区（ 8 个）:山东　江苏　安徽　上海　浙江　江西　福建　台湾
华南地区（ 5 个）:广东　广西　海南　香港　澳门
西北地区（ 5 个）:陕西　甘肃　宁夏　青海　新疆
西南地区（ 5 个）:四川　贵州　云南　重庆　西藏
```

图 6-7　示例 6 中国地理区域划分输出效果

程序实现代码如下。

```
region = ("东北地区",["黑龙江","吉林","辽宁"],
         "华北地区",["北京","天津","河北","山西","内蒙古"],
         "华中地区",["河南","湖南","湖北"],
         "华东地区",["山东","江苏","安徽","上海","浙江","江西","福建","台湾"],
         "华南地区",["广东","广西","海南","香港","澳门"],
         "西北地区",["陕西","甘肃","宁夏","青海","新疆"],
         "西南地区",["四川","贵州","云南","重庆","西藏"])

print("中国按地理位置划分为: ")
#使用循环输出元组的元素
for index,item in enumerate(region):

    if(index % 2 == 0):      #能被 2 整除说明该元素是"地区"，如"东北地区"

        #输出"XX 地区（X 个）："，具体的数量是该元素下一个元素的长度
        print(item,"(",len(region[index+1]),"个):",end="")

        #将该元素下一个元素赋值给 province，如 province=["黑龙江","吉林","辽宁"]
        province = region[index+1]

        #循环输出列表中的省（自治区、直辖市、特别行政区）元素，如输出：黑龙江　吉林　辽宁
```

```
        for element in province:
            print(element,end=" "*2)
    else:
        print()        #索引不能被 2 整除，说明输出完了一个地区，换行开始下一个循环
```

运行程序，运行结果如图 6-7 所示。

示例 6 中，先定义了 region 元组，用来存储地区数据。在元组中，索引为偶数（包含 0）的元素是字符串类型，保存的是地区名称，而索引为奇数的元素是列表类型，保存的是前一个元素（地区）所包含的省（自治区、直辖市、特别行政区）。程序中使用 for 循环和 enumerate()函数迭代输出各元素。索引能被 2 整除，说明是字符串类型的地区元素，使用 print(item,"(",len(region[index+1])," 个):",end="") 语 句 输 出 地 区 元 素，并 通 过 len(region[index+1])函数统计其下一个元素的长度，最终获得了如"东北地区（3 个）:"这样的输出效果。然后通过 province = region[index+1]语句将偶数索引的列表元素赋值给 province，此时 province 对象的类型是列表，使用 for 循环遍历列表，将列表中的元素输出，每个元素之间用两个空格分隔。最终获得了如"东北地区（3 个）:黑龙江　吉林　辽宁"这样的输出效果。输出完毕，当索引为奇数的时候换行，开始下一个循环，处理下一个地区的数据。

6.3.3 修改元组

元组是不可变序列，对元组的单个元素进行修改是不允许的，会出现 TypeError 异常。例如：运行以下代码将出现错误。

```
tuplename = ("元素 1","元素 2","元素 3","元素 4")
tuplename[3] = "元素 5"
print(tuplename[3])
```

运行程序，将提示以下异常信息。

```
TypeError: 'tuple' object does not support item assignment
```

元组并不是完全不能被修改，对于已经创建的元组可以给它重新赋值，可以通过"+"运算符进行连接操作，在进行连接操作时必须是两个元组进行连接，类型必须一致。例如：以下对于元组的操作是正确的。

```
tuplename = ("元素 1","元素 2","元素 3","元素 4")
print("原来的元组：",tuplename)

#为已经创建的元组重新赋值
tuplename = ("元素 1","元素 2","元素 3","元素 4","元素 5")
print("重新赋值后的元组",tuplename)

tuple2 = ("元素 6",)         #单个元素的元组必须要加逗号
#将原元组连接上新元组，以实现添加元素的效果
tuplename = tuplename+tuple2
print("连接操作后的元组",tuplename)
```

运行程序，运行结果如下。

```
原来的元组：   ('元素 1', '元素 2', '元素 3', '元素 4')
重新赋值后的元组 ('元素 1', '元素 2', '元素 3', '元素 4', '元素 5')
连接操作后的元组 ('元素 1', '元素 2', '元素 3', '元素 4', '元素 5', '元素 6')
```

如表 6-2 所列，元组还有一些内置函数，使用方法与列表相似，不再赘述。

表 6-2　元组内置函数

函数	说明
len(tuple)	计算元组中元素个数
max(tuple)	返回元组中元素最大值
min(tuple)	返回元组中元素最小值

6.4　字　　典

在生活中，有很多信息存在映射关系，如身份证号码和人的关系、学号与学生的关系、区号与城市的关系、邮编与区域的关系。Python 提供了字典类型来存储这样的数据，字典是存储"键（key）-值（value）对"数据的、无序的、可变的序列，字典中键与值的映射关系如图 6-8 所示。

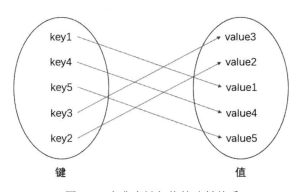

图 6-8　字典中键与值的映射关系

字典的主要特征如下。

（1）字典也被称为关联数组或散列表（hash table），它是通过键将一系列的值联系起来的，所以要从字典中获取指定项就要通过键，而不是索引。

（2）字典是任意对象的无序集合。字典是无序的，各项是从左到右随机排列的。例如：将一个班级当成字典，学号就是键，不论学生坐在什么位置，通过学号都可以确定这个学生。

（3）字典中的键必须是唯一的，而且是不可变的，所以可以是数字、字符串或元组，但不能是列表。

（4）字典是可变的，并且可以任意嵌套。

6.4.1　字典的创建和删除

1．通过赋值运算符创建字典

字典所有的元素都放在一对花括号"{ }"中，每个元素都包含两个部分，即键和值，键和值之间用冒号分隔，两个相邻元素使用逗号分隔，语法格式如下。

```
dictionary = {"key1":"value1","key2":"value2",…,"keyn":"valuen"}
```

各参数说明如下。

- dictionary：字典名称。
- key1，key2，…，keyn：表示元素的键，是唯一的，而且是不可变的，可以是字符串、数字或元组。

● value1，value2，…，valuen：表示元素的值，可以是任何数据类型，可以不唯一。

例如：创建一个保存学生信息的字典，实现代码如下。

```
student = {"学号":"123456","姓名":"张三","性别":"男"}
print(student)
```

运行程序，运行结果如下。

```
{'学号': '123456', '姓名': '张三', '性别': '男'}
```

若要创建空字典，则可以使用 dictionary = {}或 dictionary = dict()两种方法实现。

2. 通过给定的"键-值对"创建字典

如果给定了"键-值对"的值，那么可以使用 dict()方法创建字典，语法格式如下。

```
dictionary = dict(key1=value,key2=value2,…,keyn=valuen)
```

各参数说明如下。

● dictionary：表示字典名称。

● key1，key2，…，keyn：表示元素的键，必须是唯一的，不可变的，可以是字符串、数字或元组。

● value1，value2，…，valuen：表示元素的值，可以是任何数据类型，不是必须唯一的。

例如：通过"键-值对"创建保存学生信息的字典。

```
student = dict(学号 = 123456,姓名 = "张三",性别 = "男")
print(student)
```

运行程序，运行结果如下。

```
{'学号': 123456, '姓名': '张三', '性别': '男'}
```

在 Python 中，还可以使用字典提供的 fromkeys()方法创建带有默认值的字典，语法格式如下。

```
dictname = dict.fromkeys(list, value=None)
```

各参数说明如下。

● dictname：表示字典名称。

● list：表示字典中所有键的列表。

● value：表示默认值，若不写，则为空值 None。

例如：使用 fromkeys()方法创建 student 字典，主键分别为"学号""姓名""性别"，默认值为空；或者主键分别为"语文""数学""计算机"，默认值为 80。

```
#使用字典提供的 fromkeys()方法创建字典，默认值为空
keylist1 = ["学号", "姓名", "性别"]
student = dict.fromkeys(keylist1)
print(student)

#使用字典提供的 fromkeys()方法创建字典，默认值为 80
keylist2 = ["语文", "数学", "计算机"]
project = dict.fromkeys(keylist2,80)
print(project)
```

运行程序，运行结果如下。

```
{'学号': None, '姓名': None, '性别': None}
{'语文': 80, '数学': 80, '计算机': 80}
```

3. 通过映射函数创建字典

通过映射函数创建字典，语法格式如下。

```
dictname = dict(zip(list1,list2))
```

各参数说明如下。

- dictname：表示字典名称。
- zip()：将多个列表或元组相应位置的元素组合为元组（即键-值对），并返回包含这些内容的 zip 对象。
- list1：一个列表，用于指定要生成字典的键。
- list2：一个列表，用于指定要生成字典的值。

注意　若 list1 和 list2 的长度不相同，则以最短的列表为准，生成与之长度相同的字典。

例如：使用字典提供的 zip()函数创建保存学生信息的字典

```
keylist = ["学号", "姓名", "性别"]
valuelist = [123456,"张三","男","山东省烟台市"]
student = dict(zip(keylist,valuelist))
print(student)
```

运行程序，运行结果如下。

```
{'学号': 123456, '姓名': '张三', '性别': '男'}
```

4．删除字典

与列表和元组一样，对于不再使用的字典，也可以通过 del 语句将其删除，语法格式如下。

```
del dictionary
```

也可以使用字典提供的 clear()方法清除字典中的所有元素，使原字典变为空字典，语法格式如下。

```
dictionary.clear()
```

6.4.2　访问字典

在 Python 中，可以通过字典名称直接访问字典，若要访问字典中的元素，则需要通过"键"来实现，语法格式如下。

```
value = dictionary[key]
```

其中，value 为元素的值；dictionary 为字典名称；key 为元素的键。

另外，Python 还提供了字典的 get()方法来获取指定键的值，语法格式如下。

```
value = dictionary.get(key)
```

其中，value 为元素的值；dictionary 为字典名称；key 为元素的键。

例如：有 3 名同学入职某公司，现使用字典保存她们的信息，通过以下代码可以获取字典指定键的值。

```
#字典"键"的列表
cmskey = ["冬梅","海燕","华秀"]

#字典"值"的列表
cmsvalue = [["女",23,"Java 开发工程师"],["女",22,"Python 开发工程师"],["女",21,"前端工程师"]]

#生成字典
personnel = dict(zip(cmskey,cmsvalue))
```

```
#指定要访问的键
key = "华秀"

#判断键是否在字典中
if key in personnel:
    print(personnel["华秀"])
    print(personnel.get(key))
    print(personnel.get("冰冰","字典中无此人"))        #为 get()方法设置默认值
else:
    print(key,"不在字典中")
```

运行程序，运行结果如下。

```
['女', 21, '前端工程师']
['女', 21, '前端工程师']
字典中无此人
```

当使用 personnel[key]获取指定键的值时，若该指定的键不存在则会抛出 KeyError 异常，建议使用 if 语句先判断该键是否在字典中。而在使用字典的 get()方法获取指定键的值时，若该指定的键不存在则会返回 None，同时也可以为 get()方法设置默认值，当键不存在时，可以返回默认值，所以建议使用 get()方法获取指定键的值。

6.4.3　遍历字典

字典以"键-值对"的形式存储数据，可以使用 items()方法获取字典的"键-值对"列表，语法格式如下。

```
dictionary.items()
```

其中，dictionary 为字典对象；items()方法返回值为可遍历的"键-值对"元组列表，要获得具体的键和值，可以使用 for 循环遍历元组列表。

例如：使用 items()方法和 for 循环遍历字典可以使用以下代码实现。

```
#字典
student = {"姓名":"大海","年龄":20,"性别":"男","专业":"软件技术"}

#通过 for 循环遍历字典，key 为键，value 为值
for key,value in student.items():
    print(key,"-",value)
```

运行程序，运行结果如图 6-9 所示。

```
姓名 - 大海
年龄 - 20
性别 - 男
专业 - 软件技术
```

图 6-9　遍历字典

字典还提供了 keys()方法和 values()方法，可以返回键和值的对象，类型分别为 dict_keys 和 dict_values。例如：可以使用以下代码遍历字典。

```
#字典
student = {"姓名":"大海","年龄":20,"性别":"男","专业":"软件技术"}
keys = student.keys()               #返回键的列表
values = student.values()           #返回值的列表
```

```
print(keys)
print(values)

#通过遍历键元组遍历字典
for key in keys:
    print(key ,"-",student.get(key))
```

运行程序，运行结果如图 6-10 所示。

```
dict_keys(['姓名', '年龄', '性别', '专业'])
dict_values(['大海', 20, '男', '软件技术'])
姓名 - 大海
年龄 - 20
性别 - 男
专业 - 软件技术
```

图 6-10　获取字典键、值

6.4.4　更新字典

字典是无序、可变序列，可以像列表一样，随时在字典中添加"键-值对"，语法格式如下。

```
dictionary[key] = value
```

各参数说明如下。

- dictionary：字典名称。
- key：要添加元素的键，必须是唯一的，并且不可变。
- value：要添加元素的值，不是唯一的，可以是任意数据类型。

在字典中键是唯一的，若要添加的元素的键与字典中已经存在的键重复，则会使用新的值替换原来的值，相当于修改元素的值。

如果要删除字典中某个元素，也可以使用 del 语句，但是，当删除一个键不存在的元素时，系统将抛出 KeyError 异常，可以先使用 if 语句进行判断，再进行删除操作。删除字典元素的语法格式如下。

```
del dictionary[key]
```

例如：在 student 字典中添加一个元素、修改元素和删除元素可以使用以下代码实现。

```
#字典
student = {"姓名":"大海","年龄":20,"性别":"男","专业":"软件技术"}
print("原字典为：",student)

student["年级"] = "2023 级"              #添加元素，键为"年级"，值为"2023 级"
print("添加元素后的字典为：",student)

#将键为"专业"的元素的值修改为"计算机科学与技术"
student["专业"] = "计算科学与技术"
print("修改元素后的字典为：",student)

key = "性别"
if key in student:                      #判断键"性别"是否在字典中
    del student[key]                    #删除键为"性别"的元素
    print("删除元素后的字典为：",student)
```

```
    else:
        print(key,"不在字典中")
```

运行程序，运行结果如图 6-11 所示。

```
原字典为：    {'姓名'：'大海'，'年龄'：20，'性别'：'男'，'专业'：'软件技术'}
添加元素后的字典为：  {'姓名'：'大海'，'年龄'：20，'性别'：'男'，'专业'：'软件技术'，'年级'：'2023级'}
修改元素后的字典为：  {'姓名'：'大海'，'年龄'：20，'性别'：'男'，'专业'：'计算科学与技术'，'年级'：'2023级'}
删除元素后的字典为：  {'姓名'：'大海'，'年龄'：20，'专业'：'计算科学与技术'，'年级'：'2023级'}
```

图 6-11　更新字典

示例 7　某公司开发一个程序，在登录界面允许用户保存密码，当用户输入正确的用户名时，可以自动补全密码让用户登录，若用户输入的用户名不正确，则提示用户名不存在，请用户注册，并将用户名和密码保存在字典中。

```
#保存用户名和密码的字典
users = {"小水瓶":"123456","小仙女":"abcd123","superstar":"ab1234ab"}
name = input("请输入用户名：")

#判断字典中是否包含 name 键，包含则登录，不包含则注册
if name in users:
    print("你的用户名是：",name,"，密码是：",users[name],"，登录成功！")
else:
    print("用户名不存在，请输入密码注册！")
    password = input("请输入密码：")
    users[name] = password              #为字典添加元素
    print("注册成功!")
```

运行程序，如果用户输入的用户名是"小仙女"，是 users 字典中存在的键，运行结果如图 6-12 所示。

```
请输入用户名：小仙女
你的用户名是：  小仙女  ,密码是：  abcd123  ,登录成功！
```

图 6-12　登录程序，用户名存在

当用户输入的用户名是"大王"时，其不是 users 字典中存在的键，运行结果如图 6-13 所示。

```
请输入用户名：大王
用户名不存在，请输入密码注册！
请输入密码：abc123
注册成功！
```

图 6-13　登录程序，用户名不存在

示例 7 中，首先创建了一个 users 字典，然后接受用户输入的用户名，使用 if 语句判断该用户名是否是 users 字典中的键，若是则输出该用户名 name，并使用 users[name]获得该 name 键对应的值作为密码输出。若用户名 name 不是 users 字典中的键，则接受用户输入的密码，使用 users[name] = password 为字典添加元素。

6.5　集　　合

集合是用于存储不重复数据的无序序列。与字典一样，集合中的元素也存储在一对花

括号中，两个相邻元素之间用逗号分隔。因为集合中每一个元素都是唯一的，所以集合常用于列表或元组的去重。

6.5.1　集合的创建与删除

创建集合的方式有两种，一种是直接使用"{ }"创建，另一种是使用 set()函数创建。

1.　直接使用"{}"创建集合

创建集合可以像创建列表、元组和字典一样，直接将集合赋值给变量，语法格式如下。

```
setname = {element1,element2,…,elementn}
```

各参数说明如下。

● 　setname：集合名称。

● 　element1～elementn：集合元素，个数不受限制，可以是 Python 支持的所有数据类型，不可重复。

例如：使用下面的代码创建集合。

```
age = {22,24,23,21,19,25}
usrs = {"张三",22,"男"}
student = {"李四",("ab123456",23,"男")}

print(age)
print(usrs)
print(student)
```

运行程序，运行结果如下。

```
{19, 21, 22, 23, 24, 25}
{'男', 22, '张三'}
{('ab123456', 23, '男'), '李四'}
```

> **注意**　　因为集合是无序序列，每次执行，集合元素的顺序可能会发生变化，是正常现象。

2.　使用 set()函数创建集合

在 Python 中，可以使用 set()函数将列表、元组等可迭代对象转换为集合，语法格式如下。

```
setname = set(object)
```

各参数说明如下。

● 　setname：集合名称。

● 　object：表示要转换为集合的可迭代对象，可以是字符串、列表、元组、range 对象等。set()函数返回的集合中的元素是不重复的。

例如：执行以下程序创建集合。

```
age = set((22,24,23,21,19,25,22))
height = set([175,168,170,165,167,175,172])
words = set("明理，明智，明德")
student = set(("张三","李四"))

print(age)
print(height)
print(words)
print(student)
```

运行程序，运行结果如图 6-14 所示。

```
{19, 21, 22, 23, 24, 25}
{165, 167, 168, 170, 172, 175}
{',', '智', '明', '理', '德'}
{'张三', '李四'}
```

图 6-14 使用 set()函数创建集合

从运行结果可以看出，age 集合对数据进行了去重，"22"只出现了一次；height 集合也对数据进行了去重，"175"只出现了一次；words 集合中，将字符串转变为了字符集合，并进行了去重，"明"和","都只出现了一次。

6.5.2 向集合中添加和删除元素

1. 向集合中添加元素

向集合中添加元素可以使用集合的 add()方法实现，语法格式如下。

```
setname.add(element)
```

各参数说明如下。

● setname：表示要添加元素的集合。

● element：表示要添加的元素，被添加的元素不能是列表、元组等可迭代对象。

例如：向 student 集合添加元素，可以使用以下代码实现。

```
student = set(("张三","李四"))
print("原集合: ",student)
student.add("王五")
print("添加元素后的集合: ",student)
```

运行程序，运行结果如下。

```
原集合:   {'张三', '李四'}
添加元素后的集合:   {'王五', '张三', '李四'}
```

2. 从集合中删除元素

在 Python 中，可以使用 del 语句删除整个集合，也可以使用集合的 clear()方法清空集合中的所有元素，将集合变为空集合，还可以使用集合提供的 pop()方法和 remove()方法删除集合中的元素。

例如：使用以下代码可以为集合添加元素、删除元素、删除指定元素、清空集合和删除集合。

```
cities = set(("北京","上海","深圳"))
print("原集合: ",cities)

cities.add("广州")                    #向集合添加元素
print("添加元素后的集合: ",cities)

city = cities.pop()                    #取出集合中的一个元素返回给变量 city
print("使用 pop 方法取出的元素: ",city)
print("使用 pop 方法取出一个元素后的集合: ",cities)

if "上海" in cities:
    cities.remove("上海")             #删除指定元素"上海"
    print("使用 remove 方法删除一个元素后的集合: ",cities)
else:
    print("上海已经不在集合中")
```

```
cities.clear()                              #清空集合中所有元素
print("使用 clear 方法清空后的集合：",cities)

del cities                                  #删除集合
```

运行程序，运行结果如图 6-15 所示。

```
原集合：  {'上海', '北京', '深圳'}
添加元素后的集合： {'上海', '北京', '广州', '深圳'}
使用pop方法取出的元素： 上海
使用pop方法取出一个元素后的集合： {'北京', '广州', '深圳'}
上海已经不在集合中
使用clear方法清空后的集合： set()
```

图 6-15   从集合中删除元素

> **注意**   因为集合是无序的，每次运行时集合各元素的顺序可能是不一样的，而集合的 pop()方法一般会取出第一个元素，如果第一个元素是"上海"，在执行 remove()方法时集合中已经没有"上海"元素了，此时就会出现 KeyError 异常，所以要先使用 if 语句判断要删除的元素"上海"是否还在集合中。

6.5.3   集合运算

和数学一样，集合的常见操作有交集、并集和差集运算。两个集合进行交集运算时，可以使用"&"运算符，也可以使用集合的 intersection()方法。进行并集运算时，可以使用"|"运算符，也可以使用集合的 union()方法。进行差集运算时，可以使用"-"运算符。可以使用集合的 symmetric_difference()方法获取两个集合中互不相同的元素（两个集合去重并合合并为一个集合）。

例如：使用以下代码可以对集合进行交集、并集、差集等运算。

```
city1 = set(("北京","上海","深圳"))
city2 = set(("北京","广州","重庆"))

#使用&运算符求集合 city1 和 city2 的交集
city3 = city1 & city2
print("使用&获得集合 city1 和 city2 的交集：",city3)

#使用 intersection()方法求集合 city1 和 city2 的交集
city3 = city1.intersection(city2)
print("使用 intersection 方法获得集合 city1 和 city2 的交集：",city3)

print("-----------------------------------------------")

#使用|运算符求集合 city1 和 city2 的并集
city3 = city1 | city2
print("使用|获得集合 city1 和 city2 的并集：",city3)

#使用 union()方法求集合 city1 和 city2 的并集
city3 = city1.union(city2)
print("使用 union 方法获得集合 city1 和 city2 的并集：",city3)

print("-----------------------------------------------")
```

```
#使用-运算符求集合 city1 和 city2 的差集
city3 = city1 - city2
print("使用-获得集合 city1 和 city2 的差集：",city3)

print("------------------------------------------------")

#使用 symmetric_difference()方法求集合 city1 和 city2 中互不相同的元素
city3 = city1.symmetric_difference(city2)
print("使用 symmetric_difference 方法获得集合 city1 和 city2 中互不相同的元素：",city3)
```

运行程序，运行结果如图 6-16 所示。

```
使用&获得集合city1和city2的交集： {'北京'}
使用intersection方法获得集合city1和city2的交集： {'北京'}
------------------------------------------------
使用|获得集合city1和city2的并集： {'广州', '北京', '深圳', '重庆', '上海'}
使用union方法获得集合city1和city2的并集： {'广州', '北京', '深圳', '重庆', '上海'}
------------------------------------------------
使用-获得集合city1和city2的差集： {'深圳', '上海'}
------------------------------------------------
使用symmetric_difference方法获得集合city1和city2中互不相同的元素： {'广州', '重庆', '上海', '深圳'}
```

图 6-16 集合运算

示例 8 某学校要组织田径和游泳比赛，请为组织老师编写一个程序，要求：学生可以输入姓名查询报了哪个比赛，分别输出参加田径比赛和参加游泳比赛的学生姓名，输出同时参加了田径比赛和游泳比赛的学生姓名。

```
#参加田径比赛学生
athletics = {"冬燕","奕歆", "艺如","华秀","明一","盈静"}
#参加游泳比赛学生
swimming = {"伊丹","雯安","丽婷","奕歆","艺如","明一","胜玉"}
name = input("请输入要查询学生姓名：")          #接收输入的学生姓名

#判断学生参加的是哪个比赛
if name in athletics and name in swimming:        #两个比赛都参加了
    print(name,"同学参加了田径比赛和游泳比赛！")
elif name in athletics:
    print(name,"同学参加的是田径比赛！")          #参加了田径比赛
elif name in swimming:
    print(name,"同学参加的是游泳比赛！")          #参加了游泳比赛
else:
    print(name,"同学没有参加比赛！")              #两个比赛都没有参加

print("参加田径比赛的同学有：")
for element in athletics:                          #遍历 athletics 集合输出
    print(element,end=" "*2)

print("\n 参加游泳比赛的同学有：")
for element in swimming:                           #遍历 swimming 集合输出
    print(element,end=" "*2)

print("\n 同时参加田径比赛和游戏比赛的同学有：")
students = athletics & swimming                    #求交集，获得同时参加两个比赛的学生
```

```
    for element in students:                    #遍历交集集合输出
        print(element,end=" "*2)
```

运行程序，运行结果如图 6-17 所示。

请输入要查询学生姓名：明一
明一　同学参加了田径比赛和游泳比赛！
参加田径比赛的同学有：
冬燕　艺如　明一　盈静　奕歆　华秀
参加游泳比赛的同学有：
艺如　伊丹　明一　胜玉　雯安　奕歆　丽婷
同时参加田径比赛和游戏比赛的同学有：
艺如　明一　奕歆

图 6-17　比赛学生统计

示例 8 中，首先定义了 athletics 集合用于存储参加田径比赛的学生，定义 swimming 集合用于存储参加游泳比赛的学生，然后通过 input 语句输入要查询的学生姓名，在查询中使用了 if…elif…else 语句，首先判断要查询的学生是否同时报了两个比赛，若不是则分别判断是否报了田径比赛或游泳比赛，若都不是则返回要查询的学生没有参加比赛。然后分别使用 for 循环遍历参加田径比赛的学生集合 athletics 和参加游泳比赛的学生集合 swimming，并输出学生信息。同时，可以将两个集合进行求交集运算，最后遍历交集集合并输出便可实现程序需求。

本 章 总 结

1．序列是被排成一列的对象，是一个包含其他对象的有序集合。在 Python 中，序列类型包括列表、元组、字典、集合和字符串。

2．序列中的每个对象或数据被称为元素，每个元素都被分配一个数字来表示它在序列中的位置，这个数字被称为索引，第一个元素的索引是 0，第二个元素的索引是 1，以此类推。

3．切片是从序列中获取一部分连续元素而产生新序列的操作。实现切片操作的语法格式：name = [start:end:step]。

4．Python 支持两个相同类型的序列相加操作，不同类型的序列不能进行相加操作，相加操作使用"+"运算符实现。

5．在 Python 中，使用一个序列与某个数字 x 相乘可以得到一个新序列。新序列的内容是原序列的内容重复 x 遍。

6．Python 内置函数 len()用于计算序列的长度，可以返回序列中包含元素的个数。使用 max()函数返回序列中的最大值，使用 min()函数返回序列中的最小值。

7．在 Python 中使用保留字 in 检查某个元素是否包含在序列中，语法格式：element in sequence。

8．Python 中的列表是由一系列按特定顺序排列的元素组成的可变序列。

9．列表的所有元素放在一对中括号中，相邻元素之间用逗号分隔。列表中各元素之间没有任何关系，可以将数值、字符串、列表、元组等任何类型的内容放入列表中，且在同一个列表中，各个元素的类型也可以不同，允许有重复的元素。

10．列表的创建、遍历、添加、修改和删除等操作。

（1）使用赋值运算符创建列表：可以在创建列表时，直接将一个列表赋值给一个变量，语法格式为 listname = [元素 1,元素 2,元素 3,…,元素 n]。

（2）使用 list()函数创建列表：使用它可以将其他数据类型转换为列表类型，语法格式为 list(data)。

（3）可以通过索引获取列表元素，语法格式为 element = listname[index]。

（4）遍历列表元素

1）使用 for 循环遍历列表，语法格式为 for element in listname:。

2）使用 for 循环和 enumerate()函数遍历列表，可以实现同时输出索引值和元素内容，语法格式为 for index,element in enumerate(listname):。

（5）Python 中提供了 append()、extend()、insert()、"+"运算符等多种方法向列表中添加元素。

1）使用 append()方法向列表末尾添加元素，语法格式为 listname.append(element)。

2）使用 extend()方法为列表末尾添加元素，语法格式为 listname.extend(element)。

append()和 extend()方法都可以为列表末尾添加元素，它们的区别是，当给列表添加的是列表或元组时，append()方法会将被添加的列表或元组视为一个整体，作为一个元素添加到列表中，从而形成包含列表或元组的新列表，效率较高；而 extend()方法不会把列表或元组视为一个整体，而是把它们包含的元素逐个添加到列表中，效率相对较低。

3）使用 insert()方法向列表指定位置添加元素，语法格式为 listname.insert(index, element)。

4）使用"+"运算符向列表添加元素，"+"运算符两侧的对象类型必须是一致的，将运算符右侧的列表追加到左侧列表的末尾。

（6）修改列表中的元素只需要通过索引获取该位置的元素，并给其重新赋值即可，语法为 listname[index] = element。

（7）删除列表中元素的方法有两种，一种是知道元素的索引时，可以直接使用 del 语句删除；另一种是只知道元素值而不知道索引时，可以使用 remove()方法删除。

（8）对列表排序的方法有两种。

1）使用 sort()方法实现列表排序，语法格式为 listname.sort(key=None,reverse=False)，其中，key 指定排序标准，如 key=str.lower 表示在排序时不区分字母大小写；reverse 为可选参数，reverse=False 是升序排序，reverse=True 是降序排序，默认为升序排序。

2）使用内置的 sorted()函数实现列表排序，语法格式为 sorted(listname,key=None, reverse=False)，其中，key 指定排序标准，如 key=str.lower 表示在排序时不区分字母大小写；reverse 为可选参数，reverse=False 是升序排序，reverse=True 是降序排序，默认为升序排序。

使用列表提供的 sort()方法排序和使用 Python 内置的 sorted()函数排序的区别在于：使用 sort()方法排序后，列表中的元素位置会根据排序结果发生变化，而使用 sorted()函数排序后，原列表中的元素位置不发生变化。

（9）使用列表的 count()方法可以获取某个指定元素在列表中的数量，语法格式为 listname.count(element)。

（10）如果需要获得某个元素在列表中首次出现的位置（即索引），那么可以使用列表的 index()方法实现，语法格式为 listname.index(element)。

（11）Python 内置函数 sum()可以获取列表中所有元素的和，语法格式为 sum(listname [,start])。

（12）二维列表就是包含列表的列表，即一个列表的每个元素又都是一个列表。二维

✏ 列表中的信息以行和列的形式表示，第一个索引代表元素所在的行，第二个索引代表元素所在的列。

11．元组是由一系列按特定顺序排列的元素组成的不可变序列。元组的所有元素都放在一对小括号中，两个相邻元素之间使用逗号分隔。与列表一样，可以将整数、字符串、列表、元组等任何类型的内容放入元组中，并且同一个元组中各元素的类型可以不同。

12．创建元组时可以使用赋值运算符"="直接将一个元组赋值给变量，语法格式为 tuplename = (element1,element2,element3,…,elementn)。

13．对于已经创建的元组，可以使用 del 语句将其删除，语法格式为 del tuplename。

14．访问元组的元素也需要使用索引，元组的索引从左到右也是从 0 开始的，第 1 个元素的索引是 0，第 2 个元素的索引为 1，以此类推。

15．与访问列表元素一样，也可以使用 while 循环和 for 循环遍历元组中的各元素，也可以使用 for 循环和 enumerate()函数相结合遍历元组。语法格式为 for index, element in enumerate(tuplename)。

16．元组是不可变序列，对元组的单个元素进行修改是不允许的，会出现 TypeError 异常。对于已经创建的元组可以给它重新赋值，可以通过"+"运算符进行连接操作，在进行连接操作时必须是两个元组进行连接，类型必须一致。

17．字典是存储"键-值对"数据的、无序的可变序列。字典中的键必须是唯一的，而且是不可变的，所以可以是数字、字符串或元组，但不能是列表。

18．字典所有的元素都放在一对花括号中，每个元素都包含两个部分，即键和值，键和值之间用冒号分隔，两个相邻元素使用逗号分隔。

19．字典的创建与删除等操作。

（1）通过赋值运算符创建字典，语法格式为 dictionary = {"key1":"value1","key2":"value2",…,"keyn":"valuen"}。

（2）通过给定的"键-值对"创建字典，如果给定了"键-值对"的值，那么可以使用 dict()方法创建字典，语法格式为 dictionary = dict(key1=value,key2=value2,…,keyn=valuen)。

（3）通过映射函数创建字典，语法格式为 dictname = dict(zip(list1,list2))。

（4）对于不再使用的字典，可以通过 del 语句将其删除，语法格式为 del dictionary；也可以使用字典提供的 clear()方法清除字典中的所有元素，使原字典变为空字典，语法格式为 dictionary.clear()。

（5）在 Python 中，可以通过字典名称直接访问字典，若要访问字典中的元素，则需要通过键来实现。语法格式为 value = dictionary[key]。Python 还提供了字典的 get()方法来获取指定键的值，语法格式为 value = dictionary.get(key)。

（6）字典是以"键-值对"的形式储存数据的，可以使用 items()方法获取字典的"键-值对"列表，语法格式为 dictionary.items()。

（7）字典是无序的可变序列，可以像列表一样，随时在字典中添加"键-值对"，语法格式为 dictionary[key] = value。

20．集合是用于存储不重复数据的无序序列。与字典一样，集合中的元素也存储在一对花括号中，两个相邻元素之间用逗号分隔。

21．集合的创建与删除等操作。

（1）直接使用"{ }"创建集合：语法格式为 setname = {element1,element2,…,elementn}。

（2）使用 set()函数创建集合：可以使用 set()函数将列表、元组等可迭代对象转换为集合，语法格式为 setname = set(object)，object 表示要转换为集合的可迭代对象，可以是字符串、列表、元组、range 对象等，set()方法返回的集合中的元素是不重复的。

（3）向集合中添加元素，可以使用集合的 add()方法实现，语法格式为 setname.add(element)。

（4）从集合中删除元素，可以使用 del 语句删除整个集合，也可以使用集合的 clear()方法清空集合中的所有元素，将集合变为空集合，还可以使用集合提供的 pop()方法移除集合中的元素，使用 remove()方法删除集合中指定的元素。

（5）集合运算。

1）集合交集运算：可以使用"&"运算符，也可以使用集合的 intersection()方法。

2）集合并集运算：可以使用"|"运算符，也可以使用集合的 union()方法。

3）集合差集运算：可以使用"-"运算符。

4）可以使用集合的 symmetric_difference()方法获取两个集合中互不相同的元素（两个集合去重并合并为一个集合）。

22．列表、元组、字典和集合的区别见表 6-3。

表 6-3　列表、元组、字典和集合的区别

序列	格式	是否有序	元素是否可变	访问依据	特点
列表	[元素 1,元素 2,…,元素 n]	有序	可变	索引	存储任意数据
元组	(元素 1,元素 2,…,元素 n)	有序	不可变	索引	存储任意数据
字典	{键 1:值 1,键 2:值 2,…,键 n:值 n}	无序	可变	键	存储键-值对,键唯一
集合	{元素 1,元素 2,…,元素 n}	无序	可变	元素	元素不可重复

实 践 项 目

1．请为某电商公司开发一个库存管理系统，系统功能有：商品入库、商品显示、删除商品、退出系统，请根据用户需要完成相关操作。商品入库功能如图 6-18 所示，商品显示功能如图 6-19 所示，删除商品功能如图 6-20 所示，退出系统功能如图 6-21 所示。

图 6-18　商品入库功能

图 6-19　商品显示功能

```
欢迎使用库存管理系统
1.商品入库
2.商品显示
3.删除商品
4.退出系统
请选择要进行的操作（输入操作前的序号）3
请输入要删除商品的名称：电脑
------------------------------------
商品删除完成，剩余商品库存列表：
手机--华为--6800--50
冰箱--海尔--3899--60
```

图 6-20　删除商品功能

```
欢迎使用库存管理系统
1.商品入库
2.商品显示
3.删除商品
4.退出系统
请选择要进行的操作（输入操作前的序号）4
程序已成功退出！
```

图 6-21　退出系统功能

提示： 商品列表为 goodses = [["手机","华为",6800,50],["电脑","联想",9999,110],["冰箱","海尔",3899,60]]。其中，goodses 为商品列表名称，“手机”为商品名称，“华为”为商品品牌，“6800”为商品价格，“60”为商品数量。

2．请为某学校开发一个学生管理系统，系统功能有：查看学生信息、搜索学生信息、修改学生信息、删除学生信息。查看学生信息功能如图 6-22 所示，搜索学生信息如图 6-23 所示，修改学生信息如图 6-24 所示，删除学生信息如图 6-25 所示。

```
欢迎使用学生管理系统
1.查看学生信息
2.搜索学生信息
3.修改学生信息
4.删除学生信息
请选择你的操作，输入序号：1
-----------------------
学生信息如下：
梦琪:女,20,电子商务
忆柳:女,21,艺术设计
慕青:男,24,软件技术
```

图 6-22　查看学生信息功能

```
欢迎使用学生管理系统
1.查看学生信息
2.搜索学生信息
3.修改学生信息
4.删除学生信息
请选择你的操作，输入序号：2
-----------------------
请输入要查找的学生姓名：梦琪
要查找的学生信息为：
梦琪:女,20,电子商务
```

图 6-23　搜索学生信息功能

```
欢迎使用学生管理系统
1.查看学生信息
2.搜索学生信息
3.修改学生信息
4.删除学生信息
请选择你的操作，输入序号：3
-----------------------
请输入要修改信息的学生姓名：梦琪
请输入要修改的学生的性别：男
请输入要修改的学生的年龄：25
请输入要修改的学生的专业：软件技术
更新后所有学生信息：
梦琪:男,25,软件技术
忆柳:女,21,艺术设计
慕青:男,24,软件技术
```

图 6-24　修改学生信息功能

```
欢迎使用学生管理系统
1.查看学生信息
2.搜索学生信息
3.修改学生信息
4.删除学生信息
请选择你的操作，输入序号：4
-----------------------
请输入要删除的学生姓名：梦琪
删除成功，删除后的学生信息：
忆柳:女,21,艺术设计
慕青:男,24,软件技术
```

图 6-25　删除学生信息功能

提示： 学生信息字典为 students = {"梦琪":["女",20,"电子商务"],"忆柳":["女",21,"艺术设计"],"慕青":["男",24,"软件技术"]}。其中，students 为学生信息字典名称，“梦琪”为学生姓名，“女”为性别，“20”为年龄，“电子商务”为专业。

3. 编程实现某用户登录程序,用户信息存储格式见提示。要求用户输入用户名和密码,如果用户名和密码都正确,且标记为 0,提示"登录成功!";如果用户名正确,但密码错误,提示"密码错误,你将被限制登录,请与管理员联系!";如果用户名不正确则提示"不存在该用户,请重新登录!";如果用户名和密码都正确,但标记为 1,是限制用户,提示"账号已被限制,请与管理员联系!"。程序运行效果如图 6-26 所示。

图 6-26　程序运行效果

提示:用户信息存储字典为 users = {"张三":["123456",0],"李四":["ab1234cd",1],"王五":["12abcd",0]}。其中,users 为用户信息字典名称,数据格式为{"用户名": ["密码", 标记]},标记为 1 或 0,1 为限制用户,0 为正常用户,例如:"李四"为用户名,"ab1234cd"为密码,"1"为标记,表示用户李四为限制用户。

第 7 章 字符串和正则表达式

 本章简介

在实际开发过程中，经常需要对字符串进行一些特殊处理，如拼接字符串、截取字符串、检索字符串、格式化字符串等，这些操作无须开发者自己设计实现，Python 已经提供了相应的应用程序接口（Application Programming Interface，API），只需调用相应的字符串方法即可。

正则表达式（regular expression）是一种文本模式，被广泛应用于各类高级语言中。正则表达式是对字符串操作的一种逻辑公式，通过定义好的一些特定字符及这些特定字符的组合，组成一个"规则字符串"，通过这个"规则字符串"可以对字符串进行高效处理。

本章将重点讲解字符串的常用操作方法、正则表达式的语法和如何在 Python 中使用正则表达式的相关知识。本章涉及的 API 较多，需要读者多写代码，才能够熟练掌握。

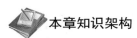 **本章目标**

1. 掌握拼接、截取、分割、合并、检索字符串等字符串的常用操作方法。
2. 掌握正则表达式的语法。
3. 能够使用 re 模块实现正则表达式的操作。

本章知识架构

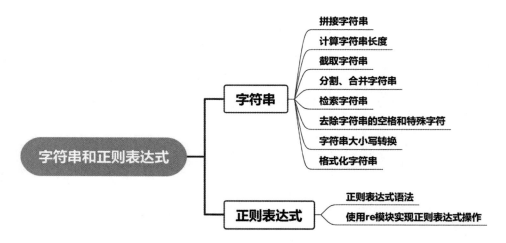

7.1 字 符 串

7.1.1 拼接字符串

使用"+"运算符可以连接多个字符串，并产生一个字符串对象。但字符串不允许与其他类型的数据连接，如果要将字符串与数值类型的数据进行连接，需要使用 str() 方法将数值类型转换为字符串类型。

例如：定义字符串，使用"+"运算符连接字符串，可以使用以下代码实现。

```
str1 = "学则智，不学则愚；学则治，不学则乱。"
str2 = "自古圣贤，成大业，未有不由学而成者。"
str3 = "-《明儒学案·甘泉学案·侍郎许敬菴先生孚远》"

str4 = str1 + str2 + str3          #使用+运算符连接字符串
print(str4)

str5 = "你的成绩是："
score = 90
print(str5+str(score))            #字符串要与数值连接，要将数据强制类型转换为字符串
```

运行程序，运行结果如下。

```
学则智，不学则愚；学则治，不学则乱。自古圣贤，成大业，未有不由学而成者。-《明儒学案·甘
泉学案·侍郎许敬菴先生孚远》
你的成绩是：90
```

7.1.2　计算字符串长度

字符串是序列类型，可以使用 len()方法获取字符串的长度，另外，字符串与列表类似，是有序序列，所以也可以通过索引访问字符串中的每个字符。

```
str1 = "我爱你中国！"
str2 = "I love China"
str3 = "我爱 China"

print(str1,"的长度是：",len(str1))
print(str2,"的长度是：",len(str2))
print(str3,"的长度是：",len(str3))

print(str1,"索引为 0 的字符是：",str1[0])        #访问字符串 str1 的第 1 个元素
print(str2,"索引为 4 的字符是：",str2[4])        #访问字符串 str2 的第 5 个元素
print(str3,"索引为 5 的字符是：",str3[5])        #访问字符串 str3 的第 6 个元素
```

运行程序，运行结果如图 7-1 所示。

```
我爱你中国！ 的长度是： 6
I love China 的长度是： 12
我爱China 的长度是： 7
我爱你中国！ 索引为0的字符是： 我
I love China 索引为4的字符是： v
我爱China 索引为5的字符是： n
```

图 7-1　计算字符串长度并获取字符

从程序中可以看出，在计算字符串长度或使用索引获得字符串中的字符时，空格、标点符号、英语字母和汉字都是一个字符。

7.1.3　截取字符串

由于字符串也属于序列，因此可以采用切片方法截取字符串，语法格式如下。

```
string[start : end : step ]
```

各参数说明如下。

- string：要截取的字符串。
- start：切片的开始位置的索引（包含该位置），若省略，则默认从 0 开始。
- end：切片的结束位置的索引（不包含该位置），若省略，则默认为序列的长度。
- step：切片的步长，若省略，则默认为 1，若省略步长，最后一个冒号也可省略。

> **注意**　若将 3 个参数都省略，只有一个冒号，则表示使用切片复制字符串。

例如：我国二代身份证号码是 18 位，其中，第 1～6 位是地址码，表示居民所在的行政区划代码；第 7～14 位是居民出生的年、月、日；第 15～17 位是顺序码，表示在同一地址码所标识的区域范围内对同年、同月、同日出生的人编定的顺序号，顺序码的奇数分配给男性，偶数分配给女性；第 18 位是校验码。使用切片方法截取身份证号码中的出生年月日。

```
id = "12345620010508017X"
birthday = id[6:14:1]                #截取的 8 位出生年月日，20010508
print(birthday)                      #输出截取的出生年月日
year = birthday[0:4]                 #从出生年月日中获取年 2001
month = birthday[4:6]                #从出生年月日中获取月 05
day = birthday[6:8]                  #从出生年月日中获取日 08
print("你的出生年月日是：",year,"年",month,"月",day,"日")
```

运行程序，运行结果如下。

```
20010508
你的出生年月日是： 2001 年 05 月 08 日
```

7.1.4　分割、合并字符串

在 Python 中，分割字符串是把字符串分割为列表，而合并字符串是把列表合并为字符串。

1．分割字符串

分割字符串可以使用字符串的 split()方法，split()方法可以按指定的分隔符把字符串分割为字符串列表，在该列表中不包含分隔符。split()方法的语法格式如下。

```
str.split(sep,maxsplit)
```

各参数说明如下。

- str：要分割的字符串。
- sep：分隔符，可以包含多个字符，默认为 None，表示所有空字符。分隔符包括空格、换行符 "\n"、制表符 "\t" 等。
- maxsplit：可选参数，用于指定分割的次数，若不指定或指定为–1，则表示分割次数没有限制，分割后列表中子串的个数最多为 maxsplit+1。

> **注意**　在 split()方法中，若不指定 sep 参数，则 maxsplit 参数也不能指定。

例如：我国的固定电话号码由区号和号码两部分组成，使用 split()方法获得区号和号码，代码如下。

```
telephone = "010-12345678"
print("你的电话号码是： ",telephone)

#使用 split()方法以 "-" 作为分隔符分割电话号码，返回值为字符串列表
```

```
telephonelist = telephone.split("-")
print("使用-分割后的字符串列表：",telephonelist)

area_code = telephonelist[0]              #列表第 1 个元素是区号
number = telephonelist[1]                 #列表第 2 个元素是号码

print("你的区号是：",area_code)
print("你的号码是",number)
```

运行程序，运行结果如下。

```
你的电话号码是：  010-12345678
使用-分割后的字符串列表：  ['010', '12345678']
你的区号是：  010
你的号码是 12345678
```

2．合并字符串

合并字符串与连接字符串不同，在合并字符串时可以使用 join()方法，将字符串通过设定的连接符连接在一起，语法格式如下。

```
strnew = string.join(iterable)
```

各参数说明如下。

- strnew：合成后生成的新字符串。
- string：字符串类型，用于指定合并时的分隔符。
- iterable：可迭代对象，该迭代对象中的所有元素（字符串表示）将被合并为一个新的字符串。

例如：可以使用 join()方法将列表中的元素连接成字符串，代码如下。

```
#存储标签的字符串列表
label = ["电影","美食","服饰","美妆"]

newstr = "|".join(label)          #使用"|"连接列表中的字符串
print(newstr)

strlist = newstr.split("|")        #使用"|"拆分字符串为列表
print(strlist)
```

运行程序，运行结果如下。

```
电影|美食|服饰|美妆
['电影', '美食', '服饰', '美妆']
```

由上例可以看出，使用 split()方法拆分字符串和使用 join()方法连接字符串是互逆的操作。

7.1.5　检索字符串

在实际开发中，字符串查找是很常见的操作，Python 提供了多个有关字符串查找的方法，可以实现多种查找需求。

1．count()方法

count()方法用于统计指定字符串在另一个字符串中出现的次数，语法格式如下。

```
str.count(sub[,start[,end]])
```

各参数说明如下。

- str：原字符串。

- sub：要查找的子字符串。
- start：可选参数，表示检索范围起始位置的索引，若不指定，则默认从头开始检索。
- end：可选参数，表示检索范围结束位置的索引，若不指定，则默认一直检索到结尾。

例如：定义一个字符串，使用 count()方法检索子字符串出现的次数。

```
study = "学习要有三心，一信心，二决心，三恒心。"
num = study.count("心")
print("字符串：",study,"中包含",num,"个\"心\"")

num1 = study.count("，")
print("字符串：",study,"中包含",num1,"个\"，\"")

words = "great hopes make great man."
num2 = words.count("great")
print("字符串：",words,"中包含",num2,"个\"great\"")

num3 = words.count("e")
print("字符串：",words,"中包含",num3,"个\"e\"")
```

运行程序，运行结果如下。

```
字符串：  学习要有三心，一信心，二决心，三恒心。  中包含  4 个"心"
字符串：  学习要有三心，一信心，二决心，三恒心。  中包含  3 个"，"
字符串：  great hopes make great man. 中包含  2 个"great"
字符串：  great hopes make great man. 中包含  4 个"e"
```

从上例可以看出，count()方法对中文、标点符号、英文单词和英文字母，都可以统计出其在字符串中出现的次数。

2．index()和 rindex()方法

index()方法用于检索某个子字符串在字符串中首次出现的索引。Python 还提供了rindex()方法，作用与 index()方法一致，只是从字符串右侧开始查找。index()方法的语法格式如下。

```
str.index(sub[,start[,end]])
```

各参数说明如下。

- str：原字符串。
- sub：要查找的子字符串。
- start：可选参数，表示检索范围起始位置的索引，若不指定，则默认从头开始检索。
- end：可选参数，表示检索范围结束位置的索引，若不指定，则默认一直检索到结尾。

例如：定义一个字符串，使用 index()方法和 rindex()方法检索子字符串首次出现及最后一次出现的索引。

```
study = "学习要有三心，一信心，二决心，三恒心。"
index = study.index("心")                    #获取"心"首次出现的索引
print("字符串：",study,"中\"心\"首次出现的索引为：",index)

rindex = study.rindex("心")                  #获取"心"最后一次出现的索引
print("字符串：",study,"中\"心\"最后一次出现的索引为：",rindex)

words = "great hopes make great man."
```

```
index1 = words.index("great")               #获取字符串"great"首次出现的索引
print("字符串：",words,"中\"great\"首次出现的索引为：",index1)

rindex1 = words.rindex("great")             #获取字符串"great"最后一次出现的索引
print("字符串：",words,"中\"great\"最后一次出现的索引为：",rindex1)
```

运行程序，运行结果如图 7-2 所示。

```
字符串：  学习要有三心，一信心，二决心，三恒心。 中"心"首次出现的索引为：  5
字符串：  学习要有三心，一信心，二决心，三恒心。 中"心"最后一次出现的索引为： 17
字符串：  great hopes make great man. 中"great"首次出现的索引为：  0
字符串：  great hopes make great man. 中"great"最后一次出现的索引为： 17
```

图 7-2　检索字符串

注意

使用 index()和 rindex()方法时，若要搜索的子字符串不在字符串中，则系统会抛出 ValueError 异常。可以先使用 if 语句判断子字符串是否存在于字符串中，再进行搜索操作。

例如：在字符串"great hopes make great man."中，使用 index()和 rindex()方法查找字符串"world"，系统会抛出 ValueError 异常，可以使用以下代码优化。

```
words = "great hopes make great man."

if "world" in words:              #先判断子字符串是否在字符串中

    index = words.index("world")
    print("字符串：",words,"中\"world\"最后一次出现的索引为：",index)
else:
    print("world 不在字符串",words,"中")
```

执行程序，运行结果如下。

```
world 不在字符串  great hopes make great man. 中
```

3. find()方法

find()方法用于检索指定的子字符串是否在字符串中，若存在，则返回子字符串首次出现的索引，若不存在，则返回–1。语法格式如下。

```
str.find(sub[,start[,end]])
```

各参数说明如下。
- str：原字符串。
- sub：要查找的子字符串。
- start：可选参数，表示检索范围起始位置的索引，若不指定，则默认从头开始检索。
- end：可选参数，表示检索范围结束位置的索引，若不指定，则默认一直检索到结尾。

例如：定义字符串，使用 find()方法检索字符串可以使用以下代码实现。

```
study = "学习要有三心，一信心，二决心，三恒心。"
index = study.find("心")                #使用 find()方法获取"心"首次出现的索引
if index != -1:
    print("字符串：",study,"中\"心\"首次出现的索引为：",index)
else:
    print("字符串：", study, "中不包含字符串\"心\"")
```

```
words = "great hopes make great man."
index1 = words.find("world")                #使用 find()方法在字符串中查找子字符串"world"
if index1 != -1:
    print("字符串：",words,"中\"world\"第一次出现的索引为：",index1)
else:
    print("字符串：", words, "中不包含字符串\"world\"")
```

运行程序，运行结果如图 7-3 所示。

```
字符串：　学习要有三心，一信心，二决心，三恒心。　中"心"首次出现的索引为：　5
字符串：　great hopes make great man. 中不包含字符串"world"
```

图 7-3　使用 find()方法查找字符串

上例中，"心"包含在字符串 study 中，使用 find()方法搜索返回了第一次出现的索引，行 if 语句。但"world"字符串不包含在 words 字符串中，使用 find()方法搜索返回了–1，执行 else 语句。

4. startswith()和 endswith()方法

startswith()方法用于判断字符串是否以指定的子字符串开头，若是则返回 True，否则返回 False。语法格式如下。

```
str.startswith(prefix[,start[,end]])
```

各参数说明如下。

- str：原字符串。
- prefix：要检索的子字符串。
- start：可选参数，表示检索范围起始位置的索引，若不指定，则默认从头开始检索。
- end：可选参数，表示检索范围结束位置的索引，若不指定，则默认一直检索到结尾。

Python 还提供了 endswith()方法判断字符串是否以指定的子字符串结尾，若是则返回 True，否则返回 False。

startswith()和 endswith()方法的使用，可以用以下代码实现。

```
telephone = "010-12345678"
if telephone.startswith("010"):             #判断字符串 telephone 是否以 010 开头
    print(telephone,"是北京电话号码")
else:
    print(telephone,"不是北京电话号码")

verse = ["小池","泉眼无声惜细流，","树阴照水爱晴柔。","小荷才露尖尖角，","早有蜻蜓立上头。"]

for index,item in enumerate(verse):          #for 循环遍历 verse 列表
    if index == 0 :
        print("              ",item)
    if item.endswith("，"):                   #如果结尾是"，"，输出诗句，且不换行
        print(item,end="")
    if item.endswith("。"):                   #如果结尾是"。"，输出诗句，且换行
        print(item)
```

运行程序，运行结果如图 7-4 所示。

```
010-12345678 是北京电话号码
小池
泉眼无声惜细流，树阴照水爱晴柔。
小荷才露尖尖角，早有蜻蜓立上头。
```

图 7-4　startswith()和 endswith()函数

7.1.6　去除字符串的空格和特殊字符

在某些情况下，字符串两端会出现空格或特殊字符（如制表符\t、换行符\n 等），在进行操作前，要先对字符串进行处理。可以使用 Python 提供的 strip()方法去除字符串两端的空格、特殊字符和指定字符或字符串，也可以使用 lstrip()方法去除字符串左边的空格、特殊字符和指定字符或字符串，使用 rstrip()方法去除字符串右边的空格、特殊字符和指定字符或字符串，这些操作仅限于操作字符串两端，不会影响字符串内部。

strip()方法用于去除字符串两侧的空格和特殊字符，语法格式如下。

```
str.srtip(chars)
```

各参数说明如下。

- str：要去除空格或特殊字符的字符串。
- chars：可选参数，用于指定要去除的字符，可以指定多个。例如：若设置 chars 为“ -”，则去除字符串左右两侧的空格和“-”，若不指定，则默认去除空格、制表符\t、换行符\n 等。

去除字符串的空格和特殊字符，可以使用以下代码实现。

```
poetry = "      --!！ 劝君莫惜金缕衣，劝君惜取少年时。 @@**    "
print("原字符串：",poetry)

poetry2 = poetry.strip()
print("去掉两端空格后的字符串：",poetry2)          #去掉字符串两端的空格及特殊字符

poetry3 = poetry2.strip("--**")
print("去掉两端指定字符后的字符串：",poetry3)      #去掉字符串两端指定字符串--和**

poetry4 = poetry3.lstrip("!！ ")
print("去掉左边指定字符后的字符串：",poetry4)      #去掉字符串左边的指定字符串!!

poetry5 = poetry4.rstrip("@@")                   #去掉字符串右边的指定字符串@@
print("去掉右边指定字符后的字符串：",poetry5)
```

运行程序，运行结果如图 7-5 所示。

```
原字符串：       --!！劝君莫惜金缕衣，劝君惜取少年时。 @@**
去掉两端空格后的字符串： --!！劝君莫惜金缕衣，劝君惜取少年时。 @@**
去掉两端指定字符后的字符串：!！劝君莫惜金缕衣，劝君惜取少年时。 @@
去掉左边指定字符后的字符串：劝君莫惜金缕衣，劝君惜取少年时。 @@
去掉右边指定字符后的字符串：劝君莫惜金缕衣，劝君惜取少年时。
```

图 7-5　去除字符串的空格和特殊字符

7.1.7　字符串大小写转换

在 Python 中，字符串对象提供了 lower()方法将字符串中的英文字母全部转换为小写，提供了 upper()方法将字符串中的英文字母全部转换为大写，语法格式如下。

str.lower()
str.upper()

例如：以下代码可以实现字符串大小写字母转换。

```
words = "Great hopes make great man."
print("原字符串： ",words)

#将字符串 words 中的英文字母全部转换为大写
print("转变为大写的字符串： ",words.upper())

#将字符串 words 中的英文字母全部转换为小写
print("转变为小写的字符串： ",words.lower())
```

运行程序，运行结果如下。

```
原字符串： Great hopes make great man.
转变为大写的字符串： GREAT HOPES MAKE GREAT MAN.
转变为小写的字符串： great hopes make great man.
```

7.1.8 格式化字符串

为了实现字符串按预定规则显示或输出，Python 提供了格式化字符串的方法，即先按输出规则制定一个模板，在该模板中预留几个空位，再根据需要填上相应的内容。这些空位需要通过指定的符号（占位符）标记，在输出时不会被显示。在 Python 中，可以使用百分号"%"操作符和 format()方法格式化字符串。

1. 使用"%"操作符

使用%操作符格式化字符串是 Python 早期提供的方法，语法格式如下。

```
%[flags][width][.precision]typecode
```

各参数说明如下。

- flages：可选参数，用于指定对齐方式，可以有以下 4 个值。
  - 若是"+"，则指定为右对齐，正数前面加正符号，负数前面加负号。
  - 若是"-"，则指定为左对齐，正数前面无符号，负数前面加负号。
  - 若是"0"，则指定为右对齐，正数前面无符号，负数前面加负号，用 0 填充空白处。
  - 若是空格，则指定为右对齐，正数前面加空格，负数前面无符号。
- width：可选参数，用于指定占有宽度。
- precision：可选参数，用于指定小数点后保留的位数。
- typecode：用于指定类型，常用格式字符见表 7-1。

表 7-1　常用格式字符

格式字符	说明	格式字符	说明
%c	单个字符	%s	字符串
%d	十进制整数	%f/%F	浮点数字，可指定小数点后的精度
%u	无符号整型	%e/%E	用科学记数法格式化浮点数，底数为 e/E
%o	无符号八进制数	%p	用十六进制数格式化变量的地址
%x	无符号十六进制数	%X	无符号十六进制数（大写）

例如：使用%操作符格式化字符串，代码如下。

```
name = "辛晨"
age = 21
weight = 42.5
#通过变量赋值
print("我的姓名是：%3s，年龄是：%2d，体重是：%.2f"%(name,age,weight))
#通过元组赋值
print("我的姓名是：%3s，年龄是：%2d，体重是：%.2f"%("爱国",25,58))
#定义模板
template = "学号：%05d，姓名：%3s，年龄：%2d"    #定义输出模板
people1 = (11,"华秀",22)                          #定义要转换的内容
people2 = (12,"玉婷",21)                          #定义要转换的内容
print(template%people1)                           #格式化输出
print(template%people2)                           #格式化输出
```

运行程序，运行结果如图 7-6 所示。

```
我的姓名是：　辛晨，年龄是：21，体重是：42.50
我的姓名是：　爱国，年龄是：25，体重是：58.00
学号：00011，姓名：　华秀，年龄：22
学号：00012，姓名：　玉婷，年龄：21
```

图 7-6　使用%操作符格式化字符串

2. 使用 format()方法

使用 format()方法格式化字符串是 Python 2.6 版提供的方法，语法格式如下。

```
str.format(args)
```

各参数说明如下。

● **str**：指定字符串的显示规则（即模板），使用"{}"和":"指定占位符，语法格式如下。

```
{[index][:[fill]align[sign][#][width][.precision][type]}
```

> **index**：可选参数，用于指定要设置格式的对象在参数列表中的索引位置，从 0 开始，若省略，则根据数值的先后顺序自动分配。

> **fill**：可选参数，用于指定按照某宽度对齐时空白处填充的字符。

> **align**：可选参数，用于指定对齐方式，"<"表示左对齐；">"表示右对齐；"="表示仅针对数字类型右对齐，符号放在填充字符的左侧；"^"表示居中对齐，需要配合 width 一起使用。

> **sign**：可选参数，用于指定有无符号数，"+"表示正数加正号，负数加负号；"-"表示正数不变，负数加负号；空格表示正数加空格，负数加负号。

> **#**：可选参数，对于二进制、八进制和十六进制，加上"#"则显示 0b/0o/0x 的前缀，否则不显示前缀。

> **width**：可选参数，用于指定所占宽度。

> **precision**：可选参数，用于指定保留的小数位数。

> **type**：可选参数，用于指定类型，常用格式字符见表 7-2。

表 7-2　常用格式字符

格式字符	说明	格式字符	说明
s	字符串	b	将十进制整数自动转换为二进制
D	十进制整数	o	将十进制整数自动转换为八进制

格式字符	说明	格式字符	说明
C	将十进制整数自动转换为对应的 Unicode 字符	x 或 X	将十进制整数自动转换为十六进制
e 或 E	转换为科学记数法	f 或 F	转换为浮点数（默认保留小数点后 6 位）
%	显示百分比（默认显示小数点后 6 位）	g 或 G	自动在 e 和 E 或 f 和 F 之间切换

● args：指定要转换的项，若有多个，则使用逗号分开。

例如：使用 format()方法格式化字符串，代码如下。

```
#按顺序传入数值
s1 = "学号：{:0>5d}，姓名：{}，年龄：{}".format(10,"子墨",23)
print(s1)

#按索引对应传入数值
s2 = "学号：{0:0>5d}，姓名：{2}，年龄：{1}".format(11,24,"子翰")
print(s2)

#按键-值对传入数值
s3 = "学号：{num}，姓名：{name}，年龄：{age}".format(num="00012",name="子轩",age=25)

print(s3)

template = "学号：{:0>5d}，姓名：{:3s}，年龄：{:2d}"    #定义输出模板
print(template.format(13,"华秀",26))                    #输出转换后的字符串
print(template.format(14,"玉婷",27))                    #输出转换后的字符串
```

运行程序，运行结果如图 7-7 所示。

```
学号：00010，姓名：子墨，年龄：23
学号：00011，姓名：子翰，年龄：24
学号：00012，姓名：子轩，年龄：25
学号：00013，姓名：华秀 ，年龄：26
学号：00014，姓名：玉婷 ，年龄：27
```

图 7-7　使用 format()方法格式化字符串

示例 1　请为某公司开发员工管理系统，要求自动生成 4 位整数的工号（如 0001），人力资源输入每个员工的姓名、性别、年龄、岗位，去除输入数据左右两端的空格及特殊字符，程序运行效果如图 7-8 所示。

程序实现代码如下。

```
#获得要录入的员工人数给变量 num
num = int(input("请输入要录入员工的数量（请输入 1～5 内的整数）：").strip())

if num <= 0 or num > 5:                    #输入错误
    print("您输入的数据不在范围内！")
else:                                       #输入正确
    i = 1                                   #计数器，用于循环
    staffs = []                             #用于存放员工信息的列表
    while i <= num:                         #循环输入数据，保存在列表中
```

```
number = "{:0>4d}".format(i)                    #自动生成员工 4 位编号

#获取输入的员工姓名、性别、年龄、岗位数据，去除两端空格及特殊字符
name = input("请输入"+number+"号员工姓名：").strip()
sex = input("请输入"+number+"号员工性别：").strip()
age = int(input("请输入"+number+"号员工年龄：").strip())
job = input("请输入"+number+"号员工岗位：").strip()

#将获取的数据添加到员工信息列表中
staffs.append([])                               #将员工信息列表变为二维列表

staffs[i-1]=[number,name,sex,age,job]           #为列表添加元素
i += 1


print("----------------员工信息表----------------")
print("工 号      姓名     性 别     年龄       岗位")   #输出表头
template = "{:<8s}{:<7s}{:6s}{:<6d}{:6s}"        #定义模板，与表头对齐

# 循环输出员工信息表
for staff in staffs:
    print(template.format(staff[0],staff[1],staff[2],staff[3],staff[4]))
```

```
请输入要录入员工的数量（请输入1～5内的整数）：3
请输入0001号员工姓名：华秀
请输入0001号员工性别：女
请输入0001号员工年龄：23
请输入0001号员工岗位：软件测试工程师
请输入0002号员工姓名：子轩
请输入0002号员工性别：男
请输入0002号员工年龄：24
请输入0002号员工岗位：Python开发工程师
请输入0003号员工姓名：小小
请输入0003号员工性别：女
请输入0003号员工年龄：22
请输入0003号员工岗位：Web前端开发工程师
----------------员工信息表----------------
工号      姓名      性 别      年龄      岗位
0001      华秀      女         23        软件测试工程师
0002      子轩      男         24        Python开发工程师
0003      小小      女         22        Web前端开发工程师
```

图 7-8　员工管理系统程序运行效果

示例 1 中，首先获得用户输入的员工数量 num，若输入正确（在 1～5 以内），则循环 num 次来接收输入的员工相关信息，每次接收输入前先通过代码 number = "{:0>4d}".format(i)自动生成 4 位员工工号（如 0001），然后通过代码 staffs[i-1]=[number, name,sex,age,job]将接收到的员工信息存储在 staffs 列表中，staffs 索引为 "i-1" 是因为索引是从 0 开始的，而程序中 i 是从 1 开始的。在循环输入并存储完员工信息后，输出表头，并通过代码 template = "{:<8s}{:<7s}{:6s}{:<6d}{:6s}" 定义了输出模板，最后通过 for 循环遍历输出 staffs 列表中的每位员工信息。

7.2　正则表达式

正则表达式并不是 Python 特有的技术，因其简约、高效的特点，广泛应用于大多数计算机语言。在查找字符串时，可以使用 str 对象的 find() 等方法，但涉及处理符合某些复杂规则的字符串时，使用正则表达式会更高效，正则表达式就是用于描述这些复杂规则的工具。

7.2.1　正则表达式语法

构造正则表达式的方法和创建数学表达式的方法一样，也是用多种元字符与运算符将小的表达式结合在一起来创建更大的表达式。正则表达式的组件可以是单个的字符、字符集合、字符范围、字符间的选择或所有这些组件的任意组合。

正则表达式作为一个模板，将某个字符模式与所搜索的字符串进行匹配。正则表达式是由普通字符以及特殊字符（即元字符）组成的文字模式。普通字符包括没有显式指定为元字符的所有大写和小写字母、所有数字、所有标点符号和一些其他符号。元字符是指定了特殊含义的字符。

1. 普通字符

（1）[…]。

含义：匹配[…]中的所有字符。

示例：使用[code]匹配字符串"Hello World!"，匹配结果为"eood"。

（2）[^…]。

含义：匹配除了[…]中字符的所有字符。

示例：使用[code]匹配字符串"Hello World!"，匹配结果为"Hll Wrl!"。

（3）[A-Z]。

含义：[A-Z] 表示一个区间，匹配所有大写字母，[a-z] 表示所有小写字母。

示例：使用[A-Z]匹配字符串"Hello World!"，匹配结果为"HW"。

（4）[0-9]。

含义：匹配所有数字，类似于[0123456789]。

示例：使用[0-9]匹配字符串"chapter7"，匹配结果为"7"。

（5）\d 和\D。

含义：\d 匹配所有数字，等价于[0-9]或[0123456789]；\D 则是匹配所有非数字，等价于[^0-9]或[^0123456789]。

示例：使用\d 匹配字符串"12Hello World!34"，匹配结果为"1,2,3,4"。

（6）\w 和\W。

含义：\w 匹配字母、数字或下划线，等价于[0-9a-zA-Z_]；\W 匹配非字母、数字或下划线，等价于[^0-9a-zA-Z_]。

示例：使用\w 匹配字符串"12Hello World!34"，匹配结果为"1,2,H,e,l,l,o,W,o,r,l,d,3,4"。

2. 定位符

定位符可以将正则表达式固定到行首、行尾，或者是一个单词内、单词开头、单词结尾处。定位符和限定符不可同时使用。

（1）^。

含义：匹配字符串的开始位置。

示例：使用^Hello 匹配字符串"Hello World,Hello World!"，表示要匹配字符串的开始位置，匹配结果为"Hello"。

（2）$。

含义：匹配字符串的结束位置。

示例：使用 World!$匹配字符串"Hello World,Hello World!"，表示要匹配字符串的结尾，匹配结果为"World!"。

（3）\b。

含义：匹配一个单词边界，即单词的开始或结束。

示例：使用\bWorld 匹配字符串"Hello World,Hello World!"，匹配结果为"World,World"。

（4）\B。

含义：非单词边界匹配。

示例：使用\BWorld 匹配字符串"Hello World,Hello World!"，匹配结果为空。使用\Br 匹配字符串"Hello World,Hello World!"，匹配结果为"rr"。

3．限定符

限定符用来指定正则表达式的一个给定组件必须要出现多少次才能满足匹配，有"*""+""?""{n}""{n,}""{n,m}"6 种。

（1）*。

含义：匹配前面的字符零次或多次，*等价于{0,}。

示例：使用 lo*匹配字符串"Hello World!"，匹配结果为"l,lo,l"，lo*可以匹配的范围为 l 和 loo…。若要设置数字，则[0-9]*表示任意多个数字。

（2）+。

含义：匹配前面的字符一次或多次，+等价于{1,}。

示例：使用 lo+匹配字符串"Hello World!"，匹配结果为"lo"，lo+可以匹配的范围为 lo 和 loo…，（不匹配 l）。

（3）?。

含义：匹配前面的字符零次或一次，?等价于{0,1}。

示例：使用 lo?匹配字符串"Hello World!"，匹配结果为"l,lo,l"，lo?可以匹配的范围为 l 和 lo。

（4）{n}。

含义：n 是一个非负整数，匹配确定的 n 次。

示例：使用 l{2}匹配字符串"Hello World!"，匹配结果为"ll"，该结果是"Hello"中的 2 个"ll"，而"World"中的 1 个"l"则不匹配。

（5）{n,}。

含义：n 是一个非负整数，至少匹配 n 次。

示例：使用 l{1,}匹配字符串"Hello World!"，匹配结果为"ll,l"。l{0,}等价于 l*，l{1,}等价于 l+。

（6）{n,m}。

含义：m 和 n 均为非负整数，其中 n≤m，最少匹配 n 次且最多匹配 m 次。

示例：使用 l{1,2}匹配字符串"Hello World!"，匹配结果为"ll,l"。l{0,1}等价于 l?，若要匹配 1～99 的两位正整数，则可以使用正则表达式[1-9][0-9]{0,1}或[1-9][0-9]?。

4．选择符

（1）|。

含义：如果在正则表达式中包含条件选择的逻辑，就需要使用选择字符来实现，即用

小括号将所有选择项括起来，相邻的选择项之间用"|"分隔，可以理解为"或"。

示例：要验证一个身份证号码格式是否正确，可以使用以下正则表达式验证。

```
(^\d{18}$)|(^\d{17})(\d|X|x)$
```

表达式的含义为：身份证号码可以是 18 位数字，或者身份证号码开头是 17 位数字，结尾是 1 位数字、大写的 X 或小写的 x。

（2）?=。

含义：exp1(?=exp2)，查找 exp2 前面的 exp1。

示例：使用表达式 Python(?=[\d+])匹配字符串"12Python34Python56"，匹配结果为"Python，Python"。示例中 exp1 为"Python"，而 exp2 为"[\d+]"。

（3）?<=。

含义：(?<=exp2)exp1，查找 exp2 后面的 exp1。

示例：使用表达式(?=[\d+])Python 匹配字符串"12Python34Python56"，匹配结果为"Python，Python"。示例中 exp1 为"Python"，而 exp2 为"[\d+]"。

（4）?!。

含义：exp1(?!exp2)，查找后面不是 exp2 的 exp1。

示例：使用表达式 Python(?![5-6])匹配字符串"12Python34Python56"，匹配结果为"Python"。示例中 exp1 为"Python"，而 exp2 为"[5-6]"，即查找不以 56 结尾的 Python。

（5）?<!。

含义：(?<!exp2)exp1，查找前面不是 exp2 的 exp1。

示例：使用表达式(?<![1-2])Python 匹配字符串"12Python34Python56"，匹配结果为"Python"。示例中 exp1 为"Python"，而 exp2 为"[1-2]"，即查找不以 12 开头的 Python。

5. 转义字符

在正则表达式中，有些字符被赋予了特殊的含义，如果要将这些字符再变成普通的字符，就要使用转义字符"\"。例如：要匹配一个类似 192.168.1.1 的 IP 地址，从表面看可以把正则表达式写成以下格式。

```
[1-9]{1,3}.[0-9]{1,3}.[0-9]{1,3}.[0-9]{1,3}
```

但这样写是错误的，在正则表达式中"."的含义是可以匹配任意一个字符，不仅是192.168.1.1 这样的 IP 地址可以被匹配，19201681101 等字符串也可以被匹配。正确的方法是在使用"."前要先使用转义字符"\"，修改后匹配 IP 地址正确的表达式如下。

```
[1-9]{1,3}\.[0-9]{1,3}\.[0-9]{1,3}\.[0-9]{1,3}
```

7.2.2　使用 re 模块实现正则表达式操作

Python 自 1.5 版起增加了 re 模块，它提供了 Perl 风格的正则表达式，使 Python 语言拥有了全部的正则表达式功能。在使用 re 模块时，要先使用 import re 将其引入。

1. 使用 match()方法匹配字符串

re 模块的 match()方法从字符串的开始位置进行匹配，若在起始位置匹配成功，则返回 Match 对象，若在起始位置没有匹配成功，则返回 None。语法格式如下。

```
re.match(pattern,string,[flags])
```

各参数说明如下。

● pattern：表示模式字符串，由要匹配的正则表达式转换而来，由 r"界定，模式字符串写在一对单引号中，如 r'[0-9]'。

- string：要匹配的字符串。
- flags：可选参数，表示标志位，用于控制匹配方式，常用标志位及其说明见表 7-3。

表 7-3 常用标志位及其说明

标志	使用方法	说明
A 或 ASCII	re.A 或 re.ASCII	对\d、\D、\w、\W、\s、\S、\b、\B 只进行 ASCII 匹配
I 或 IGNORECASE	re.I 或 re.IGNORECASE	不区分大小写
M 或 MULTILINE	re.M 或 re. MULTILINE	将^和$用于包括整个字符串的开始和结尾的每一行（默认仅适用于整个字符串的开始和结尾处）
X 或 VERBOSE	re.X 或 re. VERBOSE	忽略模式字符串中未转义的空格和注释
S 或 DOTALL	re.S 或 re. DOTALL	使用 "." 字符匹配所有字符，包括换行符

例如：匹配字符串是否以 city_ 开头，代码如下。

```
import re                              #引入 re 模块

pattern = r'city_\w+'                  #模式字符串，包含在 r"中
string1 = "City_Name city_name"        #要匹配的字符串
match1 = re.match(pattern,string1,re.I) #匹配字符串，不区分大小写
print(match1)

match2 = re.match(pattern,string1)      #匹配字符串，区分大小写
print(match2)

string2 = "City City_Name city_name"    #要匹配的字符串
match3 = re.match(pattern,string2,re.I) #匹配字符串，不区分大小写
print(match3)
```

运行程序，运行结果如下。

```
<re.Match object; span=(0, 9), match='City_Name'>
None
None
```

上例中，首先使用 import re 引入 re 模块，通过 pattern = r'city_\w+'语句定义模式字符串，模式字符串要包含在 r"中，含义是匹配以 "city_" 开头的字符串。match1 是以不区分大小写字母方式匹配字符串 "City_Name city_name"，因字符串首单词是 "City_Name"，不区分大小写与模式字符串匹配，所以匹配成功。match2 是按区分大小写的方式匹配字符串 "City_Name city_name"，区分大小写则与模式字符串 "city_\w+" 不匹配，返回 None。match3 是以不区分大小写的方式匹配字符串 "City City_Name city_name"，因字符串首单词是 "City"，与模式字符串相比没有下划线 "_"，所以匹配不成功，返回 None。

Match 对象中包含了匹配值的位置和数据，可以通过 start()方法获得匹配值的起始位置，使用 end()方法获得匹配值的结束位置，使用 span()方法获取匹配位置的元组，使用 group()方法获取匹配数据，使用 string 属性获取要匹配的字符串。

例如，使用以下代码获取匹配值的位置及匹配字符串。

```
import re                              #引入 re 模块

pattern = r'city_\w+'                  #模式字符串，包含在 r"中
string = "City_Name city_name"         #要匹配的字符串
```

```
match = re.match(pattern,string,re.I)            #匹配字符串，不区分大小写
print("匹配的 Match 对象： ",match)
print("匹配值的开始位置： ",match.start())
print("匹配值的结束位置： ",match.end())
print("匹配值的位置元组： ",match.span())
print("要匹配的字符串： ",match.string)
print("匹配数据： ",match.group())
```

运行程序，运行结果如图 7-9 所示。

```
匹配的Match对象： <re.Match object; span=(0, 9), match='City_Name'>
匹配值的开始位置： 0
匹配值的结束位置： 9
匹配值的位置元组： (0, 9)
要匹配的字符串： City_Name city_name
匹配数据： City_Name
```

图 7-9　使用 match()方法匹配字符串

示例 2　使用正则表达式匹配邮箱格式是否正确，邮箱地址中可以包含大小写字母、数字、下划线和-。

```
import re                                  #引入 re 模块

email = input("请输入您的邮箱： ")          #要匹配的字符串
#模式字符串，包含在 r""中
pattern = r'(^[\w-]+(\.[\w-]+)*@[\w-]+(\.[\w-]+)+$)'

match = re.search(pattern,email)           #匹配字符串，不区分大小写
if match != None:
    print("邮箱格式正确！ ")
else:
    print("邮箱格式不正确！ ")
```

运行程序，运行结果如图 7-10 所示。

```
请输入您的邮箱：unioninfor@163.com
邮箱格式正确!
```

图 7-10　邮箱验证

在示例 2 中，邮箱正则表达式的含义如图 7-11 所示。用户输入邮箱，只要邮箱名中包含@字符，且由字母、数字、下划线和-这些字符组成的都可以通过验证。

图 7-11　邮箱正则表达式的含义

2. 使用 search()方法匹配字符串

re.search()搜索整个字符串并返回第一个成功的匹配，语法格式如下。

re.search(pattern, string, flags=0)

各参数说明如下。

- pattern：表示模式字符串，由要匹配的正则表达式转换而来。
- string：表示要匹配的字符串。
- flags：可选参数，表示标志位，常用的标志位见表 7-3。

例如：使用 search()方法匹配字符串，代码如下。

```
import re                              #引入 re 模块

pattern = r'city_\w+'                 #模式字符串，包含在 r""中
string1 = "City_Name city_name"       #要匹配的字符串
#在起始位置匹配
match1 = re.search(pattern,string1,re.I)   #匹配字符串，不区分大小写
print(match1,match1.group())

string2 = "City City_Name city_name"  #要匹配的字符串
match2 = re.search(pattern,string2,re.I)   #匹配字符串，不在起始位置匹配
print(match2,match2.group())
```

运行程序，运行结果如下。

```
<re.Match object; span=(0, 9), match='City_Name'> City_Name
<re.Match object; span=(5, 14), match='City_Name'> City_Name
```

从上例可以看出，search()方法可以在整个字符串中进行搜索，若第一个匹配成功，则返回 Match 对象，不再继续匹配，若没有匹配成功则返回 None。

示例 3　为某公司开发一个精准营销系统，从用户输入的查询内容中根据关键字判断用户是否是精准用户，实现代码如下。

```
import re

search_str = input("请输入您要搜索的内容：")   #用户输入要查询的字符串
key_words = r'(Python)|(培训)|(Java)|(软件工程师)'   #关键字正则表达式
match = re.search(key_words,search_str,re.I)   #进行模式匹配

if match == None:                             #判断是否匹配成功，None 为失败
    print("不是精准用户")
else:
    print("是精准用户，查询的内容包含关键字：",match.group())
```

运行程序，运行结果如图 7-12 所示。

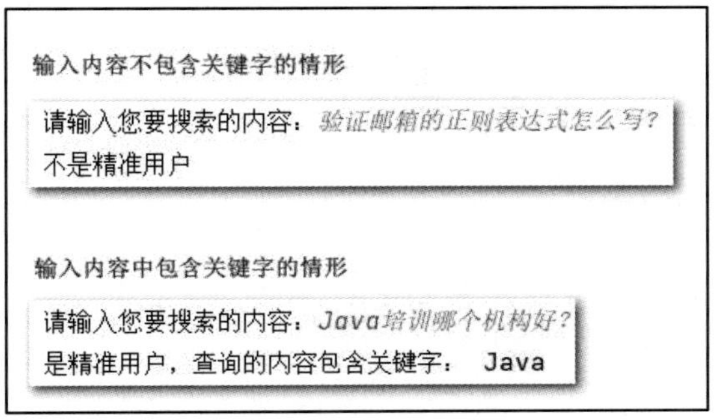

图 7-12　精准用户验证

示例 3 中，通过模式表达式 r'(Python)|(培训)|(Java)|(软件工程师)'定义了要匹配的关键

字，当用户输入的查询内容中包含任意一个关键字时，该用户都会被确定为精准用户。

3. 使用 findall()方法匹配字符串

re 模块的 match()方法用于匹配字符串开始，不会搜索整个字符串，search()方法匹配第一次出现，两个方法都是一旦匹配成功就不再进行匹配，直接返回 Match 对象，匹配不成功则返回 None。如果要找出某个字符串中所有符合查询条件的字符串，就要使用 re 模块提供的 findall()方法。

findall()方法用于在整个字符串中搜索所有符合正则表达式的字符串，并以列表的形式返回。若匹配成功，则返回包含匹配结果的列表，否则返回空列表，语法格式如下。

```
re.findall(pattern,string,[flags])
```

各参数说明如下。

● pattern：表示模式字符串，由要匹配的正则表达式转换而来。

● string：表示要匹配的字符串。

● flags：可选参数，表示标志位，常用的标志位见表 7-3。

例如，要判断字符串中有哪些电话号码是以 13 开头的，可以使用以下代码实现。

```
import re

#要查找的字符串
phones = "13812345678 18212345678 13612345678 15612345678"
pattern = r'13\d{9}'                    #验证是否是 11 位，且以 13 开头的手机号码的模式字符串

match_list = re.findall(pattern,phones)    #搜索字符串，返回所有匹配成功的结果
print(match_list)                          #输出匹配成功数据的列表

print("以 13 开头的手机号码有：",end=":")
for item in match_list:                    #循环输出列表项
    print(item,end=" "*3)
```

运行程序，运行结果如下。

```
['13812345678', '13612345678']
以 13 开头的手机号码有：:13812345678    13612345678
```

从上例可以看出，使用 findall()方法获取了所有匹配成功的数据列表。

示例 4　某软件需要将用户电话号码模糊处理，将原来 11 位手机号码中的中间 4 位用"*"代替，请编写代码实现。

```
import re

#要匹配的字符串
phones = "13812345678 13612345678 13012345678"
print("原电话号码：",phones)
#正则表达式
pattern = r'(\d{3})(\d{4})(\d{4})'
#匹配，生成列表
match = re.findall(pattern,phones)
print(match)        #输出匹配后的列表

print("模糊后号码：",end="")
#循环处理列表中的元素
for item in match:
    #将第 2 个元素用*号代替
```

```
phone = item[0]+"****"+item[2]
#输出转换后的电话号码，每个号码之间空两格
print(phone,end="   ")
```

运行程序，运行结果如图 7-13 所示。

```
原电话号码：13812345678 13612345678 13012345678
[('138', '1234', '5678'), ('136', '1234', '5678'), ('130', '1234', '5678')]
模糊后号码：138****5678  136****5678  130****5678
```

图 7-13　模糊电话号码

示例 4 中，使用正则表达式 r'(\d{3})(\d{4})(\d{4})' 将每一个电话号码分割成('138', '1234', '5678')这样前面 3 位、中间 4 位和后面 4 位的格式，再使用 for 循环迭代 match 列表，item 代表的是每一个列表元素，如('138', '1234', '5678')，其中 item[1]就是要替换为"*"的数据，使用 item[0]+"****"+item[2]便可得到模糊处理后的电话号码。

4．使用 compile()方法编译正则表达式

compile()方法是 re 模块用于编译正则表达式的，可生成一个 Pattern 对象，Pattern 对象也提供了 match()、search()和 findall()方法。compile()方法的语法格式如下。

```
re.compile(pattern,[flags])
```

各参数说明如下。

● pattern：表示正则表达式的字符串。

● flags：可选参数，表示标志位，常用的标志位见表 7-3。

例如：使用 compile()方法生成正则表达式 Pattern 对象，分别使用 match()、search()和 findall()方法匹配北京区号的电话号码，代码如下。

```
import re

#要查找的字符串
phones = "010-12345678 021-12345678 010-87654321 010-123456"

#正则表达式生成 Pattern 对象，验证区号是否以 010-开头，且有 8 位电话号码
pattern = re.compile(r'010-\d{8}')

#使用 Pattern 对象的 match()方法匹配字符串
match1 = pattern.match(phones)
print(match1)

#使用 Pattern 对象的 search()方法匹配字符串
match2 = pattern.search(phones)
print(match2)

#使用 Pattern 对象的 findall()方法匹配字符串
match3 = pattern.findall(phones)
print(match3)
```

运行程序，运行结果如图 7-14 所示。

```
<re.Match object; span=(0, 12), match='010-12345678'>
<re.Match object; span=(0, 12), match='010-12345678'>
['010-12345678', '010-87654321']
```

图 7-14　使用 compile()方法编译正则表达式

上例中，使用 re 模块的 compile()方法将正则表达式 r'010-\d{8}'转换为 Pattern 对象，分别使用 Pattern 对象的 match()、search()和 findall()方法匹配字符串，程序运行结果与使用 re 模块的 match()、search()和 findall()方法运行结果一致。

5. 替换字符串

re 模块提供了 sub()方法实现字符串的替换，语法格式如下。

```
re.sub(pattern,repl,string,count,[flags])
```

各参数说明如下。

- pattern：表示模式字符串。
- repl：表示要替换的字符串，也可以是一个函数。
- string：表示要被查找替换的原始字符串。
- count：模式匹配后替换的最大次数，默认为 0，表示替换所有的匹配。
- flags：可选参数，表示标志位，用于控制匹配方式，常用的标志位见表 7-3。

例如，使用 sub()方法将字符串中所有"张小明"替换成"张小小"，代码如下。

```
import re

#要查找的字符串
names = "张小明，王小虎，赵小宇，刘小华，张小明"
#正则表达式转换为 Pattern 对象，查找张小明
pattern = re.compile(r'张小明')
#匹配，将"张小明"替换成"张小小"，默认全部修改
match = re.sub(pattern,"张小小",names)
#输出匹配后的结果
print(match)
```

运行程序，运行结果如下。

```
张小小，王小虎，赵小宇，刘小华，张小小
```

6. 用正则表达式分割字符串

re 模块提供了 split()方法用于分割字符串，并返回分割后的列表，语法格式如下。

```
re.split(pattern,string,[maxsplit],[flags])
```

- pattern：表示模式字符串。
- string：表示要分割的字符串。
- maxsplit：可选参数，表示最大的拆分次数。
- flags：可选参数，表示标志位，用于控制匹配方式，常用的标志位见表 7-3。

示例 5　使用 split()方法将电话号码中间 4 位替换成****，代码如下。

```
import re

#要匹配的字符串
phones = "13812345678 13612345678 13012345678"

print("原电话号码：",phones)

#正则表达式
pattern1 = r' '

#将字符串按空格进行分割
```

```
match1 = re.split(pattern1,phones)

print("按空格分割后的字符串列表：",match1)

#for 循环迭代列表，每一个 phone 是一个完整的电话号码，如 13812345678
for phone in match1:

    #定义模式字符串，将 phone 按前 3 位、中间 4 位和后 4 位的格式分开
    pattern2 = r'(\d{3})(\d{4})(\d{4})'

    #匹配字符串，每个电话号码返回一个列表，使用过滤器过滤空元素
    match2 = list(filter(None,re.split(pattern2,phone)))

    print("按 pattern2 分割后的字符串列表：",match2)

    #将列表中第 2 个元素，如"1234"替换为"****"
    phone_new = match2[0]+"****"+match2[2]
    #输出模糊处理后的字符串
    print("模糊处理后的字符串",phone_new)
```

运行程序，运行结果如图 7-15 所示。

```
原电话号码： 13812345678 13612345678 13012345678
按空格分割后的字符串列表： ['13812345678', '13612345678', '13012345678']
按pattern2分割后的字符串列表： [('138', '1234', '5678')]
模糊处理后的字符串 138****5678
按pattern2分割后的字符串列表： [('136', '1234', '5678')]
模糊处理后的字符串 136****5678
按pattern2分割后的字符串列表： [('130', '1234', '5678')]
模糊处理后的字符串 130****5678
```

图 7-15　使用 split()方法模糊处理电话号码

示例 5 中，通过 pattern1 = r' 定义模式字符串，使用 re.split(pattern1,phones)将字符串 phones 按空格分成了只包含电话号码的字符串列表 match1，match1 = ['13812345678', '13612345678', '13012345678']。然后通过 for phone in match1 迭代处理 match1 列表中的每一个元素，for 循环中的 phone 是每一个电话号码，如 13812345678。再次定义模式字符串 pattern2 = r'(\d{3})(\d{4})(\d{4})'，该正则表达式是将 11 位的电话号码匹配为 3 部分，左边是 3 位，中间是 4 位，右边是 4 位，使用 list(filter(None,re.split(pattern2,phone)))语句，将电话号码分割为['138', '1234', '5678']的列表 match2，最后使用 match2[0]+"****"+match2[2]生成新的模糊处理后的电话号码 phone_new。

本 章 总 结

1．使用"+"运算符可以连接多个字符串，并产生一个字符串对象。
2．字符串是序列类型，可以使用 len()方法获取字符串的长度。
3．可以采用切片方法截取字符串，语法格式为 string[start : end : step]。
4．split()方法可以按指定的分隔符把字符串分割为字符串列表，在该列表中将不包含分隔符。split()方法的语法格式为 str.split(sep,maxsplit)。
5．join()方法可以将字符串通过设定的连接符连接在一起，语法格式为 strnew=string.join(iterable)。

6．count()方法用于统计指定字符串在另一个字符串中出现的次数，语法格式为str.count(sub[,start[,end]])。

7．index()方法用于检索某个子字符串在字符串中首次出现的索引，语法格式为str.index(sub[,start[,end]])。

8．find()方法用于检索指定的子字符串是否在字符串中，若存在，则返回子字符串首次出现的索引，若不存在，则返回–1，语法格式为str.find(sub[,start[,end]])。

9．startswith()方法用于判断字符串是否以指定的子字符串开头，如果是就返回 True，否则返回 False，语法格式为str.startswith(prefix[,start[,end]])。

10．strip()方法用于去除字符串两侧的空格和特殊字符，语法格式为str.srtip(chars)。

11．lstrip()方法用于去除字符串左边的空格、特殊字符和指定字符或字符串。

12．rstrip()方法用于去除字符串右边的空格、特殊字符和指定字符或字符串。

13．lower()方法将字符串中的英文字母全部转换为小写。

14．upper()方法将字符串中的英文字母全部转换为大写。

15．使用"%"操作符格式化字符串，语法格式为%[flags][width][.precision]typecode。

16．使用 format()方法格式化字符串，语法格式为 str.format(args)。

17．[…]：匹配[…]中的所有字符。

18．[^…]：匹配除了[…]中字符的所有字符。

19．[A-Z]：表示一个区间，匹配所有大写字母，[a-z] 表示所有小写字母。

20．[0-9]：匹配所有数字，类似于[0123456789]。

21．\d 和\D：\d 匹配所有数字，等价于[0-9]或[0123456789]；\D 则是匹配所有非数字，等价于[^0-9]或[^0123456789]。

22．\w 和\W：\w 匹配字母、数字或下划线，等价于[0-9a-zA-Z_]；\W 匹配非字母、数字或下划线，等价于[^0-9a-zA-Z_]。

23．^：匹配字符串的开始位置。

24．$：匹配字符串的结束位置。

25．\b：匹配一个单词边界，即单词的开始或结束。

26．\B：非单词边界匹配。

27．*：匹配前面的字符零次或多次，*等价于{0,}。

28．+：匹配前面的字符一次或多次，+等价于{1,}。

29．?：匹配前面的字符零次或一次，?等价于{0,1}。

30．{n}：n 是一个非负整数，匹配确定的 n 次。

31．{n,}：n 是一个非负整数，至少匹配 n 次。

32．{n,m}：m 和 n 均为非负整数，其中 n≤m，最少匹配 n 次且最多匹配 m 次。

33．|：如果在正则表达式中包含条件选择的逻辑，用小括号将所有选择项括起来，相邻的选择项之间用"|"分隔，可以理解为"或"。

34．?=：exp1(?=exp2)，查找 exp2 前面的 exp1。

35．?<=：(?<=exp2)exp1，查找 exp2 后面的 exp1。

36．?!：exp1(?!exp2)，查找后面不是 exp2 的 exp1。

37．?<!：(?<!exp2)exp1，查找前面不是 exp2 的 exp1。

38．re 模块的 match()方法从字符串的开始位置进行匹配，如果在起始位置匹配成功，就返回 Match 对象，如果在起始位置没有匹配成功就返回 None，语法格式为 re.match(pattern, string,[flags])。

39．re.search()搜索整个字符串并返回第一个成功的匹配，语法格式为 re.search(pattern, string, flags=0)。

40．re 模块提供的 findall()方法用于在整个字符串中搜索所有符合正则表达式的字符串，并以列表的形式返回。若匹配成功，则返回包含匹配结果的列表，否则返回空列表，语法格式为 re.findall(pattern,string,[flags])。

41．compile()方法是 re 模块用于编译正则表达式的，可生成一个 Pattern 对象，Pattern 对象也提供了 match()、search()和 findall()方法。其语法格式为 re.compile(pattern, flags])。

42．re 模块提供了 sub()方法实现字符串的替换，语法格式为 re.sub(pattern,repl,string, ount,[flags])。

43．re 模块提供了 split()方法用于分割字符串，并返回分割后的列表，语法格式为 re.split(pattern,string,[maxsplit],[flags])。

实 践 项 目

1．用户输入一个邮箱地址，请验证邮箱地址是否正确，并分解出邮箱的用户名和服务器名。程序运行效果如图 7-16 所示。

```
请输入邮箱地址：zxchpx@163.com
zxchpx@163.com是一个有效的邮箱地址
邮箱的用户名是：　zxchpx
邮箱的服务器名是：　163.com
```

图 7-16　验证邮箱和获取邮箱用户名及服务器名

2．为某公司开发一个广告违禁词检测系统，当用户输入广告词后，若包含违禁词，则系统判断出广告词中使用了哪些违禁词，并给用户提示。程序运行效果如图 7-17 所示。

```
使用了违禁词的广告语

请输入您要检测的广告词：世界领先技术，最先进工艺，史无前例的突破
广告语不合法，使用了违禁词：['世界领先']　['最先进']　['史无前例']


没有使用违禁词的广告语

请输入您要检测的广告词：符合人体工学，健康生活每一天
该广告语合法！
```

图 7-17　广告违禁词检测系统

> 注意　常见的部分广告违禁词有国家级、世界级、最高级、唯一、首个、顶级、独家、最新、最先进、最好、最强、第一品牌、世界领先、极致、王牌、领袖品牌、独一无二、绝无仅有、史无前例等。

3．某公司开发了一个系统，注册时要求用户输入用户名、密码、电话号码，并要求用户输入验证码，具体要求如下。

（1）用户名：只能由英文字母和数字组成，长度为 4～12 个字符，以英文字母开头。

（2）密码：由大小写字母和数字组成的 6～10 个字符。

（3）确认密码：两次密码要相同。

（4）电子邮箱：符合邮箱地址的格式。

（5）手机号：必须为 11 位的手机号。

（6）验证码为 6 位随机数字，由系统自动生成。

程序运行效果如图 7-18 所示。

```
-----------------用户注册-----------------
请输入用户名（英文字母和数字组成，长度为4~12个字符，以英文字母开头）：xiaoyuzhou
用户名xiaoyuzhou正确
请输入密码（大小写字母和数字6~10个字符）：yuzhou123
密码yuzhou123正确
确认密码（请再次输入密码）：yuzhou123
密码确认正确!
请输入您的邮箱：zxchpx@163.com
邮箱zxchpx@163.com正确
请输入您的手机号：13812345678
手机号13812345678正确
验证码为：997011
请输入收到的验证码：997011
验证码输入正确!
------------恭喜您，注册成功!----------------
你注册的用户名是：xiaoyuzhou，密码是：yuzhou123，邮箱是：zxchpx@163.com，手机号是：13812345678
```

图 7-18　用户注册功能

第8章 函　　数

 **本章简介**

在前面章节的学习中，我们已经使用了一些函数，如 Python 内置的 print()、input()、len()、range()等函数，这些函数都是为实现某些功能而封装了相应的代码，开发者在使用时不需要重新编写代码，可以直接调用，非常方便。但在实际开发过程中，需求是万变的，Python 提供的内置函数必然是不能完全满足需求的，为此，开发者可以将实现某些特定功能或需要重复使用的代码封装为函数，以此来提高编程的效率，减少代码冗余，让程序更具可读性和可维护性。

函数是一种仅在调用时才运行的代码块，可以实现一次编写、多次调用的目的。本章将重点讲解函数的定义、函数调用、参数传递、变量的作用域、匿名函数和递归函数等知识。

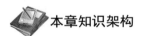 **本章目标**

1. 掌握自定义函数的创建和调用。
2. 掌握函数参数的使用方法。
3. 掌握变量的作用域和匿名函数的使用。
4. 理解递归函数的原理，能使用递归函数解决复杂问题。
5. 能够在程序中正确使用自定义函数。

本章知识架构

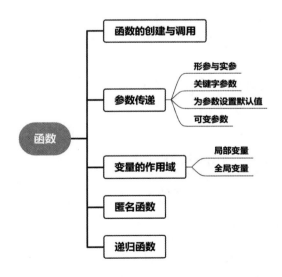

8.1　函数的创建与调用

在实际开发中，经常会遇到某些代码要被重复使用的情形，例如：在数据传递过程中要对数据进行加密，而收到信息后要对数据进行解密，如果每次通信都要重复编写加密和解密程序，将会使代码变得十分冗余，因此 Python 允许开发者将常用的代码以固定的格式封装成一个独立的代码块，它就是自定义函数（Function）。所以我们可以将加密程序和解密程序分别封装为相应的函数，在每次要使用时直接调用即可，可以实现一次编写、多次调用的目的，极大地提高编程效率。另外，如果加密算法改变了，也只需要修改加密函数即可，这也极大地提升了程序的可维护性。

在 Python 中，定义函数使用关键字 def 实现，语法格式如下。

```
def functionname([parameterlist]):
    [functionbody]
    [return[返回值]]
```

各参数说明如下。

- functionname：函数名称，在调用函数时使用，命名须符合 Python 标识符命名规则。
- parameterlist：参数列表，可选参数，用于指定向函数中传递的参数，若有多个参数，则各个参数之间使用逗号分隔；若不指定，则表示该函数没有参数，在调用时也不能传递参数。
- functionbody：函数体，可选参数，是函数被调用后要执行的代码块。
- return[返回值]：返回值，可选参数，如果函数执行完有返回值，可以使用 return 语句返回结果。如果返回一个值，该值可以是任意类型，如果有多个返回值，可以用逗号分隔，返回的数据保存在一个元组中。

（1）定义函数时，不论有没有参数，都要保留小括号，否则会提示语法错误（invalid syntax）。

（2）如果定义的函数没有函数体，需要使用 pass 语句作为占位符，或者在函数体内添加多行注释作为文档字符串 Docstrings，如果只添加单行注释，系统会提示错误。

（3）对于每一个函数，应尽量保持功能单一，要给函数添加必要的注释，说明函数的功能、参数含义和返回值信息，以便于后续代码的维护。

（4）return 语句可以出现在函数的任意位置，但如果 return 语句被执行，函数会立即结束，并返回结果。若函数中没有 return 语句，则默认返回 None，即空值。

例如：定义一个函数 getbirthday()，用于获取身份证号码中的出生年月日，可以使用以下代码实现。

```
def getbirthday(id):
    """
    功能：本函数用于从 18 位的身份证号码中获取出生年月日
    :param id：id 为 18 位的身份证号码字符串
    :return：返回出生年月日，模式如 19980121
    """
    birthday = id[6:14]
    return birthday
```

示例中，使用关键字 def 定义了 getbirthday(id)函数，该函数有一个参数 id，在函数体内，首先注释说明了函数的功能、参数和返回值信息，然后使用 birthday = id[6:14]语句从身份证号码中截取了索引为 6～13 的字符，最后使用 return 语句返回了截取后的字符串。

虽然 getbirthday()函数被定义了，但是在程序中并没有调用这个函数，所以该函数并不会被执行，如果要执行该函数，完整的代码如下。

```
def getbirthday(id):
    """
```

```
        功能：本函数用于从 18 位的身份证号码中获取出生年月日
        :param id：id 为 18 位的身份证号码字符串
        :return：返回出生年月日，模式如 19980121
        """
        birthday = id[6:14]
        return birthday

#调用 getbirthday()函数，获取身份证号码中的出生年月日
birthday = getbirthday("12345620120508071X")
print(birthday)
```

运行程序，运行结果如下。

20120508

从示例中可以看出，调用函数就是执行函数，调用函数的语法格式如下。

```
functionname([parametersvalue])
```

各参数说明如下。

- functionname：函数名称，要调用的已被定义好的函数的名称。
- parametersvalue：可选参数，如果被定义的函数有参数，在调用时要给参数传递值，如果是多个参数，要用逗号隔开。若函数没有参数，则直接用小括号即可。

示例 1 函数重构第 7 章实践项目 3 的程序：某公司开发了一个系统，注册时要求用户输入用户名、密码、电话号码，并要求用户输入验证码，具体要求如下。

（1）用户名：只能由英文字母和数字组成，长度为 4～12 个字符，以英文字母开头。

（2）密码：由大小写字母和数字组成的 6～10 个字符。

（3）确认密码：两次密码要相同。

（4）电子邮箱：符合邮箱地址的格式。

（5）手机号：必须为 11 位的手机号。

（6）验证码为 6 位随机数字，由系统自动生成。

实现效果如图 8-1 所示。

```
------------------用户注册------------------
请输入用户名（英文字母和数字组成，长度为4～12个字符，以英文字母开头）：zxchpx
用户名正确
请输入密码（大小写字母和数字6～10个字符）：zx123456
密码正确
确认密码（请再次输入密码）：zx123456
密码确认正确！
请输入您的邮箱：zxchpx@163.com
邮箱正确
请输入您的手机号：13812345678
手机号正确
验证码为：549439
请输入收到的验证码：549439
验证码输入正确！
------------恭喜您，注册成功！----------------
你注册的用户名是：zxchpx，密码是：zx123456，邮箱是：zxchpx@163.com，手机号是：13812345678
```

图 8-1　用户注册验证

在没有使用函数前，可用以下代码实现程序功能。

```python
import re
import random

print("----------------用户注册----------------")
#处理用户名------------------------------------------------
#提示并接收用户输入的用户名
name = input("请输入用户名（英文字母和数字组成，长度为4～12个字符，以英文字母开头）: ")
#用于验证用户名的模式字符串
pattern_name = re.compile(r'^[a-zA-Z][a-zA-Z0-9]{3,12}$')
#匹配用户名是否符合规则
match_name = pattern_name.match(name)

if match_name == None:                          #匹配不成功

    print("用户名{}不符合规则！".format(name))
    exit()                                      #如果用户名输入不合规则，退出程序

else:                                           #匹配成功
    print("用户名{}正确".format(name))

#处理密码------------------------------------------------------
#提示并接收用户输入的密码
password = input("请输入密码（大小写字母和数字6～10个字符）: ")
#用于验证密码的模式字符串
pattern_pw = re.compile(r'^[a-zA-Z0-9]{6,10}$')
match_pw = pattern_pw.match(password)           #匹配密码是否符合规则

if match_pw == None:                            #匹配不成功
    print("密码{}不符合规则！".format(password))
    exit()                                      #如果密码输入不合规则，退出程序
else:                                           #匹配成功
    print("密码{}正确".format(password))

#处理确认密码------------------------------------------------
#提示并接收用户再次输入的密码
confirm_pw = input("确认密码（请再次输入密码）: ")
if password == confirm_pw:                       #确认密码与原密码一致
    print("密码确认正确！")
else:                                            #确认密码与原密码不一致
    print("确认密码与原密码不一致！")
    exit()

#处理邮箱------------------------------------------------
#提示并接收用户输入的邮箱地址
email = input("请输入您的邮箱: ")
#用于验证邮箱的模式字符串
pattern_email = re.compile(r'(^[\w-]+(\.[\w-]+)*@[\w-]+(\.[\w-]+)+$)')
match_email = pattern_email.match(email)         #匹配邮箱是否符合规则

if match_email == None:                          #匹配不成功

    print("邮箱{}不符合规则！".format(email))
```

```
            exit()                              #如果邮箱输入不合规则，退出程序

    else:    #匹配成功
        print("邮箱{}正确".format(email))


    #处理手机号------------------------------------------------
    phone = input("请输入您的手机号：")            #提示并接收用户输入的手机号
    #用于验证手机号的模式字符串
    pattern_phone = re.compile(r'(^1[34578]\d{9}$)')
    match_phone = pattern_phone.match(phone)       #匹配手机号是否符合规则

    if match_phone == None:                        #匹配不成功

        print("手机号{}不符合规则！".format(phone))
        exit()                                     #如果手机号输入不合规则，退出程序

    else: #匹配成功
        print("手机号{}正确".format(phone))


    #处理验证码------------------------------------------------
    code =   random.randint(100000,1000000)        #产生 6 位随机的正整数作为验证码
    print("验证码为：",code)
    in_code = int(input("请输入收到的验证码："))      #接收用户输入的验证码
    if in_code == code:          #如果用户输入的验证码与系统产生的验证码一致
        print("验证码输入正确！")
    else:                        #如果用户输入的验证码与系统产生的验证码不一致
        print("验证码输入错误！")
        exit()


    #注册成功，输出所有注册信息----------------------------------------
    print("------------恭喜您，注册成功！--------------")
    print("你注册的用户名是：{}，密码是：{}，邮箱是：{}，手机号是：{}".format(name,password,
email,phone))
```

　　从程序中可以看出，代码是顺序编写和执行的，存在大量的重复代码，例如：每个 input()语句、每次匹配完成后的 if…else 判断语句块，其每次完成的功能都是极其相似的，这就导致大量的代码冗余。在程序中验证了用户名、密码、邮箱、手机号等信息，如果这样编写代码，后续程序中再次需要验证这些信息时，同样的代码还要再次编写，编程效率很低。如果今后验证用户名、密码等的规则发生了变化，要在整个程序中查找相关的代码并修改，程序的可维护性就很差，而且业务逻辑和功能代码混合在一起也影响了代码的可读性。

　　使用函数将相关代码封装后，程序实现代码如下。

```
import re
import random


print("----------------用户注册-----------------")
def getinputstr(info):
    """
```

```
        功能：用于获取用户的输入
        :param info：给用户的提示信息
        :return：返回用户输入的信息
        """
        inputstr = input("请输入"+info)
        return inputstr

def dealname(name):
        """
        功能：匹配用户名是否符合规则
        :param name：用户名
        :return：返回匹配后的用户名
        """
        #用于验证用户名的模式字符串
        pattern_name = re.compile(r'^[a-zA-Z][a-zA-Z0-9]{3,12}$')
            match_name = pattern_name.match(name)        #匹配用户名是否符合规则
            return match_name                            #返回匹配后的字符串

def dealpw(password):
        """
        功能：匹配密码是否符合规则
        :param password：用户输入的密码
        :return：返回匹配后的密码
        """
        #用于验证密码的模式字符串
        pattern_pw = re.compile(r'^[a-zA-Z0-9]{6,10}$')
        match_pw = pattern_pw.match(password)        #匹配密码是否符合规则
        return match_pw                              #返回匹配后的密码

def dealemail(email):
        """
        功能：匹配邮箱是否符合规则
        :param email：用户输入的邮箱
        :return：返回匹配后的邮箱
        """
        #用于验证邮箱的模式字符串
        pattern_email=re.compile(r'(^[\w-]+(\.[\w-]+)*@[\w-]+(\.[\w-]+)+$)')

        match_email = pattern_email.match(email)     #匹配邮箱是否符合规则
        return match_email                           #返回匹配后的邮箱

def dealphone(phone):
        """
        功能：匹配手机号是否符合规则
        :param phone：用户输入的手机号
        :return：匹配后的手机号
        """
        #用于验证手机号的模式字符串
        pattern_phone = re.compile(r'(^1[34578]\d{9}$)')
        match_phone = pattern_phone.match(phone)     #匹配手机号是否符合规则
        return match_phone                           #返回匹配后的手机号
```

```
def dealcode():
    """
    功能：产生 6 位随机正整数作为验证码，并发送给用户
    :return：返回生成的验证码
    """
    #产生 6 位随机的正整数作为验证码
    code = random.randint(100000, 1000000)
    print("验证码为：", code)
    return code                             #返回产生的验证码


def matchresult(text,matchresult):
    """
    功能：用于判断匹配结果，并输出相应信息
    :param text：要匹配的项目的信息，如用户名、密码、邮箱、手机号
    :param matchresult：匹配结果
    :return：无返回值
    """
    if matchresult == None:                 #匹配不成功
        print("{}不符合规则！".format(text))
        exit()                              #如果用户名输入不合规则，退出程序
    else:                                   #匹配成功
        print("{}正确".format(text))


def checkpw_code(text,checkstr,newstr):
    """
    功能：用于判断确认密码和验证码是否正确
    :param text：提示信息
    :param checkstr：原来的密码或验证码
    :param newstr：用户新输入的密码或验证码
    :return：无返回值
    """
    if checkstr == newstr:                  #判断成功
        print("{}输入正确！".format(text))
    else:                                   #判断不成功
        print("{}输入错误！".format(text))
        exit()


    #处理用户名--------------------------------------------------
    #调用 getinputstr()函数提示输入用户名
    name = getinputstr("用户名（英文字母和数字组成，长度为 4～12 个字符，以英文字母开头）：")
    match_name = dealname(name)             #调用 dealname()函数匹配用户输入的用户名
    matchresult("用户名",match_name)        #处理匹配结果


    #处理密码----------------------------------------------------
    #调用 getinputstr()函数提示并接收用户输入的密码
    password = getinputstr("密码（大小写字母和数字 6～10 个字符）：")
    match_pw = dealpw(password)             #匹配密码是否符合规则
    matchresult("密码",match_pw)            #处理匹配结果


    #处理确认密码------------------------------------------------
```

```
#调用 getinputstr()函数提示并接收用户再次输入的密码
confirm_pw = getinputstr("确认密码（请再次输入密码）: ")
checkpw_code("验证码",password,confirm_pw)     #处理验证密码判断结果

#处理邮箱-----------------------------------------------
email = getinputstr("您的邮箱: ")                #提示并接收用户输入的邮箱地址
match_email = dealemail(email)                  #匹配邮箱是否符合规则
matchresult("邮箱",match_email)                  #处理匹配结果

#处理手机号---------------------------------------------
phone = getinputstr("您的手机号: ")              #提示并接收用户输入的手机号
match_phone = dealphone(phone)                  #匹配手机号是否符合规则
matchresult("手机号",match_phone)                #处理匹配结果

#处理验证码---------------------------------------------
code = dealcode()                               #调用 dealcode()函数生成验证码，并发送给用户
in_code = int(getinputstr("收到的验证码: "))      #提示用户输入收到的验证码
checkpw_code("验证码",code,in_code)              #处理验证码判断结果

#注册成功，输出所有注册信息-------------------------------------
print("------------恭喜您，注册成功！--------------")
print("你注册的用户名是: {}，密码是: {}，邮箱是: {}，手机号是: {}".format(name,password,
email,phone))
```

在程序中，首先自定义了 getinputstr(info)函数用于接收用户输入，后续需要用户输入时，只需要调用该函数并将相关的提示信息作为参数传递给该函数，便可返回用户输入的数据。然后定义了 dealname(name)、dealpw(password)、dealemail(email)、dealphone(phone)、dealcode()函数，分别用于处理用户名、密码、邮箱、手机号码和生成验证码，后续如果验证规则发生变化，只需要修改这些函数即可。又定义了 matchresult(text,matchresult)函数，用于判断用户名、密码、邮箱、手机号的匹配结果是否正确。因为确认密码和验证码的判断相似，但是与用户名、密码、邮箱、手机号不同，所以自定义了 checkpw_code(text,checkstr,newstr)函数用来判断确认密码和验证码结果是否正确。在封装完各功能后，最后根据业务逻辑分别调用这些函数，执行相应的功能。

从示例 1 可以看出，使用函数重构后的程序，其代码量大大减少，而且程序阅读起来更加清晰，可维护性也更强。

8.2　参　数　传　递

8.2.1　形参与实参

通过 8.1 节中函数的定义和调用，读者对于函数的参数已然了解，如图 8-2 所示，在定义函数时的参数被称为形式参数（简称形参），在调用函数时给的参数称为实际参数（简称实参）。

在 Python 中，根据参数的类型不同，又可以将实参分为值传递和引用传递两种情况。值传递是将实参的值传递给形参，改变形参的值后，实参的值不会发生变化，适用于实参类型为不可变类型（字符串、数字、元组）。引用传递是将实参的引用（地址）传递给形参，改变形参的值，实参的值也一同改变，适用于实参类型为可变类型（列表、字典）。

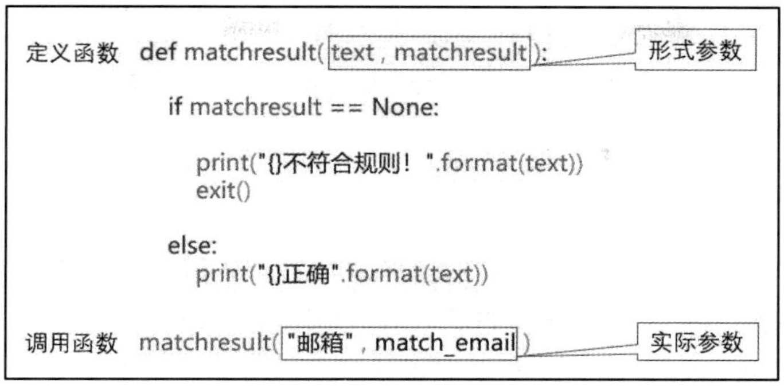

图 8-2　形式参数与实际参数

通过以下代码可看出值传递和引用传递的区别。

```
def getInfo(name,charlist) :

    name = "小花"                          #为形式参数 name 赋予新值
    i = 1
    #通过循环为形式参数 charlist 赋予新值[1,2,3]
    while i <= len(charlist):
        charlist[i-1] = i
        i += 1

#定义变量 name 和 char_list，并为其赋值
name = "小明"
char_list = ["a","b","c"]

#输出变量 name 和 char_list 的初始值
print("调用函数前的 name：",name)
print("调用函数前的 char_list：",char_list)

#调用函数
getInfo(name,char_list)

#输出调用函数后变量 name 和 char_list 的值
print("调用函数后的 name：",name)
print("调用函数后的 char_list：",char_list)
```

运行程序，运行结果如下。

```
调用函数前的 name：   小明
调用函数前 char_list：   ['a', 'b', 'c']
调用函数后的 name：   小明
调用函数后 char_list：   [1, 2, 3]
```

在上例中，定义了函数 getInfo(name,charlist)，它有两个形式参数，在该函数中将形式参数 name 的值赋为"小花"，将 charlist 的值赋为从 1 开始的整数，如[1,2,3]。程序中定义了字符串类型的变量 name，并赋初始值为"小明"，定义了列表类型的变量 char_list，并赋初始值为["a","b","c"]，在没有调用 getInfo()函数前，输出变量 name 和 char_list 的值都是初始值。当把变量 name 和 char_list 作为参数调用了 getInfo(name,charlist)函数后，再次输出变量 name 和 char_list 的值，字符串 name 的值没有变化，仍然为"小明"，而 char_list 的值被改变为了[1,2,3]，所以实参 name 是值传递，而 char_list 是引用传递。

注意   如果在定义函数时指定了形式参数，在调用函数时，实参的数量、位置和类型要与形参保持一致，否则会出现 TypeError 异常或程序运行结果与预期不一致的情况。

8.2.2　关键字参数

为避免出现实参与形参位置不一样的情形，Python 还提供了关键字参数。关键字参数是指使用形式参数的名字来确定输入的参数值，使用该方法只需要写对形式参数名称即可，参数位置不用再考虑。

例如，在以下代码中，使用 3 种方式都可以正确调用函数 printInfo()。

```
def printInfo(fname,fage,fsex) :
    print("姓名：{}，年龄：{}，性别：{}".format(fname,fage,fsex))

#定义变量
name= "小明"
age = 20
sex = "男"
#调用函数
printInfo(fname=name,fage=age,fsex=sex)
printInfo(fage=age,fname=name,fsex=sex)
printInfo(fsex="女",fage=22,fname="小王")
```

运行程序，运行结果如下。

```
姓名：小明，年龄：20，性别：男
姓名：小明，年龄：20，性别：男
姓名：小王，年龄：22，性别：女
```

通过上例可以看出，不论实参中各个参数的位置发生什么样的变化，程序执行的结果与预期都是相符的。

8.2.3　为参数设置默认值

在调用函数时，若没有指定与形参同样数量的实参，则会出现异常，因此 Python 允许在定义函数时为形参设置默认值，即便在调用函数时没有为其设置对应的实参，程序也可以正常运行。

例如：以下代码中，为参数 fcounty 设置默认值为"中国"。

```
def printInfo(fname,fage,fcounty = "中国") :
    print("姓名：{}，年龄：{}，国籍：{}".format(fname,fage,fcounty))

#定义变量
name= "小明"
age = 20
county = "法国"
#调用函数
printInfo(fname=name,fage=age,fcounty=county)
printInfo(fage=age,fname=name)
printInfo(fage=22,fname="小王")
```

运行程序，运行结果如下。

```
姓名：小明，年龄：20，国籍：法国
姓名：小明，年龄：20，国籍：中国
姓名：小王，年龄：22，国籍：中国
```

在上例中，定义 printInfo() 函数时，为形参 fcounty 设置了默认值"中国"，第一次调用
函数时，传递给函数的参数是 3 个变量，输出结果为"姓名：小明，年龄：20，国籍：法
国"，与变量初始值一致。第二次调用函数时，传递给函数的参数是 2 个，没有给形参 fcounty
传值，运行结果为"姓名：小明，年龄：20，国籍：中国"，实参中缺省形参 fcounty 的值，
函数形参 fcounty 使用了默认值"中国"。第三次调用函数时，为 2 个形参直接赋了值，运
行结果为"姓名：小王，年龄：22，国籍：中国"，实参中也缺省形参 fcounty 的值，函数
形参 fcounty 使用了默认值"中国"。

注意

（1）在实际开发中，不要过分依赖为参数设置默认值，否则程序运行结果
可能与预期有所出入。

（2）为形参设置默认值时，默认参数必须指向不可变对象。

（3）当定义一个有默认值参数的函数时，有默认值的参数必须位于所有没
默认值的参数的后面。

8.2.4　可变参数

在实际开发中，也存在定义函数时并不能确定未来调用时会有几个参数的情形，此时，
可以在定义函数时将形参设置为可变参数。在调用函数时，实参可以是零个或任意多个。

实现可变参数的方法有两种，一种是*parameter，另一种是**parameter，这两种方法的
区别如下。

（1）使用*parameter 形式可以接收任意多个实参，并把它们放在一个元组中。

（2）使用**parameter 形式可以接收任意多个类似关键字参数一样赋值的实参，并把
它们放在一个字典中。

例如，定义两个函数，分别使用*parameter 和**parameter 定义形参，并调用函数，输
出结果，代码如下。

```
def dealname( *student ):
    """
    功能：使用*parameter 定义形参
    :param student：实参传递的参数列表
    :return：无返回值
    """
    print(student)                         #输出实参传递的参数列表

def dealstudent(**student):
    """
    功能：使用**parameter 定义形参
    :param student：实参传递的参数字典
    :return：无返回值
    """
    print(student)                         #输出实参传递的参数字典

dealname( "华秀", 20)                      #调用函数 dealname()
dealstudent( 姓名="华秀"，年龄=20 )         #调用函数 dealstudent()
```

运行程序，运行结果如下。

```
('华秀', 20)
{'姓名': '华秀', '年龄': 20}
```

从上例可以看出，使用*parameter 和**parameter 定义形参都可以在调用函数时传递任意多个实参，两者的区别是使用*parameter 传递参数时按位置传递参数，且传递参数被保存在元组中，而使用**parameter 是按键-值对传值，传递参数被保存在字典中。

注意　　如果在调用函数时，要将一个已经存在的列表作为函数的可变参数，需要在列表的名称前加"*"。

示例2　请为教务系统开发一个成绩统计功能，学生成绩是由期中成绩（占30%）、期末成绩（占40%）和平时成绩（30%）三部分组成的，请根据学生列表统计出学生最终成绩，如果成绩在 90～100，等级为 A，80～89 等级为 B，70～79 等级为 C，70 分以下等级为 D，将最终成绩和等级也保存在学生成绩列表中。

```python
#定义函数
def results_statistical(*student_list):
    """
    功能：按比例统计学生总成绩，并按从高到低顺序排序
    :param student_list: 存储学生成绩的列表，每个列表元素是包含 4 个元素的列表
                        第一个是学生姓名，第二个是期中成绩，第三个是期末成绩，第四个是平时成绩
    :return：无返回值
    """

    #循环遍历列表，每一个 student 元素是一个包含 4 个元素的子列表
    for student in student_list:
        #获取总分
        total = student[1]*0.3 + student[2]*0.4 + student[3]*0.3

        #确定等级
        if total >= 90:
            rank = "A"
        elif total >= 80 and total <=89:
            rank = "B"
        elif total >= 70 and total <=79:
            rank = "C"
        else:
            rank = "D"

        #将总分保留两位小数保存在列表中，作为子列表的第 5 个元素（索引为 4）
        student.append('{:.2f}'.format(total))
        #将等级也保存在列表中
        student.append(rank)

        #输出学生的总成绩
        print("{}同学的总成绩为：{}，属于{}".format(student[0],student[4],student[5]))

#定义学生成绩列表
studentlist = [["华秀",85,89,93],
              ["冬燕",75,79,80],
              ["子轩",92,88,100],
              ["子墨",78,80,98],
```

```
        ["凝春",90,88,96]]
#调用函数，参数为列表，要在参数前加*号
results_statistical(*studentlist)
```

运行程序，运行结果如下。

```
华秀同学的总成绩为：89.00，属于 B
冬燕同学的总成绩为：78.10，属于 C
子轩同学的总成绩为：92.80，属于 A
子墨同学的总成绩为：84.80，属于 B
凝春同学的总成绩为：91.00，属于 A
```

在示例 2 中，定义了 results_statistical()函数用于统计成绩，形参为 "*student_list"，在函数中使用 for 循环对列表进行了遍历，获取子列表，使用 total = student[1]*0.3 + student[2]*0.4 + student[3]*0.3 公式统计了每个学生的总分，然后根据总分使用 if…elif…else 语句为每个学生判定等级，最后使用列表的 append()方法将总分和等级添加到每个学生成绩的子列表中，student.append('{:.2f}'.format(total))，在添加总成绩时使用了格式化字符串方法，将总成绩保留两位小数。要注意，在函数调用时，定义的学生成绩是列表类型，在作为实参时，前面要加 "*" 号，否则会出现 TypeError 异常。

8.3　变量的作用域

变量的作用域是一个变量在程序中的 "有效范围"，在该范围内可以访问该变量，如果超过范围，就会出现错误。变量的作用域与定义变量的位置有关系，根据作用域的不同，一般将变量分为局部变量和全局变量。

8.3.1　局部变量

局部变量是在函数内部定义和使用的变量，它的作用域仅限于函数内部。我们知道，函数是被调用才会执行的，在函数没有被调用前，其内部的变量是不会被创建的，而在函数运行完成后，其内部的变量也将被销毁并回收，所以在函数外部是不可以调用和使用局部变量的，否则会出现 NameError 异常。

例如：以下代码定义了函数 getinfo()，在该函数中定义了两个变量 stu_name 和 stu_age，这两个变量属于局部变量，作用域仅限于 getinfo()函数内部，如果在函数外使用这两个变量就会出现 NameError 异常，提示没有定义变量。程序运行效果如图 8-3 所示。

```
def getinfo(name,age):
    #定义局部变量
    stu_name = name
    stu_age = age
    print("姓名：{}，年龄：{}".format(name,age))


name = "张三"
age = 22


#调用函数
getinfo(name,age)
print(stu_name,stu_age)              #在函数外使用局部变量，会出现异常
```

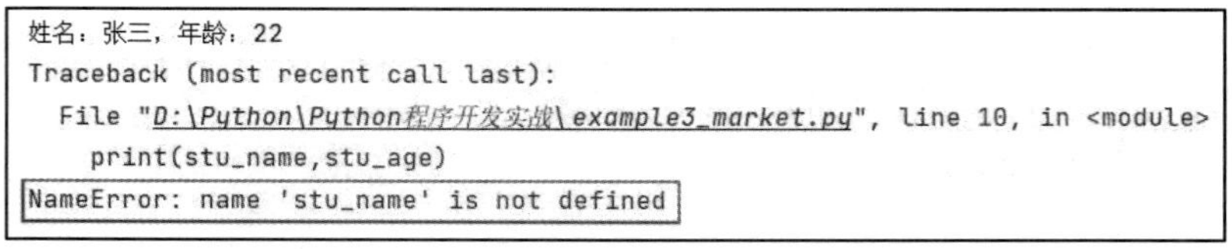

```
姓名：张三，年龄：22
Traceback (most recent call last):
  File "D:\Python\Python程序开发实战\ example3_market.py", line 10, in <module>
    print(stu_name,stu_age)
NameError: name 'stu_name' is not defined
```

图 8-3　局部变量

> **注意**　函数的形参也是局部变量，可以在函数内直接使用，但不可以在函数外部使用。

8.3.2　全局变量

全局变量的默认作用域是整个程序，即全局变量既可以在各个函数的外部使用，也可以在各个函数内部使用。全局变量有两种情况实现。

1. 定义在函数外部的全局变量

若一个变量在函数外部定义，则这个变量就是全局变量，其作用范围为整个程序，各函数内外部都可以访问。

例如：以下代码定义了字符串类型的全局变量 info 和列表类型的全局变量 message，在函数 getinfo()内外部都是可以正常使用的且可以改变全局变量的值。

```
def getinfo():
    print("在函数内使用全局变量 info：",info)
    message[0] = "李四"
    message[1] = 25
    print("在函数内使用全局变量 message：",message)

info = "我是一名 Python 工程师"
message = ["张三",22]

#调用函数
getinfo()

print("在函数外使用全局变量 info：",info)          #在函数外使用全局变量
print("在函数外使用全局变量 message：",message)     #在函数外使用全局变量
```

运行程序，运行结果如下。

```
在函数内使用全局变量 info：　我是一名 Python 工程师
在函数内使用全局变量 message：　['李四', 25]
在函数外使用全局变量 info：　我是一名 Python 工程师
在函数外使用全局变量 message：　['李四', 25]
```

> **注意**　如果在函数内定义了与全局变量同名的局部变量，程序不会报错，该局部变量值的变化也不会影响外部的全局变量。

例如：以下代码定义了字符串类型的全局变量 info 和列表类型的全局变量 person，同时也在 getinfo()函数中定义了同名、同类型的变量。函数中给两个变量赋了新的值，但函数外调用两个全局变量的值不会改变。

```
def getinfo():

    #在函数内定义与全局变量同名的局部变量并赋值
    info = "我是一名 Java 工程师"
    print("与全局变量同名的局部变量 info：",info)
```

```
        person = ["李四", 25]
        print("与全局变量同名的局部变量 person：",person)
#定义变量
info = "我是一名 Python 工程师"
person = ["张三",22]

#调用函数
getinfo()

#在函数外使用全局变量
print("在函数外使用全局变量 info：",info)
print("在函数外使用全局变量 person：",person)
```

运行程序，运行结果如下。

```
与全局变量同名的局部变量 info：  我是一名 Java 工程师
与全局变量同名的局部变量 person：  ['李四', 25]
在函数外使用全局变量 info：  我是一名 Python 工程师
在函数外使用全局变量 person：  ['张三', 22]
```

2．定义在函数内部，使用 global 关键字修饰后变为全局变量

在函数内部定义局部变量时，若在该局部变量前加了关键字 global，则该变量将被定义为一个全局变量，如果该变量与函数外部的全局变量同名，其值的变化也会影响函数外同名的全局变量。

例如：以下代码定义了 getinfo()函数，在该函数中使用 global 关键字定义了 info 和 message 两个变量，其中 info 变量与函数外部的全局变量同名，从程序运行结果可以看出，在函数内部改变了 info 变量的值，外部全局变量的值也被改变了，在函数外部可以对函数内使用 global 关键字定义的两个变量进行正常访问。所以，函数内使用 global 关键字定义的变量也是全局变量。

```
def getinfo():

        #在函数内使用 global 关键字定义一个与外部全局变量同名的全局变量
        global info
        info= "我是一名 Java 工程师"
        print("使用 global 关键字定义的全局变量 info：",info)

        #在函数内使用 global 关键字定义全局变量
        global message
        message = "我爱你中国"
        print("在函数内使用由 global 定义的全局变量 message：",message)

#定义变量
info = "我是一名 Python 工程师"

#调用函数
getinfo()

#在函数外使用全局变量 info，info 的值在函数内被改变
print("在函数外使用全局变量 info：",info)

#在函数外使用由 global 定义的全局变量 message，可以正常使用
print("在函数外使用由 global 定义的全局变量 message：",message)
```

运行程序，运行结果如下。

使用 global 关键字定义的全局变量 info： 我是一名 Java 工程师
在函数内使用由 global 定义的全局变量 message： 我爱你中国
在函数外使用全局变量 info： 我是一名 Java 工程师
在函数外使用由 global 定义的全局变量 message： 我爱你中国

注意 　　在实际开发中，如果不是特别需求，尽量不要在函数内使用 global 关键字定义全局变量，因为这样会导致程序的可读性和可维护性变差。

8.4 匿 名 函 数

当函数体非常短小，可以用一句代码执行完时，可以不使用 def 关键字来定义函数，使用匿名函数（lambda 表达式）更方便，使用 lambda 表达式时没有函数名字，所以称为匿名函数，语法格式如下。

```
result = lambda[arg1[,arg2,...,argn]]:expression
```

各参数说明如下。

- result：变量名，用于调用 lambda 表达式。
- [arg1[,arg2,...,argn]]：可选参数，用于指定要传递的参数列表，多个参数使用逗号分隔。
- expression：用于指定要执行具体操作的表达式。

例如：设计一个求两个数之和的函数，定义如下。

```
def add(a,b):
    return a + b
print(add(3,4))
```

上面的程序，在 add()函数中只有一行执行代码，可以使用 lambda 表达式，代码如下。

```
result = lambda a,b:a+b
print(result(3,4))
```

运行两个程序，运行结果都是 7。

注意 　　（1）在使用 lambda 表达式时，必须要定义一个变量，用于调用表达式。
　　（2）lambda 表达式只能有一个返回值。

例如：以下程序是从身份证号码中截取出生年月日，可以使用 lambda 表达式来实现。

```
#使用 def 定义函数 getbirthday()，用于从身份证号码中获取出生年月日
def getbirthday(id):
    f_birthday = id[6:14]              #使用字符串切片获取身份证号码中的出生年月日
    return f_birthday                 #返回出生年月日


id = "110123200201191232"                        #身份证号码
birthday = getbirthday(id)                       #调用函数
print("使用自定义函数获得的生日为：",birthday)      #输出函数返回值


birthday = lambda id:id[6:14]                    #使用 lambda 表达式
print("使用 lambda 表达式获得的生日为：",birthday(id))
```

运行程序，运行结果如下。

使用自定义函数获得的生日为：20020119
使用 lambda 表达式获得的生日为：20020119

从上例可以看出，当函数体简单到只需要一条语句就可以执行完成时，使用 lambda 表达式更加简洁，但使用 lambda 表达式后，代码复用就做不到了。

8.5　递　归　函　数

在 Python 中，在一个函数体中可以调用其他函数，也可以调用自己。如果一个函数在函数体中调用它自身称为递归调用，这种函数也被称为递归函数。递归函数的适用场景是将一个大型复杂的问题转化为一个与原问题相似的规模较小的问题来求解。

例如：要求 4 以内正整数的和，result = 4+3+2+1，通过分析会发现，求 4 以内正整数的和，可以分解为"4+求 3 以内正整数的和"，求 3 以内正整数的和又可以分解为"3+求 2 以内正整数的和"，求 2 以内正整数的和又可以分解为"2+求 1 以内正整数的和"，此时 1 以内正整数的和是 1，而且到了临界条件，返回 2 以内正整数的和为 2+1，3 以内正整数的和为 3+2+1，4 以内正整数的和为 4+3+2+1=10，执行逻辑如图 8-4 所示。

通过图 8-4 可以看到，如果我们把求 n 以内正整数的和定义为函数 sum(n)，则求 4 以内正整数的和就是 sum(4)，又可以分解为"4+求 3 以内正整数的和"，也就是 4+sum(3)，而求 3 以内正整数的和又可以分解为 3+sum(2)，而求 2 以内正整数的和又可以分解为 2+sum(1)，求 1 以内正整数的和为 1，也就是 sum(1)=1，到了临界值 1，把 sum(1)=1 代入求 2 以内正整数的和 sum(2)=2+sum(1)=2+1，而求 3 以内正整数的和 sum(3)=3+sum(2)=3+2+1，求 4 以内正整数的和 sum(4)=4+sum(3)=4+3+2+1，递归函数 sum(n)执行过程如图 8-5 所示。

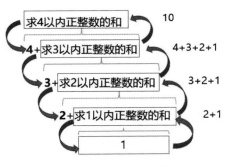 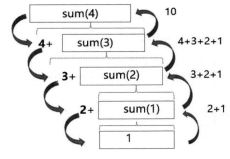

图 8-4　求 4 以内正整数的和　　　　　　图 8-5　递归函数 sum(n)执行过程

从图 8-5 可以看出，如果定义 sum(n)函数求 n 以内所有正整数的和，可以将公式归纳为 sum(n)=n+sum(n-1)，若 n=4，则 4 以内所有正整数的和 sum(4)=4+sum(3)。当 sum(1)=1 时应该返回 1，如果继续算下去就要求 sum(0)，而 0 不是正整数，所以 sum(1)就是临界值。

使用递归函数实现求某个数以内所有正整数的和，代码如下。

```python
def sum(n):
    """
    功能：求某个数内正整数的和
    :param n: 传递的数，如 n=4，则求 4 以内所有正整数的和（包含 4）
    :return：求和结果
    """
    if n == 1:                          #若 n=1，1 以内正整数的和为 1
```

```
            return 1
        else:
            return n+sum(n-1)              #n 不等于 1，递归调用 sum()函数，求 sum(n-1)的和
n=4
result = sum(n)
print("{}以内所有正整数的和为：{}".format(n,result))
```

运行程序，运行结果如下。

```
4 以内所有正整数的和为：10
```

在上例中，当 n==1 时返回 1，n 不等于 1 时，返回 n+sum(n-1)，因为在 sum()函数体内又调用了 sum()函数，所以该函数是递归函数。

从讲解和示例可以得出：递归演化过程是一个从大到小、由近及远的过程，并且会有一个明确的终点（临界点），一旦到达了这个临界点，就不用再往更小、更远的地方走下去了，要从这个临界点开始，原路返回到原点，原问题便可解决。

示例 3 根据角谷定理，一个自然数，若为偶数，则把它除以 2，若为奇数，则把它乘以 3 加 1，经过如此有限次运算后，总可以得到自然数 1。输入一个自然数，求经过多少次可得到自然数 1，实现代码如下。

```
def jiaogu(step,n):
    """
    功能：按角谷定理，求一个自然数经过多少次可得到自然数 1
    :step: 步数
    :param n: 要计算的自然数
    :return: step
    """

    if n==1:
        return step
    else:
        if n % 2 == 0:                              #判断是偶数
            step += 1                               #每执行一次步数+1
            print("{:.0f}".format(n/2),end=" ")     #列出每一步产生的数
            return jiaogu(step,n/2)                  #进行下一次递归
        else:                                        #奇数
            step += 1                               #每执行一次步数+1
            print("{:.0f}".format(n*3+1),end=" ")   #列出每一步产生的数
            return jiaogu(step,n*3+1)                #进行下一次递归

num = int(input("请输入一个自然数："))                  #获取输入的自然数
step = jiaogu(0,num)                                 #调用函数
print("\n{}需要经过{}次运算".format(num,step))
```

运行程序，输入 10，运行结果如图 8-6 所示。

```
请输入一个自然数：10
5 16 8 4 2 1
10需要经过6次运算
```

图 8-6　角谷定理程序运行结果

从角谷定理可知，这是一个分段函数，当 n=1 时，步数为 0，而 n>1 的情况又可分为 n 是偶数的情况和 n 是奇数的情况。当 n 是偶数的时候，运算规则为 n/2；当 n 为大于 1 的奇数的时候，运算规则为 n*3+1。

在示例 3 中，定义了 jiaogu()函数，有两个参数，一个是 step 步数，一个是要求的自然数 n，在 jiaogu()函数中，首先判断 n 是否等于 1，如果等于 1，要么是给的自然数是 1，要么就是运算完成，自然数变为 1 了，两种情况都直接返回步数。若 n 不等于 1，则判断是偶数还是奇数，若是偶数，则继续调用 jiaogu(step,n/2)，下一次运算的数字是 n/2，若是奇数，则继续调用 jiaogu(step,n*3+1)，参数中下一次运算的数字是 n*3+1。在每一次递归的时候要将 step 作为参数传递进去，要确保 step 是不断被累加的。

本 章 总 结

1．Python 允许开发者将常用的代码以固定的格式封装成一个独立的代码块，它就是函数，函数可以实现一次编写、多次调用，将极大地提高编程效率和程序的可维护性。

2．定义函数使用关键字 def 实现，语法格式为 def functionname([parameterlist]):。

3．如果函数执行完有返回值，可以使用 return 语句返回结果。如果返回一个值，该值可以是任意类型，如果有多个返回值，可以用逗号分隔，返回的数据保存在一个元组中。return 语句可以出现在函数的任意位置，但如果 return 语句被执行，函数会立即结束，并返回结果。若函数中没有 return 语句，则默认返回 None，即空值。

4．定义函数时，不论有没有参数，都要保留小括号，否则会提示语法错误（invalid syntax）。如果定义的函数没有函数体，需要使用 pass 语句作为占位符，或者在函数体内添加多行注释作为文档字符串 Docstrings，如果只添加单行注释，系统会提示错误。

5．对于每一个函数，应尽量保持功能单一，要给函数添加必要的注释，说明函数的功能、参数含义和返回值信息，以便于后续代码的维护。

6．如果定义了函数，函数不被调用是不会执行的，调用函数就是执行函数，调用函数的语法格式为 functionname([parametersvalue])。

7．在定义函数时的参数被称为形式参数（形参），在调用函数时给的参数称为实际参数（实参）。根据参数的类型不同，又可以将实参分为值传递和引用传递两种情况，值传递是将实参的值传递给形参，改变形参的值后，实参的值不会发生变化，适用于实参类型为不可变类型（字符串、数字、元组）；引用传递是将实参的引用（地址）传递给形参，改变形参的值，实参的值也一同改变，适用于实参类型为可变类型（列表、字典）。

8．如果在定义函数时指定了形参，在调用函数时，实参的数量、位置和类型要与形参保持一致，否则会出现 TypeError 异常或程序运行结果与预期不一致的情况。

9．关键字参数是指使用形参的名字来确定输入的参数值，使用该方法只需要写对形式参数名称即可，参数位置不用再考虑。

10．在调用函数时，若没有指定与形参同样数量的实参，则程序运行会出现异常，因此 Python 允许在定义函数时为形参设置默认值，即便在调用函数时没有为其设置对应的实参，程序也可以正常运行。在实际开发中，不要过分依赖为参数设置默认值，否则程序运行结果可能与预期有所出入。为形参设置默认值时，默认参数必须指向不可变对象。当定义一个有默认值参数的函数时，有默认值的参数必须位于所有没默认值参数的后面。

11．在实际开发中，也存在定义函数时并不能确定未来调用时会有几个参数的情形，此时，可以在定义函数时将形参设置为可变参数。在调用函数时，实参可以是零个或任意多个。实现可变参数的方法有两种，一种是*parameter，另一种是**parameter。使用*parameter

形式可以接收任意多个实参，并把它们放在一个元组中。使用**parameter 形式可以接收任意多个类似关键字参数一样赋值的实参，并把它们放在一个字典中。

12．变量的作用域是一个变量在程序中的"有效范围"，在该范围内可以访问该变量，如果超过范围，就会出现错误。变量的作用域与定义变量的位置有关系，根据作用域的不同，一般将变量分为局部变量和全局变量。局部变量是在函数内部定义和使用的变量，它的作用域仅限于函数内部。全局变量的默认作用域是整个程序，即全局变量既可以在各个函数的外部使用，也可以在各个函数内部使用。全局变量有两种情况实现：一是在函数外部定义全局变量；二是定义在函数内部，使用 global 关键字修饰后变为全局变量。

13．当函数体非常短小，可以用一句代码执行完时，可以不使用 def 关键字来定义函数，使用 lambda 表达式更方便，使用 lambda 表达式时没有函数名字，所以称为匿名函数，语法格式为 result = lambda[arg1[,arg2,…,argn]]:expression。在使用 lambda 表达式时，必须要定义一个变量，用于调用表达式，lambda 表达式只能有一个返回值。

14．在 Python 中，在一个函数体中可以调用其他函数，也可以调用函数自身。如果一个函数在函数体中调用它自身称为递归调用，这种函数也被称为递归函数。递归函数的适用场景是将一个大型复杂的问题转化为一个与原问题相似的规模较小的问题来求解。递归演化过程是一个从大到小、由近及远的过程，并且会有一个明确的终点（临界点），一旦到达了这个临界点，就不用再往更小、更远的地方走下去了，要从这个临界点开始，原路返回到原点，原问题便可解决。

实 践 项 目

1．为某程序开发一个星座判定功能，当用户输入自己的生日（格式为 MMDD，如生日是 5 月 15 日，应该输入 0515）时，根据出生年月日判断是什么星座，并输出给用户。程序运行效果如图 8-7 所示。

```
请输入您的生日，格式为：MM-DD，如：0515：1623
请输入正确格式的生日！
请输入您的生日，格式为：MM-DD，如：0515：1243
请输入正确格式的生日！
请输入您的生日，格式为：MM-DD，如：0515：1345
请输入正确格式的生日！
请输入您的生日，格式为：MM-DD，如：0515：1205
您输入的生日是： 1205
你的星座是射手座
```

图 8-7　星座查询程序

2．请为某超市的会员管理系统开发一个折扣优惠功能，当用户消费达到 500 元时打 9 折，当消费达到 800 元时打 8.5 折，当消费达到 1000 元时打 8 折。程序运行效果如图 8-8 所示。

```
请输入你购买商品的金额：123a
您输入的金额不正确！
请输入你购买商品的金额：585.5
你消费金额为：585.50元，折扣金额为：58.55元，实付金额为：526.95元，谢谢惠顾！
```

图 8-8　消费优惠程序

3．为某公司开发一个汽车租赁系统，功能包括：新增车辆、查看车辆、删除车辆、借出车辆、归还车辆和退出系统。程序可参照以下步骤进行开发。

（1）数据初始化。使用列表对象保存车辆信息，每台车辆的信息包括编号、名称、是否可借状态、借出日期、借出次数，初始车辆字典部分内容如下。

```
cars = {"100001":["法拉利 Roma",1,21,12],
        "100002":["玛莎拉蒂总裁",0,15,0],
        "100003":["路虎揽胜",1,10,5],
        "100004":["宾利欧陆",0,0,12]}
```

初始数据说明如下。

● 编号为键，格式为 10000X；值使用列表保存车辆信息。

● 是否可借状态为 1 表示已借出，0 表示未借出。

● 借出日期为大于 0 小于 31 的整数，若车辆未借出（借出状态为 0），则借出日期也为 0。

（2）程序启动。程序启动后，除非用户输入 6（退出系统），否则系统持续运行，程序运行界面如图 8-9 所示。

```
欢迎使用汽车租赁系统
------------------------
1.新增车辆
2.查看车辆
3.删除车辆
4.借出车辆
5.归还车辆
6.退出系统
------------------------
请选择各功能的数字：
```

图 8-9　汽车租赁系统启动界面

若用户输入的不是数字，则提示用户"输入错误，输入的不是数字！"，若用户输入的数字不在 1～6 之间，则提示用户"输入错误，输入的数字不在 1～6 之内！"。

（3）新增车辆。车辆库存最高为 6，如果当前库存已经为 6，就提示用户"库存已满，添加失败！"，运行效果如图 8-10 所示。

```
请选择各功能的数字：1
-->新增车辆
请输入车辆名称：兰博基尼
库存已满，添加失败！
```

图 8-10　新增车辆库存已满

若用户输入的车辆名称已经在系统中，则提示用户"已存在该车型，添加失败！"，不能新增，运行效果如图 8-11 所示。

```
请选择各功能的数字：1
-->新增车辆
请输入车辆名称：路虎揽胜
已存在该车型，添加失败！
```

图 8-11　新增车辆已经存在

如果库存小于 6 且用户输入的车辆名称不在系统中，系统就自动生成 10000X 格式的编号，将车辆名称、状态（0）、借出次数（0）、借出日期（0）保存到系统中，提示"新增车辆成功！"，并输出车辆信息，运行效果如图 8-12 所示。

```
请选择各功能的数字：1
-->新增车辆
请输入车辆名称：劳斯莱斯幻影
新增车辆成功！

序号          名称          状态      借出日期      借出次数
100001      法拉利Roma      1          21          12次
100002      玛莎拉蒂总裁      0          0          15次
100003      路虎揽胜         1          10           5次
100004      宾利欧陆         0          0          12次
100005      劳斯莱斯幻影      0          0           0次
```

图 8-12　新增车辆成功

（4）查看车辆。查看车辆按表格形式展示系统中所有车辆信息，运行效果如图 8-13 所示。

```
请选择各功能的数字：2
-->查看车辆
序号          名称          状态      借出日期      借出次数
100001      法拉利Roma      1          21          12次
100002      玛莎拉蒂总裁      0          0          15次
100003      路虎揽胜         1          10           5次
100004      宾利欧陆         0          0          12次
100005      莱斯劳斯幻影      0          0           0次
100006      奔驰G系          0          0           0次
```

图 8-13　查看车辆

（5）删除车辆。判断要删除的车辆是否在系统中，若车辆不在系统中，则提示用户"删除失败，不存在该车辆！"，运行效果如图 8-14 所示。

```
请选择各功能的数字：3
-->删除车辆
请输入要删除车辆的名称：凯迪拉克
删除失败，不存在该车辆！
```

图 8-14　删除不在库存中的车辆

若车辆在系统中，要判断车辆是否处于借出状态，处于借出状态的车辆不可以删除，提示用户"该车辆处于租借状态，不可删除！"，运行效果如图 8-15 所示。

```
请选择各功能的数字：3
-->删除车辆
请输入要删除车辆的名称：路虎揽胜
该车辆处于租借状态，不可删除！
```

图 8-15　删除处于借出状态的车辆

若车辆在系统中，且借出状态为未借出，则根据车辆名称删除该车辆，提示用户"删除成功"，并展示删除后的车辆列表，运行效果如图 8-16 所示。

图 8-16　删除车辆成功

（6）借出车辆。输入车辆名称，判断所借车辆是否存在，若不存在，则提示用户"该车辆不存在！"，运行效果如图 8-17 所示。

图 8-17　借出车辆不存在

输入车辆名称，若车辆存在，则判断车辆是否处于借出状态，若是借出状态，则提示用户"该车辆已被借出，暂不可租借！"，运行效果如图 8-18 所示。

图 8-18　借出车辆是出借状态

若车辆存在且处于未出借状态，则将车辆是否可借状态设置为 1，要求用户输入 1～31 之间的出借日期，并将借出次数+1，提示用户"车辆借出成功！"，并输出借出后的车辆列表，运行效果如图 8-19 所示。

图 8-19　成功借出车辆

（7）归还车辆。输入车辆名称，判断所借车辆是否存在，若不存在，则提示用户"车辆名称不存在！"，运行效果如图 8-20 所示。

输入车辆名称，若车辆存在，则判断车辆是否处于借出状态，若不是借出状态，则提示用户"该车辆已经归还，请不要重复操作！"，运行效果如图 8-21 所示。

```
请选择各功能的数字：5
-->归还车辆
请输入要归还车辆名称：凯迪拉克
车辆名称不存在！
```

```
请选择各功能的数字：5
-->归还车辆
请输入要归还车辆名称：莱斯劳斯幻影
该车辆已经归还，请不要重复操作！
```

图 8-20　归还车辆名称不存在　　　　　　图 8-21　归还车辆已归还

若车辆存在且处于借出状态，则将车辆是否可借状态设置为 0，并将借出日期设置为 0，提示用户"车辆归还成功！"，并输出归还后的车辆列表，运行效果如图 8-22 所示。

```
请选择各功能的数字：5
-->归还车辆
请输入要归还车辆名称：路虎揽胜
车辆归还成功！
序号          名称          状态      借出日期      借出次数
100001      法拉利Roma       1          21          12次
100002      玛莎拉蒂总裁      1          10          16次
100003      路虎揽胜         0          0           5次
100004      宾利欧陆         0          12          0次
100005      莱斯劳斯幻影      0          0           0次
```

图 8-22　归还车辆成功

（8）退出系统。当用户输入 6 时，程序运行结束，退出系统，并提示用户"谢谢使用！"

第9章　面向对象程序设计

 **本章简介**

　　高级语言是更接近于人类自然语言的编程语言，人类在认识和理解世界的时候是面向对象的，而在面向对象编程语言中，万物皆可对象。在前面章节的学习中，我们开发的程序都是面向过程的，而 Python 从设计之初就是一门面向对象的语言，面向对象编程将使程序具有更强的扩展性和灵活性。

　　自本章起，我们将进入面向对象编程，本章将重点介绍面向对象程序设计的特点、类的定义与使用、属性、类的继承等知识。

本章目标

1. 理解面向对象编程思想。
2. 掌握类的定义、创建类的实例等类的使用方法。
3. 理解类的属性和为属性添加安全保护机制。
4. 理解继承，掌握方法重写和在派生类中调用基类的方法。

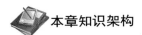 **本章知识架构**

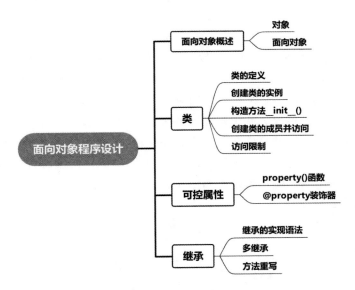

9.1　面向对象概述

9.1.1　对象

　　世界是由什么组成的？不同的人有不同的答案，但如果从分类的角度看，世界是由不同类别的事物构成的，例如：世界由人、动物、植物、物品和建筑物等组成。而动物又可以分为脊椎动物和无脊椎动物，脊椎动物又可以分为哺乳类、鱼类、鸟类和昆虫类……就这样可以继续分下去。学习面向对象编程，我们要站在分类学家的角度去思考问题，根据要解决的问题，对事物进行分类。分类是人们认识世界的一个很自然的过程，人们在日常生活中会不自觉地进行分类。例如，我们可以按岗位把公司员工分为总经理、总监、部门经理、人力资源、行政、会计等，将交通工具分为火车、汽车、船、飞机等。分类就是以事物的性质、特点、用途等作为区分的标准，将符合同一标准的事物归为一类，不同的则分开。因此，在实际应用中，我们要根据待解决问题的需要，选择合适的标准或角度对问题中出现的事物进行分类。

对象是一个抽象的概念，可以是有形的，在现实世界中客观存在的事物都可以被称为对象。例如：人、飞机、火车、书、学校、教室、桌子、笔等随处可见的事物可以被定义为一个对象。对象也可以是无形的，如方案、计划、活动、培训、考试等也可以被定义为一个对象。在面向对象编程语言的世界中"万物皆对象"。

通常把对象分为两部分，一部分是静态部分，另一部分是动态部分。静态部分用于描述这个对象，被称为对象的属性。而动态部分是对象的操作或行为，被称为对象的方法。例如：人是一个对象，人的姓名、身高、体重、性别、年龄、地址、电话等信息是用于描述人的信息，是人这个对象的属性；而学习、吃饭、工作、娱乐是人的行为，是人这个对象的方法。

9.1.2　面向对象

面向对象编程（Object-Oriented Programming，OOP）是一种软件开发方法，面向对象是相对于面向过程来讲的。面向对象的方法，是把相关的数据和方法组织为一个整体来看待，从更高的层次来进行系统建模，更贴近事物的自然运行模式，本质上是一种封装代码的方法。

面向对象编程的特征包括：抽象、封装、继承和多态。

（1）抽象。抽象是指将具有一致的数据结构（属性）和行为（方法）的对象抽象成类。一个类就是这样一种抽象，它反映了与应用有关的重要性质，而忽略其他一些无关内容。任何类的划分都是主观的，但必须与具体的应用有关。如图 9-1 所示，针对超市购物应用，我们可以把顾客和收银员抽象为两个对象，顾客的属性有姓名、性别、年龄，方法有购买商品、付款，而收银员的属性有姓名、性别、岗位，方法有收款和打印购物小票。虽然顾客作为人，还有身高、学历、血型等属性，有学习、工作等方法，但这些属性和方法对于超市购物应用是没有用的，就不需要作为顾客对象的属性和方法。

图 9-1　面向对象特性——抽象

（2）封装。封装是面向对象的核心思想，就是把一个事物包装起来，并尽可能隐藏内部细节。例如：一台计算机，从硬件上是由主机、输入设备和存储设备组成的，而主机中包括了电源、主板、内存、硬盘、CPU 等设备，对于用户来说，并不需要关心主机内设备是如何工作的，只需要按开机按钮就可以完成计算机的启动和运行。所以，主机是对计算机电源、主板、内存、硬盘、CPU 等设备的封装。封装在我们的生活中随处可见，如图 9-2 所示，一台汽车是对发动机、底盘、车身和电气设备的封装，而发动机又是对曲柄连杆机构、配气机构、燃料供给系统、冷却系统、润滑系统、点火系统、起动系统等功能部件的封装。这辆车在组装前是一堆零散的部件，当把这些部件组装完成后，它才具有发动的功能。显然，这辆车是一个对象，而零部件就是该对象的属性，发动、加速、刹车等行为就是该对象所具有的方法。通过分析可以看到，对象的属性和方法是相辅相成，不可分割的，它们共同组成了实体对象。因此，对象具有封装性。

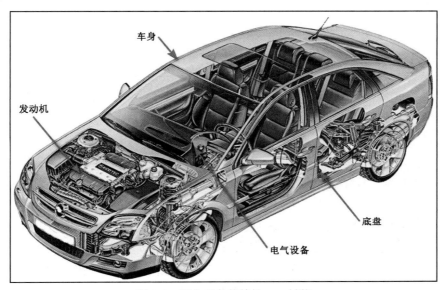

图 9-2 面向对象的特性——封装

（3）继承。继承性是子类自动共享父类属性和方法的机制，这是对象之间的一种关系。在定义和实现一个类的时候，可以在一个已经存在的类的基础之上来进行，把这个已经存在的类所定义的内容作为自己的内容，并加入若干新的内容。如图 9-3 所示，汽车是一个父类，它有品牌、轮子、发动机等属性，有启动、停车等方法，公共汽车是汽车的子类，它可以继承汽车类的品牌、轮子、发动机等属性，同时还可以有票价、路线等自己的属性，它可以继承汽车类启动、停车等方法，也可以有自己的载客、收费等方法。综上所述，一个类可以衍生出不同的子类，子类在继承父类属性和方法的同时，也具备自己的属性和方法。

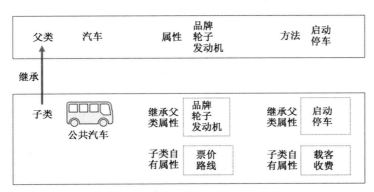

图 9-3 面向对象特性——继承

（4）多态。多态性是指相同的操作作用于多种类型的对象上并获得不同的结果。如图 9-4 所示，有一个方法是"叫"，如果把这个方法给羊的对象，发出的声音是"咩咩"，给狗的对象发出的声音是"汪汪"，给猫的对象发出的声音是"喵喵"，同样的方法，给不同的动物发出的声音是不一样的，这就是多态。

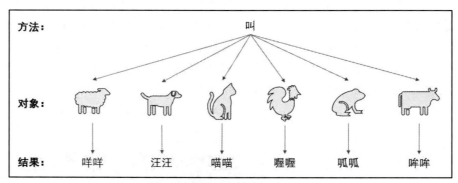

图 9-4　面向对象特性——多态

9.2　类

在面向对象编程语言中，类是封装对象属性和方法的载体，也就是说具有相同属性和行为的实体都可以被定义为类，例如：前文所讲的顾客、汽车都可以定义为类。

类是一个抽象的概念，类与对象的关系就如同模具和用这个模具制作出的物品之间的关系。一个类为它的全部对象给出了一个统一的定义，例如：汽车类是一个模板，凡是具备发动机、底板、方向盘和车身等属性，具有启动、刹车、停车等操作的都可以称为汽车，但是这个汽车类犹如图纸一样是不能直接使用的，而它的每个对象则是符合这种定义的一个实体，如小汽车、卡车、消防车或更加具体到某个品牌或车型，才可以被使用。因此，类和对象的关系就是抽象和具体的关系。类是多个对象进行综合抽象的结果，是实体对象的概念模型，而一个对象是一个类的实例。图 9-5 展示了在现实世界、大脑中的概念世界和程序运行的计算机世界中类和对象的关系。

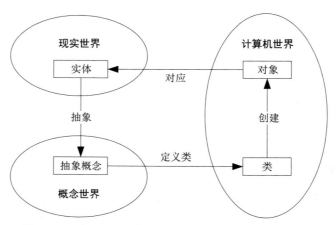

图 9-5　现实世界、概念世界和计算机世界中的类与对象

在现实世界中，有一个个具体的"实体"。以学校为例，在学校中有很多学生，而"学生"这个角色就是在我们大脑的"概念世界"中形成的"抽象概念"。当需要把学生这一"抽

象概念"定义到计算机中时，就形成了"计算机世界"中的"类"，而用类创建的一个实例
就是"对象"，也就是某一个学生，它和"现实世界"中的"实体"是一一对应的。

在 Python 中，在使用类时，要先定义类，然后创建类的实例，通过类的实例就可以访
问类中的属性和方法。

9.2.1　类的定义

在 Python 中，定义类通过 class 关键字来实现，语法格式如下。

```
class ClassName:
    """类的帮助信息"""          #类文档字符串
    statement                  #类体
```

各参数说明如下。

- ClassName：类名，要求符合 Python 标识符命名规则，一般首字母大写，如果类
  名由多个单词组成，采用"驼峰命名法"，类名要有意义，能做到"见名知意"。
- 类的帮助信息：用于指定类的文档字符串，位于类名以下、类体之前，建议为类
  编写帮助信息，养成良好的编程习惯。
- statement：类体，主要由类变量、类的属性和方法等定义语句组成，如果在定义
  类时，没有指定类的属性和方法，可以使用 pass 语句代替。

示例 1　定义一个顾客类，其中属性有顾客的姓名、年龄和性别，方法有获得用户信
息，实现代码如下。

```
class Customer:
    """
    顾客类
    """
    #定义类的属性
    name = "冬燕"
    age = 18
    sex = "女"

    #定义类的方法
    def getinfo(name,age,sex):
        """
        功能：获取顾客信息
        :param name：顾客姓名
        :param age：顾客年龄
        :param sex：顾客性别
        :return：无返回值
        """
        print(name,age,sex)
```

在示例 1 中，使用 class 关键字定义了顾客类 Customer，并为该类添加了类文档字符串
"顾客类"，为该类定义了 name、age、sex 这 3 个属性，使用 def 关键字为该类定义了 getinfo()
方法，该方法有 3 个参数。

示例 1 中只是定义了 Customer 类，还不能直接使用该类，如果要使用，就需要创建类
的实例。

9.2.2 创建类的实例

创建类的实例，就是实例化类的对象，语法格式如下。

```
ClassName(parameterlist)
```

各参数说明如下。

● ClassName：类名，用于指定要实例化的类。

● parameterlist：参数列表，是可选参数，如果创建类时，没有创建__init__()方法，或者__init__()方法只有一个 self 参数时，参数列表可以省略。

示例 2 为示例 1 中的 Customer 类实例化一个对象，并调用类的属性和 getinfo()方法。

```
class Customer:

    """
    顾客类
    """
    #定义类的属性
    name = "冬燕"
    age = 18
    sex = "女"

    #定义类的方法
    def getinfo(self,name,age,sex):
        """
        功能：获取顾客信息
        :param name：顾客姓名
        :param age：顾客年龄
        :param sex：顾客性别
        :return：无返回值
        """
        print("顾客姓名：",name,"，年龄：",age,"，性别：",sex)

customer = Customer()                              #实例化 Customer 类
name = customer.name                               #调用类的属性
print("Customer 类的 name 属性的值：",name)          #打印类的属性的值
customer.getinfo("华秀",25,"女")                     #调用类的方法
```

运行程序，运行结果如下。

```
Customer 类的 name 属性的值：  冬燕
顾客姓名：  华秀，年龄：  25，性别：  女
```

在示例 2 中，通过 customer = Customer()语句为 Customer 类实例化了一个对象 customer，通过 customer 对象可以使用 Customer 类中的属性和方法，在程序中使用 customer.name 语句调用 Customer 类的属性 name，并赋值给变量 name，打印出 name 的值为"冬燕"，通过 customer.getinfo("华秀",25,"女")语句调用了 Customer 类的 getinfo()方法，给该方法传递了 3 个实参，分别对应形参 name、age、sex。最后调用 customer 对象的 getinfo()方法输出了顾客信息。

9.2.3 构造方法__init__()

在创建类后，通常会创建一个__init__()方法，__init__()方法也被称为构造方法、构造

函数或初始化方法，init 左右两侧分别是两个连续的下划线，中间不得有空格等其他字符。__init__()方法必须有一个参数 self，如果__init__()方法有多个参数，self 参数必须是第一个。self 参数是一个指向实体本身的引用，用于访问类中的属性和方法。

当为类创建一个新的实例时，Python 默认都会调用__init__()方法，并自动传递实参 self。若在创建类时没有创建__init__()方法或__init__()方法只有一个参数 self，则在创建类的实例时无须指定实参。如果__init__()方法有多个参数，在创建类的实例时就要传递除了 self 参数的其他实参。

示例 3   为 Customer 类定义构造方法。

```
class Customer:
    """
    顾客类
    """
    #定义类的属性
    name = "冬燕"
    age = 18
    sex = "女"

    #定义构造方法
    def __init__(self,name,age,sex):
        print("我是顾客，姓名：",name,"，年龄：",age,"，性别：",sex)

    #定义类的方法
    def getinfo(self,name,age,sex):
        """
        功能：获取顾客信息
        :param name：顾客姓名
        :param age：顾客年龄
        :param sex：顾客性别
        :return：无返回值
        """
        print("顾客姓名：",name,"，年龄：",age,"，性别：",sex)

customer = Customer("子墨",23,"女")          #实例化 Customer 类

name = customer.name                         #调用类的属性
print("Customer 类的 name 属性的值：",name)   #打印类的属性的值

customer.getinfo("华秀",25,"女")              #调用类的方法
```

运行程序，运行结果如下。

```
我是顾客，姓名：  子墨，年龄：  23，性别：  女
Customer 类的 name 属性的值：  冬燕
顾客姓名：  华秀，年龄：  25，性别：  女
```

在示例 3 中，为类 Customer 定义了构造方法__init__()，该构造方法有 4 个参数，分别是 self、name、age 和 sex，其中 self 必须是第一个参数，因为构造方法除 self 参数外，还有 3 个形参，所以在为 Customer 类创建实例时，必须要传递 3 个实参，customer = Customer("子墨",23,"女")语句为 Customer 类创建了实例对象 customer，此时 Python 首先要调用构造方法__init__(self,name,age,sex)对实例对象进行初始化，执行__init__()方法中的 print("我是顾客，姓名：",name,"，年龄：",age,"，性别：",sex)语句，输出了"我是顾客，姓名： 子

墨，年龄： 23，性别： 女"，这也是为什么构造方法中的输出语句首先被执行的原因，同样，也可以使用 customer 对象调用 Customer 类的属性和方法。

9.2.4　创建类的成员并访问

在 Python 中，类的成员主要有类的属性和方法，在创建了类的属性和方法后，可以通过类的实例进行访问。

1．创建类的属性并访问

类的属性实质上是类的变量，是定义在类中，并且在函数体外的属性，类的属性名称一般小写。类的属性可以在类的所有实例之间共享值，可以在所有类的实例化对象中公用。

以示例 2 中的 Customer 类为例，为 Customer 类定义了 name，age 和 sex 这 3 个属性。访问类的属性可以使用类名和"."操作符，或者当类实例化一个对象后，也可以通过该实例名称和"."操作符访问类的属性。访问类的属性的语法格式如下。

> 类名.属性名　　　或者　　　实例名.属性名

例如：使用 Customer.name 可以访问 Customer 类的 name 属性，使用 customer.name 也可以访问 Customer 类的 name 属性。

2．创建类的实例方法并访问

类的实例方法，就是使用 def 关键字在类内部创建的函数，语法格式如下。

> def functionName(self,parameterlist):

各参数说明如下。

- functionName：方法名，一般用小写字母开头。
- self：必要参数，必须位于第一个，习惯上使用 self 作为参数名称，也可以使用其他名称。
- parameterlist：参数列表，可选参数，多个参数使用逗号隔开。

示例 2 中的 getinfo()方法就是为 Customer 类定义的实例方法，当为类实例化一个对象后，就可以通过该实例名称和"."操作符访问类的方法。访问类的方法的语法格式如下。

> 实例名.方法名(parameterlist)

例如：示例 2 中，使用 customer.getinfo("华秀",25, "女")可以访问 Customer 类的 getinfo()方法。方法的参数传递与第 8 章中所讲函数的参数传递一致，如果要调用的方法有参数，就要按形参类型和数量传递参数；如果要调用的方法没有参数，就不用传递参数。

在类的实例方法中定义的属性被称为类的实例属性，只作用于当前实例中。例如，在示例 2 中，在 getinfo()方法中定义了 name、age、sex 这 3 个属性，这 3 个属性就属于实例属性，实例属性只能通过实例名称来调用，不能使用类名来调用。

示例 4　从键盘上输入学生姓名和 3 门课的分数，计算 3 门课的平均分和总成绩，编写学生成绩计算类实现该功能。

```
#定义成绩计算类
class ScoreCalc:
    """
    学生成绩计算类
    """
    #定义构造方法
    def __init__(self,name,python,c,java):
        """
        创建实例时，为实例初始化数据，为实例属性赋值
```

```
        :param name：学生姓名
        :param python：Python 课程成绩
        :param c：C 语言课程成绩
        :param java：Java 语言课程成绩
        """
        #为实例属性赋值
        self.name = name
        self.python = python
        self.c = c
        self.java = java
        print("{}同学的 Python 是{}分，C 语言成绩是{}分，Java 成绩是{}分".format(name,
            python,c,java))

    #定义计算总成绩的方法
    def calcTotalScore(self):
        """
        计算总成绩
        """
        total = self.python + self.c + self.java      #求 3 门成绩之和
        return total                                  #返回总成绩

    #计算平均成绩
    def calcAvg(self):
        """
        计算平均成绩
        """
        avg = self.calcTotalScore()/ 3                #调用求总成绩的方法
        return avg

    #显示信息
    def show(self,info,number):
        """
        用于显示信息
        :param info：用于显示提示信息
        :param number：用于显示数值
        :return：无返回值
        """
        print("{}同学的{}{:.2f}".format(self.name,info,number))

#输入学生姓名及各科成绩
name = input("请输入学生姓名：")
python = float(input("请输入学生的 Python 课程成绩："))
c = float(input("请输入学生的 C 语言课程成绩："))
java = float(input("请输入学生的 Java 课程成绩："))

#为 ScoreCalc 类实例化对象
scorecalc = ScoreCalc(name,python,c,java)

#调用实例方法 calcTotalScore()获得学生总分
total = scorecalc.calcTotalScore()

#调用实例方法 show()打印学生总分
```

```
scorecalc.show("总成绩是",total)

#调用实例方法 calcAvg()获得学生平均分
avg = scorecalc.calcAvg()

#调用实例方法 show()打印学生平均分
scorecalc.show("平均分是",avg)
```

运行程序，运行结果如图 9-6 所示。

```
请输入学生姓名：子墨
请输入学生的Python课程成绩：92
请输入学生的C语言课程成绩：85
请输入学生的Java课程成绩：87
子墨同学的Python是92.0分，C语言成绩是85.0分，Java成绩是87.0分
子墨同学的总成绩是264.0
子墨同学的平均分是88.0
```

图 9-6   学生成绩计算运行效果

在示例 4 中，定义了学生成绩计算类 ScoreCalc，在 ScoreCalc 类中定义了__init__(self, name,python,c,java)构造方法，在构造方法中将参数传递过来的值使用 self.name 等语句赋值给了实例属性，并打印出了学生的姓名和各科的成绩。在构造方法后又定义了 calcTotalScore(self)方法，用于求学生的总成绩，因为在构造方法中已经将各科成绩赋值给了实例属性，所以 calcTotalScore()只有一个参数 self，不需要通过参数再次传递各科成绩，在方法中可以使用 self.python 等直接调用实例属性，calcTotalScore()方法的返回值是 3 门成绩的和。在 ScoreCalc 类中还定义了 calcAvg(self)方法，该方法用来求平均成绩，在方法体中通过 self.calcTotalScore()调用类的 calcTotalScore()方法获得总成绩，再除以 3，即可获得平均成绩，该方法的返回值 avg 为平均成绩。最后又在 ScoreCalc 类中定义了一个用于输出的方法 show(self)，show()方法除了 self 还有 info 和 number 两个参数，info 用于传递不同输出的提示信息，而 number 用于传递要输出的数值。

定义好 ScoreCalc 类后，在程序中，先通过 4 个 input 语句获得用户输入的学生姓名及 3 门课程的成绩，然后使用 scorecalc = ScoreCalc(name,python,c,java)语句实例化了一个 ScoreCalc 类的对象，因为 ScoreCalc 类的构造方法除了 self 外还有 4 个参数，在实例化对象时，也要传递这 4 个参数，有了 ScoreCalc 类的实例化对象，通过 scorecalc.calcTotalScore()调用类的 calcTotalScore()方法获得学生总成绩，并调用 show()方法输出总成绩数据，使用 scorecalc.calcAvg()调用类的 calcAvg()方法获得学生的平均分，并调用 show()方法打印出了平均分。

从示例 4 可以看出，如果要在方法中定义实例属性，可以使用 self.属性名，要调用类的方法可以使用 self.方法名。

在 Python 中可以创建多个类的实例，除了在类里定义类的属性，也可以动态地为类添加属性，对于定义在方法中的实例属性，也可以通过实例名称动态修改，具体操作见示例 5。

示例 5   定义汽车类，并创建公交车和小汽车实例，输出类的属性和方法。

```
#定义汽车类
class AutoMobile:
    """
    汽车类
```

```
        """
        power = "柴油"                                    #定义类的属性：动力
        wheel = "四个轮子"                                #定义类的属性：轮子
        number = 0                                       #用于统计有几个实例

        #定义构造方法
        def __init__(self,color,seatnum):

            AutoMobile.number += 1                       #每创建一个实例，number+1
            self.engine = "8 缸发动机"                    #定义实例的属性发动机
            self.scolor = color                          #定义实例属性：颜色
            self.seat = seatnum                          #定义实例属性：载客量

    AutoMobile.place = "中国"                             #为类增加一个属性，产地为中国
    AutoMobile.power = "汽油"                             #修改类的属性 power 为汽油

#创建小汽车实例
car = AutoMobile("黑色",5)                                #创建小汽车实例

car.brand = "红旗"                                        #增加实例属性：品牌
print("我是一辆小汽车，我的品牌是：",car.brand)            #访问新增的实例属性：品牌
print("我的产地是：",AutoMobile.place)                    #访问新增的类的属性：产地
print("我的动力是：",car.power)                           #访问修改后的类的属性 power
print("我有",car.wheel)                                   #访问类属性：wheel 轮子
print("我的发动机是：",car.engine)                        #访问实例属性：发动机
print("我的颜色是：",car.scolor)                          #访问实例属性：颜色
print("我的载客量是：",car.seat)                          #访问实例属性：载客量

print("-------------------------------------")

#创建公交车实例
bus = AutoMobile("蓝色",50)
bus.brand = "宇通"                                        #增加实例属性：品牌
bus.engine = "6 缸发动机"                                 #修改类属性的值
bus.scolor ="绿色"                                        #修改实例属性的值

print("我是一辆公交车，我的品牌是：",bus.brand)
print("我的产地是：",AutoMobile.place)                    #访问新增的类的属性：产地
print("我的动力是：",bus.power)                           #访问修改后的类的属性：power
print("我的发动机是：",bus.engine)                        #访问实例属性：engine
print("我的颜色是：",bus.scolor)                          #访问实例属性：scolor
print("我是载客量是：",bus.seat)                          #访问修改后的类的属性：power

print("-------------------------------------")

print("一共创建了",AutoMobile.number,"个实例")
```

运行程序，运行结果如图 9-7 所示。

示例 5 程序说明如下。

（1）定义了汽车类 AutoMobile，在汽车类中定义了 power、wheel 和 number 这 3 个类属性，又定义了构造方法。

我是一辆小汽车，我的品牌是：红旗
我的产地是：中国
我的动力是：汽油
我有 四个轮子
我的发动机是：8缸发动机
我的颜色是：黑色
我的载客量是：5

我是一辆公交车，我的品牌是：宇通
我的产地是：中国
我的动力是：汽油
我的发动机是：6缸发动机
我的颜色是：绿色
我是载客量是：50

一共创建了 2 个实例

图 9-7　修改类的属性和实例属性

（2）构造方法__init__()有 self、color、seatnum 这 3 个参数，在构造方法中，使用了 AutoMobile.number += 1 语句修改类属性 number 的值，含义是：每执行一次构造方法（也就是创建了一个类的实例），number 的值加 1。在构造方法中还使用 self 定义了 engine、scolor、seat 这 3 个实例属性，并将构造方法参数的值分别赋给了 3 个实例参数。

（3）程序中使用 AutoMobile.place = "中国" 语句为 AutoMobile 类新增加了一个类属性 place，该属性在程序中可以被每一个创建的 AutoMobile 类的实例调用，在调用时可以使用 AutoMobile.place 或实例名.place，为了区分类属性和实例属性，建议通过类名调用类属性。

（4）程序中使用 AutoMobile.power = "汽油"语句，将类属性 power 的值从"柴油"改为了"汽油"，当类属性的值发生变化后，所有 AutoMobile 类的实例调用 power 类属性时，值都会同步改变。

（5）程序中使用 car = AutoMobile("黑色",5) 语句为 AutoMobile 类创建了一个实例 car。在创建 car 实例时，会调用 AutoMobile 类的构造方法，将 number 的值变为 1，并将"黑色"赋值给实例属性 scolor，将"5"赋值给实例属性 seat。实例属性 engine 的值没有改变，仍为"8 缸发动机"。

（6）程序中使用 car.brand = "红旗"语句新增加了一个实例属性 brand，并赋值为"红旗"，该实例属性只在 car 实例中有效。

（7）程序中，从实例 car 下面的输出语句可以看到，动态增加的类属性 place 和修改后的类属性 power 可以像在类中定义的类属性一样正常访问。动态修改的类属性 power 输出的是修改后的值"汽油"，不再是类中定义时的值"柴油"。

（8）程序中使用 bus = AutoMobile("蓝色",50)语句又为 AutoMobile 类创建了一个实例，此时又会执行一次 AutoMobile 类的构造方法，number 类属性的值变为 2。

（9）程序中使用 bus.brand = "宇通"语句增加了一个实例属性 brand，并赋值为"宇通"，该实例属性只在 bus 实例中有效。使用 bus.engine = "6 缸发动机"语句将构造方法中 engine 实例属性的值由"8 缸发动机"改为"6 缸发动机"，使用 bus.scolor = "绿色"语句将创建 bus 实例时传递给实例参数 scolor 的值"蓝色"改为了"绿色"，对 engine 和 scolor 两个实例属性的修改也只是在 bus 实例中有效。

（10）程序中，从实例 bus 下面的输出语句中可以看到，bus 实例访问动态增加的类属性 place 和 car 实例访问时一样，输出结果都是"中国"，bus 访问动态修改后的类属性 power 也和 car 实例访问时一样，都是修改后的值"汽油"，不再是类中定义的值"柴油"。而 bus 实例动态修改的 engine 和 scolor 实例属性输出的都是修改后的值。

（11）程序最后通过 AutoMobile.number 调用类属性 number，因为创建了 car 和 bus 两个实例，构造方法执行了两次，number 的值为 2，此处即便是使用 car.number 或 bus.number 调用 number 类属性，输出的结果仍为 2，由此可以看出，类属性是所有类的实例共享的，当在一个实例中修改后，在其他实例使用时同步修改。

9.2.5　访问限制

面向对象的核心思想是封装，而类是实现封装的工具，在类的内部可以定义属性和方法，在类的外部可以调用属性或方法操作数据，从而可以隐藏类内部的复杂逻辑。但是在 Python 中并没有限制对类内部属性和方法的访问权限，这就导致使用"类名.属性名"可以访问所有的属性，但事实上有些属性只是在类内部使用的，不应该被外部调用。例如：定义了一个学生类 Student，定义了一个属性 id 用于存储学生身份证号码，如果身份证号码只是在类内部用于验证学生的身份，不想在类外部被调用，就要加以控制，如果不控制的话，在类的外部使用"Student.id"就可以访问，这与封装的思想是不符的。为了限制类内部的某些属性和方法不被外部访问，可以在属性或方法名前面添加单下划线（如_name）或双下划线（如__name），或者首尾都加双下划线（如__name__），从而限制访问权限，这 3 种方法的区别如下。

（1）在类的属性或方法前添加单下划线，表示该属性或方法是受保护的，只可以被定义该属性或方法的类和该类的实例访问。如果是该类和该类的实例进行访问，可以通过"类名._xxx"或"类的实例名._xxx"的方式访问类的受保护的属性，使用"类名._xxx()"或"类的实例名._xxx()"的方式访问类的受保护的方法。

（2）在类的属性或方法名前添加双下划线，表示该属性或方法是类的私有成员，只允许定义该属性或方法的类对其进行访问，而不允许类的实例对其进行访问。如果类的实例确实要访问，可以通过"类的实例名._类名__xxx"的方式访问类的私有属性，使用"类的实例名._类名__xxx()"的方式访问类的私有方法。

（3）在类的属性或方法名首尾都添加双下划线，表示特殊用法，一般是系统定义的名字，如类的构造方法名称__init__，开发者在定义属性和方法时不要使用这种格式。

示例 6　定义 AccessTest 类，在类内定义私有属性 i 和共有属性 j，定义私有方法 initi() 为类的私有属性 i 赋值，定义方法 initj() 为类的共有属性 j 赋值，在类外分别调用类的私有属性 i、私有方法 initi()、属性 j 和方法 initj()。

```
#定义访问限制测试类
class AccessTest:
    """
    测试访问限制
    """
    __i = 0                      #类的私有属性 i
    j = 0                        #类的属性 j

    def __initi(self):
        """
        #定义类的私有方法，给类的私有属性 i 赋值
        :return: None
```

```
        """
        AccessTest.__i = 10                      #访问类的私有属性并赋值
        print("i 的初始化值为：",AccessTest.__i)

    def initj(self):
        """
        #定义类的方法，给类的属性 j 赋值
        :return：None
        """
        AccessTest.j = 20                        #访问类的属性，并赋值
        print("j 的初始化值为：",AccessTest.j)


at = AccessTest()                                #实例化一个 AccessTest 对象
at._AccessTest__initi()                          #在类外访问类的私有方法
print("i 的值为：",at._AccessTest__i)            #在类外访问类的私有属性__i
at.initj()                                       #在类外访问类的方法
print("j 的值为：",at.j)                         #在类外访问类的属性 j
```

运行程序，运行结果如下。

```
i 的初始化值为：   10
i 的值为：   10
j 的初始化值为：   20
j 的值为：   20
```

示例 6 中，定义了 AccessTest 类，并为该类定义了私有属性 i 和共有属性 j，并定义了私有方法 initi() 和共有方法 initj，在两个方法中分别为 i 和 j 进行了赋值，并打印出了结果，在 AccessTest 类外部，为 AccessTest 类创建了一个实例 at，此时如果使用 at.__initi() 或 at.__i 访问类的私有方法和私有属性，会提示错误。如果要访问类的私有方法可以使用 at._AccessTest__initi() 方式，如果要访问类的私有属性可以使用 at._AccessTest__i 方式。从示例 6 可以看出，私有属性 i 可以在类的实例方法和私有方法中被访问。在类外，类的私有属性和私有方法通过类的实例是不可以直接访问的，但可以通过"类的实例名._类名__xxx"的方式访问类的私有属性，使用"类的实例名._类名__xxx()"的方式访问类的私有方法。所以，Python 对于类属性并没有实现严格意义上的私有化。

9.3 可 控 属 性

在类的外部可以使用"实例名.属性名"的方式访问类属性和实例属性，这种做法破坏了类的封装原则。正常情况下，类中的方法用于处理数据，类属性和实例属性都应该是隐藏的，只允许通过类提供的方法来间接实现对属性的访问和操作。所以，在不破坏类封装原则的基础上，为了能够有效操作类属性和实例属性，在类中应把属性定义为私有属性，并提供包含读或写属性的方法，一般读属性（获得属性的数据）被定义为 getter 方法，写属性（给属性赋值或修改属性值）被定义为 setter 方法，这样就可以通过"实例名.方法(参数)"的方式操作属性。

示例 7 定义学生类 Student，定义实例属性 name，为属性提供 getter、setter 和 del 方法，使用类的实例 student 调用方法访问属性。

```
class Student:
```

```
        #构造方法
        def __init__(self,name):
            self.__name = name

        #设置私有属性 name 属性值的方法
        def setname(self,name):
            self.__name = name

        #访问私有属性 name 属性值的方法
        def getname(self):
            try:
                return self.__name
            except:
                print("name 属性已经被删除")

        #删除私有属性 name 属性值的方法
        def delname(self):
            del self.__name

#创建类的实例 student
student = Student("张三")

#获取 name 属性值
print(student.getname())

#设置 name 属性值
student.setname("李四")
print(student.getname())           #输出修改后 name 属性值

#删除 name 属性值
student.delname()
print(student.getname())           #输出删除后的 name 属性值，为 None
```

运行程序，运行结果如下。

```
张三
李四
name 属性已经被删除
None
```

在示例 7 中，定义了 Student 类，在类的构造方法中通过 self.__name 创建了私有实例属性 name，在类中为私有属性 name 定义了 setname()、getname()和 delname()方法，其中 setname()方法为私有属性 name 赋值，getname()方法可以获取私有属性 name 的值，而 delname 方法可以删除私有属性。在类外创建了 Student 的实例 student，通过构造方法给 name 赋值为"张三"，执行 student.getname()输出的是"张三"。调用 student.setname("李四")，将 name 属性的值改为了"李四"，执行 student.getname()输出的是"李四"。调用 student.delname() 方法删除 name 属性，输出为 None。

在示例 7 的 getname()方法中使用了异常处理语句 try…except，因为 delname()方法会删除实例属性 name，如果删除后再调用 getname()方法时，student 实例已经不存在这个属性了，会出现 AttributeError 异常，在使用 try…except 语句后，如果 name 属性还存在，就不会有异常，执行 try 代码块中的 return self.__name 语句，返回 name 属性的值。如果 name 属性已经被删除了，会出现异常，执行 except 代码块中的 print("name 属性已经被删除")。

使用 try…except 异常处理机制，即便代码有异常也能继续运行，提升了代码的健壮性。在后续章节中会讲解 Python 的异常处理机制。

9.3.1　property()函数

在示例 7 中将实例属性定义为私有属性，并提供了 getname()和 setname()方法用于访问属性，但每次调用属性都需要使用 getname()和 setname()方法，显得比较烦琐，很多开发者还是习惯使用"实例名.属性名"的方式调用属性。为此，Python 提供了内置函数 property()，property()不仅可以让开发者通过实例名称调用属性，还可以对属性的操作进行控制，将属性变为可控属性。property()函数的语句格式如下。

属性名=property(fget=None, fset=None, fdel=None, doc=None)

各参数说明如下。

- fget：用于指定获取该属性值的类方法。
- fset：用于指定设置该属性值的类方法。
- fdel：用于指定删除该属性值的类方法。
- doc：一个文档字符串，用于说明此函数的作用。

property()函数的参数指定并不是随意的，若只指定第一个参数 fget，则说明这个属性是只读的，不能修改和删除。若只指定前两个参数 fget 和 fset，则说明这个属性是可读、可写的，但不能删除。若指定前三个参数 fget、fset 和 fdel，说明这个属性是可读、可写和可删除的。也可以指定 4 个参数。

示例 8　在示例 7 的程序中使用 property()函数。

```
class Student:

    #构造方法
    def __init__(self,name):
        self.__name = name

    #设置私有属性 name 属性值的方法
    def setname(self,name):
        self.__name = name

    #访问私有属性 name 属性值的方法
    def getname(self):
        try:
            return self.__name
        except:
            print("name 属性已经被删除")

    #删除私有属性 name 属性值的方法
    def delname(self):
        del self.__name

    #为 name 属性配置 property()函数
    name = property(getname,setname,delname)

#创建类的实例 student
student = Student("张三")
#获取 name 属性值
```

```
print(student.name)
#设置 name 属性值
student.name = "李四"
print(student.name)                        #输出修改后 name 属性值

#删除 name 属性值
del student.name
print(student.name)                        #输出删除后的 name 属性值，为 None
```

运行程序，运行结果如下。

```
张三
李四
name 属性已经被删除
None
```

从执行结果看，示例 8 与示例 7 的运行结果是完全一样的，在示例 8 中，Student 类与示例 7 不同的是通过 name = property(getname,setname,delname)为私有属性 name 配置了 property()函数，在 property()函数中，分别是 Student 类中定义的 getname()、setname()、delname()方法的方法名，让 name 属性具有了可读、可写、可删除的操作。在程序中通过 student = Student("张三")语句创建了 Student 类的实例 student，与示例 7 不同的是，在调用 name 属性时直接使用了 student.name，不需要像示例 7 一样使用 student.getname()方法了，同理，在给 name 属性赋值时也可直接使用 student.name = "李四"，在删除 name 属性时也直接使用了 del student.name。使用 property()函数配置属性，可以让程序更加直观，也可以更有效地控制对属性的操作。

9.3.2 @property 装饰器

Python 提供了@property 装饰器，它是用来装饰方法的，主要的应用场景有两个：一是将方法转换为属性，二是为属性添加安全保护机制。

1. 使用@property 将方法转换为属性

Python 是一门非常灵活的语言，追求简洁，通常情况下，在类内定义的方法，在调用时都要通过"实例名.方法名(参数)"的形式来调用，但如果某个方法在定义时被@property 修饰了，在调用时可以像调用属性一样，直接使用"实例名.方法名"的方式来调用，语法格式如下。

```
@property
def methodname(self):
    block
```

各参数说明如下。

- @property：装饰器。
- methodname：方法名，一般使用小写字母开头，在使用时，该名称将被当作属性名来使用。
- block：方法体，实现具体功能。

示例 9　编写数据处理类，从用户输入的身份证号码中获得出生年、月、日。

```
class DealId:
    """
    获取身份证号码中的出生年、月、日
    """
    #定义构造方法
```

```
def __init__(self,id):
    print("用户的身份证号码是：",id)          #输出身份证号码
    self.__year = id[6:10]                    #获取身份证号码中的年
    self.__month = id[10:12]                  #获取身份证号码中的月
    self.__day = id[12:14]                    #获取身份证号码中的日
    self.__birthday = [self.__year,self.__month,self.__day]
#用于处理身份证号码的方法，被@property 修饰后变为属性
@property
def birthday(self):
    #返回获得的年月日，将以列表形式返回多个参数
    return self.__birthday

cid = "12345620031025051X"                    #变量赋值为身份证号码
dealId = DealId(cid)                          #创建 DealId 类的实例 dealId

#像调用属性一样，使用实例名.属性名的方式调用 birthday()方法，得到返回值列表
bi = dealId.birthday
print("身份证号{}中生日是{}年{}月{}日".format(cid,bi[0],bi[1],bi[2]))
```

运行程序，运行结果如下。

```
用户的身份证号码是：12345620031025051X
身份证号 12345620031025051X 中生日是 2003 年 10 月 25 日
```

在示例 9 中，定义了 DealId 类，在 DealId 类中定义了构造方法，并将用户身份证号码作为参数，在构造方法中通过切片获得了身份证号码中的年、月、日，分别赋值给 3 个私有属性 year、month 和 day，并定义了私有属性 birthday 列表，将私有属性 year、month、day 作为元素赋值给 birthday 列表，在 DealId 类中还定义了 birthday()方法，该方法是被@property 装饰的，在 birthday()中通过 return 语句返回了私有属性 birthday 的值。在程序中以身份证号码为参数，通过 dealId = DealId(cid)语句创建了 DealId 类的实例 dealId，通过 dealId.birthday 语句，以调用属性的形式调用了 birthday()方法，获得返回值列表 bi，最后通过索引获得身份证号码中的年、月、日并输出。

从示例 9 可以看出，在方法上添加@property 装饰器，可以将方法转换为属性，像调用属性一样使用，非常适合具有具体功能的、计算类或数据处理类的方法。这也体现了 Python 的优势，尽可能地让程序更简洁高效，让编程更简单。

2．使用@property 为属性添加安全保护机制

在为方法设置@property 装饰器后，该方法变为了一个属性，而且这个属性是只读的（只有 getter 方法），例如：示例 9 中的 birthday()方法在被@property 装饰后，变为了一个属性，可以通过 dealId.birthday 直接调用，但是这个属性是只读的，如果使用 dealId.birthday = [2005,5,19]语句为 birthday 属性赋值，程序就会提示"AttributeError: can't set attribute 'birthday'"异常，这样可以实现属性的只读权限。

如果一定要修改只读属性 birthday，可以为 birthday 属性添加赋值的 setter 方法，这就需要用到 setter 装饰器，语法格式如下。

```
@方法名.setter
def 方法名(self, value):
    block
```

各参数说明如下。

- @方法名.setter：此处方法名为被@property 装饰过的方法。
- def 方法名(self, value)：要定义的方法，实现的是 setter 方法的功能。

● 　block：方法体，实现为属性赋值。

同理，如果要为 birthday 属性添加删除的 deleter 方法，需要用到 deleter 装饰器。

示例 10　修改示例 9，为 birthday 属性添加 setter 方法和 deleter 方法。

```python
class DealId:
    """
    获取身份证号码中的出生年、月、日
    """
    #定义构造方法
    def __init__(self,id):
        print("用户的身份证号码是：", id)        #输出身份证号码
        self.__year = id[6:10]                 #获取身份证号码中的年
        self.__month = id[10:12]               #获取身份证号码中的月
        self.__day = id[12:14]                 #获取身份证号码中的日
        #定义私有属性 birthday
        self.__birthday = [self.__year, self.__month, self.__day]

        #用于获取 birthday 属性值的方法，被@property 修饰后方法变为属性
        @property
        def birthday(self):
            try:
                #返回当前私有属性 birthday 的值
                return self.__birthday
            except:
                print("属性已经被删除！")

        #为 birthday 属性设置 setter 方法
        @birthday.setter
        def birthday(self, value):
            self.__birthday = value

        # 为 birthday 属性设置 deleter 方法
        @birthday.deleter
        def birthday(self):
            print("将要删除 birthday 属性！")
            del self.__birthday            #删除属性

cid = "12345620031025051X"                #变量赋值为身份证号码
dealId = DealId(cid)                      #创建 DealId 类的实例 dealId
print("\n--------------------birthday 属性修改前----------------")
#像调用属性一样，使用实例名.属性名的方式调用 birthday()方法，获得 birthday 列表
bi = dealId.birthday
print("身份证号{}中生日是{}年{}月{}日".format(cid,bi[0],bi[1],bi[2]))

print("\n--------------------birthday 属性修改后----------------")
#修改 birthday 属性的值
dealId.birthday = [2005, 5, 19]
#获取修改后的 birthday 值
ri = dealId.birthday
print("身份证号{}中生日是{}年{}月{}日".format(cid,ri[0],ri[1],ri[2]))

print("\n-------------------birthday 属性删除后-----------------")
```

> #删除 birthday 属性的值
> del dealId.birthday
> #获取删除后的 birthday 属性值，会出异常
> di = dealId.birthday

运行程序，运行结果如图 9-8 所示。

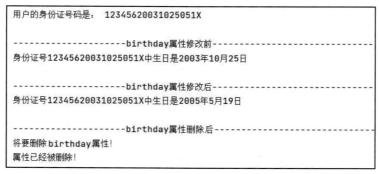

图 9-8   @property 装饰器的使用

与示例 8 相比，示例 10 在示例 9 中的 DealId 类中增加了两个 birthday()方法，在这两个方法前分别用@birthday.setter 装饰器和@birthday.deleter 装饰器进行配置，便得到了 birthday 属性的 setter 方法和 deleter 方法，在程序中使用 dealId.birthday = [2005, 5, 19]语句调用了 birthday 属性的 setter 方法，给 birthday 属性赋了新值，使用 del dealId.birthday 语句调用了 birthday 属性的 deleter 方法删除了属性。由此可见，使用@property 装饰器不仅可以将方法转换为属性，而且可为属性设置 getter 方法，让属性具有了可读权限，通过"@方法名.setter 装饰器"和"@方法名.deleter 装饰器"可以给被@property 装饰器转换的属性设置可写和可删除权限。

9.4   继   承

在现实世界中人们根据事物的特性可以将事物分类，每一个类别下又可以根据不同特性划分为不同的子类，例如：在现代生物学中，将生物按等级从大到小分为界、门、纲、目、科、属、种七级，每一级都具备上一级的特性，同时又具有自己的特性，这就是继承关系。在面向对象编程语言中可以实现继承，当一个类继承另一个类时，将拥有所继承类的所有公有成员和受保护成员，被继承的类称为父类或基类，新的类称为子类或派生类。

继承是面向对象编程语言的重要特性之一，可以实现代码重用，提高开发效率。

9.4.1   继承的实现语法

在 Python 中，要实现类的继承，可以在定义类时，将要继承的父类放在类名右侧的一对小括号中，语法格式如下。

```
class ClassName(parentclasslist):
"""类的帮助信息"""
classbody
```

各参数说明如下。

● ClassName：子类的类名。

● parentclasslist：用于指定要继承的父类的类名，可以有多个，每个父类类名之间用逗号隔开，如果不指定，就默认继承所有 Python 对象的根类 object。

- """ 类的帮助信息""": 类的帮助信息。
- classbody: 类体，如果没有具体功能，可以使用 pass 语句。

示例 11　定义一个宠物类 Pet, Pet 类有一个属性 color 和一个方法 show()，再定义 Dog 类和 Cat 类，其中 Dog 类有属性昵称 name、性别 sex、健康 health，方法有 say()、play()，Cat 类有昵称 name、性别 sex、健康 health，方法有 say()、eat()，这两个类继承 Pet 类。

分析：根据题目要求，3 个类的类结构如图 9-9 所示。

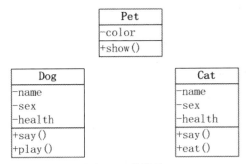

图 9-9　类结构

从图 9-9 所示的类结构可以看出，Dog 和 Cat 类都具有 name、sex 和 health 这 3 个属性，两个类都具有 say()方法，因为它们都要继承 Pet 类，所以共有的属性和方法都可以写在父类里，子类只保留自己独有的属性和方法，子类的代码就会更简洁，同时也提高了代码的复用性。据此，具有继承关系的类结构如图 9-10 所示。

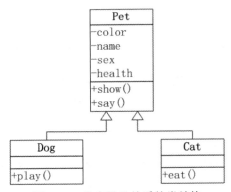

图 9-10　具有继承关系的类结构

实现代码如下。

```python
class Pet:
    """
    宠物类
    """
    #父类构造方法
    def __init__(self,color,name,sex,health):
        print("我是宠物类！")
        self.color = color              #定义属性 color
        self.name = name                #定义属性 name
        self.sex = sex                  #定义属性 sex
        self.health = health            #定义属性 health

    def show(self):
```

```
            print("我的名字：{}，颜色：{}，性别：{}，健康：{}".format(self.name,self.color,self.sex,
            self.health))

        def say(self,say):
            print("我的叫声是：",say)

class Dog(Pet):
        """
        狗类，继承宠物类 Pet
        """
        def __init__(self,color,name,sex,health):
            print("我是小狗！")
            super().__init__(color, name, sex, health)

        def play(self,game):
            print("我喜欢玩：",game)

class Cat(Pet):
        """
        猫类，继承宠物类 Pet
        """
        def __init__(self,color,name,sex,health):
            print("我是小猫！")
            super().__init__(color,name,sex,health)

        def eat(self, food):
            print("我喜欢吃：", food)

dog = Dog("黄色","旺财","公",95)                    #创建 Dog 实例
dog.show()                                          #调用父类的 show()方法
dog.say("汪汪")                                     #调用父类的 say()方法
dog.play("飞碟")                                    #调用自己的 play()方法

print("--------------------------------------------------")

cat = Cat("白色","小贝","母",90)                     #创建 Cat 实例
cat.show()                                          #调用父类的 show()方法
cat.say("喵喵")                                     #调用父类的 say()方法
cat.eat("鱼")                                       #调用自己的 eat()方法
```

运行程序，运行结果如图 9-11 所示。

```
我是小狗!
我是宠物类!
我的名字：旺财，颜色：黄色，性别：公，健康：95
我的叫声是：汪汪
我喜欢玩：飞碟
----------------------------------------
我是小猫!
我是宠物类!
我的名字：小贝，颜色：白色，性别：母，健康：90
我的叫声是：喵喵
我喜欢吃：鱼
```

图 9-11　创建宠物类及其子类

示例 11 程序说明如下。

（1）定义了宠物类 Pet，在类中定义了构造方法__init__()，在构造方法中首先输出"我是宠物类！"，然后定义了 4 个实例属性 color、name、sex 和 health，并使用构造方法的参数给实例参数赋值。

（2）在宠物类中定义了 show()方法，输出各属性值，定义了 say()方法输出叫声。

（3）使用 class Dog(Pet)定义了 Dog 类，让它继承 Pet 类，也就是继承了 Pet 类所有的属性和方法。在 Dog 类的构造方法中输出"我是小狗！"，并通过 super().__init__(color, name, sex, health)语句调用了父类（Pet 类）的构造方法。又定义了 Dog 类自己的 play()方法。

（4）使用 class Cat(Pet)定义了 Cat 类，让它也继承 Pet 类，同样也继承了 Pet 类中所有的属性和方法。在 Cat 类的构造方法中输出了"我是小猫！"，并通过 super().__init__(color, name,sex,health)语句调用了父类（Pet 类）的构造方法。又定义了 Cat 类自己的方法 eat()。

（5）在程序中，通过 dog = Dog("黄色","旺财","公",95) 语句为 Dog 类创建了实例 dog，在创建实例时会自动调用 Dog 类的构造方法，此时程序会输出"我是小狗！"，在 Dog 类的构造方法中又调用了父类的构造方法，此时程序会输出父类构造方法中的"我是宠物类！"，在父类的构造方法中为实例属性 color、name、sex 和 health 进行了赋值，此时 color＝"黄色"，name＝"旺财"，sex＝"公"，health＝"95"。

（6）在程序中，通过 dog.show()调用了父类（Pet 类）的 show()方法，输出了"我的名字：旺财，颜色：黄色，性别：公，健康：95"。通过 dog.say()调用了父类的 say()方法，输出"我的叫声是：汪汪"。通过 dog.play()调用了 Dog 类自己的 play()方法，输出"我喜欢玩：飞碟"。

（7）在程序中，通过 cat = Cat("白色","小贝","母",90) 语句为 Cat 类创建了实例 cat，在创建实例时会自动调用 Cat 类的构造方法，此时程序会输出"我是小猫！"，在 Cat 类的构造方法中又调用了父类（Pet 类）的构造方法，此时程序会输出父类构造方法中的"我是宠物类！"，在父类的构造方法中为实例属性 color、name、sex 和 health 进行了赋值，此时 color＝"白色"，name＝"小贝"，sex＝"母"，health＝"90"。

（8）在程序中，通过 cat.show()调用了父类（Pet 类）的 show()方法，输出了"我的名字：小贝，颜色：白色，性别：母，健康：90"。通过 cat.say()调用了父类的 say()方法，输出"我的叫声是：喵喵"。通过 cat.eat()调用了 Cat 类自己的 eat()方法，输出"我喜欢吃：鱼"。

从示例 11 中可以看出，虽然在 Dog 类和 Cat 类中没有 color、name、sex 和 health 属性，也没有 show()和 say()方法，但这两个类继承了 Pet 类，就具有了这些属性和方法，使用 Dog 类和 Cat 类的实例就可以访问到父类中的属性和方法。

在示例 11 中，还使用到了 super()函数，super()函数是 Python 中调用父类的一种方法，在子类中可以通过 super()函数来调用父类的方法,在示例 11 中就使用 super()函数调用了父类的构造方法。另外，需要注意，若子类定义了构造方法，则父类也必须定义构造方法。

9.4.2　多继承

在示例 11 中，Dog 类只继承了 Pet 类，Python 是一门支持多继承的面向对象编程语言，允许一个类可以继承多个类。若子类继承的多个父类中包含同名的类实例方法，则子类对象在调用该方法时会优先选择排在最前面的父类中的实例方法，构造方法也是如此。

示例 12　分别定义动物类 Animal、宠物类 Pet 和猫类 Cat，让 Cat 类同时继承 Pet 类和 Animal 类，通过 Cat 类的实例调用 Pet 类和 Animal 类中的方法。

```
class Animal:
    """
    动物类
    """
    #构造方法
    def __init__(self,name):
        print("动物类 Animal 的构造方法！")
        self.name = name                    #属性 name

    def say(self,say):
        print("Animal 类的 say 方法，动物会叫：",say)

    def show(self):
        print("我的名字是：{}".format(self.name))

class Pet:
    """
    宠物类
    """
    #宠物类构造方法
    def __init__(self,color):
        print("我是宠物类！")
        self.color = color                  #定义属性 color
        print("我的颜色是：",color)

    def say(self,say):
        print("Pet 类的 say 方法，我的叫声是：",say)

    def play(self,game):
        print("我喜欢玩：",game)

class Cat(Pet,Animal):
    """
    猫类，继承宠物类 Pet 和动物类 Animal
    """
    pass

cat = Cat("测试")                            #创建 Cat 实例

#调用父类的 say()方法，两个父类都有 say()方法，优先调用靠前的 Pet 类中的 say()方法
cat.say("喵喵")
#调用父类 Pet 的 play()方法
cat.play("毛线")
#调用父类 Animal 类的 show()方法
cat.show()
```

运行程序，运行结果如图 9-12 所示。

```
Traceback (most recent call last):
  File "D:\Python\example12_moreExtend.py", line 50, in <module>
    cat.show()
  File "D:\Python\example12_moreExtend.py", line 18, in show
    print("我的名字是：{}".format(self.name))
AttributeError: 'Cat' object has no attribute 'name'
我是宠物类！
我的颜色是：测试
Pet 类的 say 方法，我的叫声是：喵喵
我喜欢玩：毛线
```

图 9-12   多继承

　　从程序运行结果可以看出，程序出现了异常，错误原因是"AttributeError: 'Cat' object has no attribute 'name'"，也就是属性错误，Cat 类没有 name 属性。从程序看 name 属性是父类 Animal 的属性，既然 Cat 类也继承了 Animal 类，为什么没有继承到 name 属性呢？带着问题，我们先分析程序。

　　示例 12 程序说明如下。

　　（1）程序中先定义了 Animal 类，在 Animal 类中定义了构造方法，构造方法带 name 参数，在构造方法中要输出"动物类 Animal 的构造方法！",并且定义了 name 属性，将参数 name 的值赋给 name 属性，但从程序运行结果看，"动物类 Animal 的构造方法！"这句话没有输出，而且程序错误信息提示 Cat 类没有 name 属性，这都说明 Animal 类的构造方法没有被执行。

　　（2）在 Animal 类中定义了 say() 方法和 show() 方法，其中 say() 方法输出"Animal 类的 say 方法，动物会叫："，从程序运行结果看，这句话也没有输出，这说明 Animal 类中的 say() 方法也没有被执行。

　　（3）在 Animal 类中定义了 show() 方法，从错误信息可以看到，这个方法被执行了，但是因为 name 属性不存在，导致程序出错，错误的根源就是此处调用了 self.name，再往上追溯，Animal 类的构造方法没有被执行，导致根本就没有定义 name 属性。

　　（4）程序中定义了 Pet 类，在 Pet 类中定义了构造方法，构造方法带 color 参数，在构造方法中要输出"我是宠物类！"和"我的颜色是：　测试"，从运行结果看，这两句话都正常输出了，说明 Pet 类的构造方法被执行了。

　　（5）在 Pet 类中也定义了与 Animal 类同名的 say() 方法，say() 方法输出"Pet 类的 say 方法，我的叫声是："，从程序运行结果"Pet 类的 say 方法，我的叫声是：喵喵"可以看出 Pet 类中的 say() 方法被正常执行了。在 Pet 类中还定义了 play() 方法，从程序执行结果"我喜欢玩：　毛线"可以看出，play() 方法也被正常执行了。

　　（6）在程序中通过 class Cat(Pet,Animal) 语句定义了 Cat 类，并让 Cat 类继承了 Pet 类和 Animal 类，类体只有一条 pass 语句。

　　（7）在程序中，通过 cat = Cat("测试") 创建了 Cat 类的实例 cat，参数为"测试"。在创建实例时，默认会调用类的构造方法，因为 Cat 类没有构造方法，所以直接调用了父类的构造方法，而 Cat 类有两个父类，要调用哪个父类的构造方法呢？从程序运行结果可以看出是调用了 Pet 类的构造方法，因为如果子类继承的多个父类中包含同名的方法时，子类对象在调用该方法时会优先选择排在最前面的父类中的方法，在定义 Cat 类时，Pet 父类排在 Animal 父类的前面，默认就优先执行了 Pet 类的构造方法。在执行 cat.say() 语句时，Pet 类和 Animal 类中都有 say() 方法，程序也是只执行了 Pet 类中的 say() 方法，而没有执行 Animal 类中的 say() 方法，再一次说明，如果子类继承的多个父类中包含同名的方法时，子类对象在调用该方法时会优先选择排在最前面的父类中的方法。

　　在程序中，如果将 Pet 类和 Animal 类换个顺序，变为 class Cat(Animal,Pet)，程序会调用 Animal 类的构造方法，也会调用 Animal 类的 say() 方法。

　　要解决这个问题，就要用到 super() 函数，在子类的构造方法中调用两个父类的构造方法。

　　示例 13　修改示例 12，使用 super() 函数，在子类中调用父类的构造方法，正确实现多继承。

```
class Animal:
    """
```

```python
        动物类
        """
        #构造方法
        def __init__(self,name):
            print("动物类 Animal 的构造方法！")
            self.name = name                        #属性 name

        def say(self,say):
            print("Animal 类的 say 方法，动物会叫：",say)

        def show(self):
            print("我的名字是：{}".format(self.name))

class Pet:
    """
    宠物类
    """
    #宠物类构造方法
    def __init__(self,color):
        print("执行宠物类的构造方法")
        self.color = color                          #定义属性 color
        print("我的颜色是：",color)

    def say(self,say):
        print("执行 Pet 类的 say 方法，我的叫声是：",say)

    def play(self,game):
        print("我喜欢玩：",game)

class Cat(Pet,Animal):
    """
    猫类，继承宠物类 Pet 和 Animal
    """
    def __init__(self,name,color):
        print("执行 Cat 类的构造方法")
        super().__init__(color)                     #调用 Pet 类的构造方法
        Animal.__init__(self,name)                  #调用 Animal 类的构造方法

cat = Cat("小贝","白色")                             #创建 Cat 实例

#调用父类的 say()方法，两个父类都有 say()方法，优先调用靠前的 Pet 类中的 say()方法
cat.say("喵喵")
#调用父类 Pet 的 play()方法
cat.play("毛线")
#调用父类 Animal 类的 show()方法
cat.show()
```

运行程序，运行结果如图 9-13 所示。

```
执行Cat类的构造方法
执行宠物类的构造方法
我的颜色是：　白色
动物类Animal的构造方法！
执行Pet类的say方法，我的叫声是：　喵喵
我喜欢玩：　毛线
我的名字是：小贝
```

图 9-13　多继承时调用父类构造方法

示例 13 程序运行过程讲解如下。

（1）程序中通过 cat = Cat("小贝","白色")语句为 Cat 类创建了实例 cat，有两个参数，此时程序将调用 Cat 类的构造方法，在 Cat 类的构造方法中先输出"执行 Cat 类的构造方法"，然后使用 super().__init__(color)语句调用 Pet 类的构造方法，在 Pet 类的构造方法中首先输出"执行宠物类的构造方法"，然后通过 self.color = color 语句定义了属性 color 并将"白色"赋值给 color 属性，最后输出了"我的颜色是：白色"。至此，Pet 类的构造方法执行完毕，程序返回到 Cat 类的构造方法中，执行下一句代码 Animal.__init__(self,name)，这句代码的含义是调用 Animal 类的构造方法，在 Animal 类的构造方法中，首先输出了"动物类 Animal 的构造方法！"，然后通过 self.name = name 语句定义了属性 name，并将"小贝"赋值给 name。Animal 类的构造方法执行完毕，程序退回 Cat 类的构造方法，此时 Cat 类的构造方法也执行完毕，退回到主程序中。

（2）程序继续执行 cat.say("喵喵")语句，虽然 Pet 类和 Animal 类中都有 say()方法，但是定义继承时，Pet 类在 Animal 类的前面，所以优先执行 Pet 类中的 say()方法，输出"执行 Pet 类的 say 方法，我的叫声是：喵喵"。执行完 say()方法，退回到主程序中。

（3）程序继续执行 cat.play("毛线")语句，play()方法是父类 Pet 的方法，执行并输出"我喜欢玩：毛线"，执行完 play()方法，退回到主程序中。

（4）程序继续执行 cat.show()语句，show()方法是父类 Animal 的方法，执行并输出"我的名字是：小贝"，执行完 show()方法，退回到主程序，整个程序执行完毕。

在示例 13 中，与示例 12 不同的是为 Cat 类添加了构造方法，在 Cat 类的构造方法中使用 super().__init__(color)调用了 Pet 类的构造方法，使用 Animal.__init__(self,name)调用了 Animal 类的构造方法，可以发现调用两个父类的构造方法使用的代码是不一样的，在多继承时，super()函数只能调用第一个父类的构造方法，其他父类的构造方法都要使用父类的类名来调用，而且要手动传递 self 参数。

9.4.3　方法重写

当子类继承了父类后，会继承父类中的属性和方法，如果某个父类的方法不适用于子类，但仍然想用父类中该方法的名称，可以重写父类的方法。当在子类中重写了父类的方法后，会优先调用子类中的同名方法，而不调用父类中的同名方法。

示例 14　定义 Cat 类，让 Cat 类继承 Pet 类，在 Cat 类中重写 Pet 类中的 say()方法。

```python
class Pet:
    """
    宠物类
    """
    #宠物类构造方法
    def __init__(self,color):
        print("执行 Pet 类的构造方法")
```

```
            self.color = color                #定义属性 color
            print("我的颜色是：",color)

        def say(self,say):
            print("执行 Pet 类的 say 方法，我的叫声是：",say)

class Cat(Pet):
    """
    猫类，继承宠物类 Pet
    """
    def __init__(self,color):
        print("执行 Cat 类的构造方法")
        super().__init__(color)               #调用 Pet 类的构造方法

    #重写父类的方法 say()
    def say(self,say):
        print("执行 Cat 类的 say 方法，我的叫声是：",say)

cat = Cat("白色")                              #创建 Cat 实例

#调用 say()方法，在子类中重写了 say()方法，优先调用子类 Cat 中的 say()方法
cat.say("喵喵")
```

运行程序，运行结果如图 9-14 所示。

```
执行Cat类的构造方法
执行Pet类的构造方法
我的颜色是：  白色
执行Cat类的say方法，我的叫声是：  喵喵
```

图 9-14　方法重写

示例 14 程序说明如下。

（1）在程序中，定义了 Pet 类和 Cat 类，Cat 类继承 Pet 类，两个类中都定义了构造方法和 say()方法。

（2）在主程序中，通过 cat = Cat("白色")语句为 Cat 类创建了实例，自动调用 Cat 类的构造方法，在 Cat 类的构造方法中首先输出"执行 Cat 类的构造方法"，然后通过 super().__init__(color)语句调用 Pet 类的构造方法，在 Pet 类的构造方法中，首先输出"执行 Pet 类的构造方法"，然后使用 self.color = color 定义了 color 属性，给 color 赋值"白色"，最后输出"我的颜色是：白色"，执行完 Pet 类的构造方法，退回到 Cat 类的构造方法，Cat 类构造方法中的代码也执行完毕，退回到主程序。

（3）程序继续执行 cat.say("喵喵")语句，虽然子类 Cat 和父类 Pet 中都有 say()方法，但在子类中重写了父类中的 say()方法，所以只执行子类 Cat 中的 say()方法。

本 章 总 结

1. 对象是一个抽象的概念，可以是有形的，在现实世界中客观存在的事物都可以被称为对象，在面向对象编程语言的世界中"万物皆对象"。

2. 通常把对象分为两部分，一部分是静态部分，另一部分是动态部分。静态部分用于

描述这个对象，被称为对象的属性。而动态部分是对象的操作或行为，被称为对象的方法。

3．面向对象编程是一种软件开发方法，面向对象是相对于面向过程来讲的，面向对象的方法，是把相关的数据和方法组织为一个整体来看待，从更高的层次来进行系统建模，更贴近事物的自然运行模式，本质上是一种封装代码的方法。

4．面向对象的特征有抽象、封装、继承、多态。

5．抽象是指将具有一致的数据结构（属性）和行为（方法）的对象抽象成类。一个类就是这样一种抽象，它反映了与应用有关的重要性质，而忽略其他一些无关内容。

6．封装是面向对象的核心思想，就是把一个事物包装起来，并尽可能隐藏内部细节。

7．继承性是子类自动共享父类属性和方法的机制，这是对象之间的一种关系。

8．多态性是指相同的操作或函数、过程可作用于多种类型的对象上并获得不同的结果。

9．在面向对象编程语言中，类是封装对象属性和方法的载体，也就是说具有相同属性和行为的实体都可以被定义为类。类和对象的关系就是抽象和具体的关系。类是多个对象进行综合抽象的结果，是实体对象的概念模型，而一个对象是一个类的实例。

10．在 Python 中，定义类通过 class 关键字来实现，语法格式为 class ClassName:。

11．类名要求符合 Python 标识符命名规则，一般首字母大写，如果类名由多个单词组成，采用"驼峰命名法"，类名要有意义，能做到"见名知意"。

12．创建类的实例，就是实例化类的对象，语法格式为 ClassName(parameterlist)，如 cat = Cat(name)。

13．__init__()方法也被称为构造方法、构造函数或初始化方法，init 左右两侧分别是两个连续的下划线，中间不得有空格等其他字符。__init__()方法必须有一个参数 self,如果 __init__()方法有多个参数，self 参数必须是第一个。self 参数是一个指向实体本身的引用，用于访问类中的属性和方法。

14．当为类创建一个新的实例时，Python 默认都会调用__init__()方法，并自动传递实参 self。如果在创建类时没有创建__init__()方法或__init__()方法只有一个参数 self，在创建类的实例时就无须指定实参。如果__init__()方法有多个参数，在创建类的实例时就要传递除了 self 参数的其他实参。

15．类的属性实质上是类的变量，是定义在类中，并且在函数体外的属性，类的属性名称一般小写。类的属性可以在类的所有实例之间共享值，可以在所有类的实例化对象中公用。访问类的属性可以使用类名和"."操作符，或者当类实例化一个对象后，也可以通过该实例名称和"."操作符访问类的属性。

16．在 Python 中可以创建多个类的实例，除了在类里定义类的属性，也可以动态地为类添加属性，对于定义在方法中的实例属性，也可以通过实例名称动态修改。

17．类的实例方法就是使用 def 关键字在类内部创建的函数，语法格式为 def functionName(self,parameterlist):，当为类实例化一个对象后，就可以通过该实例名称和"."操作符访问类的方法，访问类的方法的语法格式为实例名.方法名(parameterlist)。

18．在类的属性或方法名前添加双下划线，表示该属性或方法是类的私有成员，只允许定义该属性或方法的类对其进行访问，而不允许类的实例对其进行访问。如果类的实例确实要访问，可以通过"类的实例名._类名__属性名"的方式访问类的私有属性，使用"类的实例名._类名__方法名()"的方式访问类的私有方法。

19．在类的属性或方法名首尾都添加双下划线，表示特殊用法，一般是系统定义的名字，如类的构造方法名称__init__，开发者在定义属性和方法时不要使用这种格式。

20．在不破坏类封装原则的基础上，为了能够有效操作类属性和实例属性，在类中应把属性定义为私有属性，并提供包含读或写属性的方法，一般读属性（获得属性的数据）被定义为 getter 方法，写属性（给属性赋值或修改属性值）被定义为 setter 方法，这样就可以通过"实例名.方法(参数)"的方式操作属性。

21．Python 提供了内置函数 property()，property()不仅可以让开发者通过实例名称调用属性，还可以对属性的操作进行控制，将属性变为可控属性。property()函数的语法格式为属性名=property(fget=None, fset=None, fdel=None, doc=None)，其中参数 fget 用于指定获取该属性值的类方法，参数 fset 用于指定设置该属性值的类方法，参数 fdel 于指定删除该属性值的类方法，参数 doc 一个文档字符串，用于说明此函数的作用。

22．property()函数的参数指定并不是随意的，若只指定第一个参数 fget，则说明这个属性是只读的，不能修改和删除。若只指定前两个参数 fget 和 fset，则说明这个属性是可读、可写的，但不能删除。若指定前三个参数 fget、fset 和 fdel，说明这个属性是可读、可写和可删除的。也可以 4 个参数全部指定。

23．Python 提供了@property 装饰器，它是用来装饰方法的，主要的应用场景有两个：一是将方法转换为属性，二是为属性添加安全保护机制。

24．通常情况下，在类内定义的方法，在调用时都要通过"实例名.方法名(参数)"的形式来调用，但如果某个方法在定义时被@property 修饰了，在调用时就可以像调用属性一样，直接使用"实例名.方法名"的方式来调用。

25．使用@property 装饰器不仅可以将方法转换为属性，而且还可为属性设置 setter 方法，让属性具有可读权限，通过@方法名.setter 装饰器和@方法名.deleter 装饰器可以给被@property 装饰器转换的属性设置可写和可删除权限。

26．继承是面向对象编程语言的重要特性之一，可以实现代码重用，提高开发效率。

27．在 Python 中，要实现类的继承，可以在定义类时，将要继承的父类放在类名右侧的一对小括号中，语法格式为 class ClassName(parentclasslist):，子类继承父类，子类就拥有了父类所有的成员。

28．super()函数是 Python 中调用父类的一种方法，在子类中可以通过 super()函数来调用父类的方法

29．若子类定义了构造方法，则父类也必须定义构造方法。

30．Python 是一门支持多继承的面向对象编程语言，允许一个类可以继承多个类。

31．若子类继承的多个父类中包含同名的类实例方法，则子类对象在调用该方法时会优先选择排在最前面的父类中的实例方法，构造方法也是如此。

32．在多继承时，super()函数只能调用第一个父类的构造方法，其他父类的构造方法都要使用父类的类名来调用，而且要手动传递 self 参数。

33．当子类继承了父类后，会继承父类中的属性和方法，如果某个父类的方法不适用于子类，但仍然想用父类中该方法的名称，可以重写父类的方法。当在子类中重写了父类的方法后，会优先调用子类中的同名方法，而不调用父类中的同名方法。

实 践 项 目

1. 为某汽车租赁公司开发一个汽车租赁系统，出租的车辆分为小汽车、商务车和客车，车型及日租费用见表 9-1，请根据用户选择的车型和租赁天数计算出租赁费用。

表 9-1　车型及日租费用

车型	小汽车			商务车	客车	
	奔驰	宝马	奥迪	别克	≤19 座	>19 座
日租费用/元	3000	2500	1800	800	1000	1500

当用户租赁的是小汽车时，程序运行结果如图 9-15 所示。

```
-------------欢迎您来到通达汽车租赁公司---------------

请输入要租赁的汽车类型（1：小汽车　　2：商务车　　3：客车）：1
请输入要租赁的汽车品牌（1：奔驰　　2：宝马　　3：奥迪）：1
请输入要租借的天数：3
您租赁的是奔驰，租赁天数是：3天，总费用是：9000，请提车，并按时还车！
```

图 9-15　用户租赁的是小汽车

当用户租赁的是商务车时，程序运行结果如图 9-16 所示。

```
-------------欢迎您来到通达汽车租赁公司---------------

请输入要租赁的汽车类型（1：小汽车　　2：商务车　　3：客车）：2
商务车当前库存只有别克车型，是否继续租凭，y/n：y
请输入要租借的天数：3
您租赁的是别克，租赁天数是：3天，总费用是：2400，请提车，并按时还车！
```

图 9-16　用户租赁的是商务车

当用户租赁的是客车时，程序运行结果如图 9-17 所示。

```
-------------欢迎您来到通达汽车租赁公司---------------

请输入要租赁的汽车类型（1：小汽车　　2：商务车　　3：客车）：3
请输入您需要租赁客车的座位数：34
请输入要租借的天数：5
您租赁的客车的座位数是34，租赁天数是：5天，总费用是：7500，请提车，并按时还车！
```

图 9-17　用户租赁的是客车

 　　为提升程序的健壮性，要对用户输入进行判断，若输入不正确，则提示"输入错误！"，程序类图如图 9-18 所示。

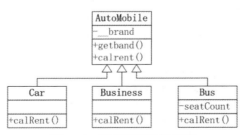

图 9-18　汽车租赁系统类图

2. 请为图书馆开发一个图书借阅系统，实现学生借阅图书和还书功能，学生信息和图书信息如图 9-19 所示。

学生信息表

学号	姓名
202301	华秀
202302	冬燕
202303	子轩
202304	子墨
202305	大宇

图书信息表

书名
《平凡的世界》
《三国演义》
《论语》
《红楼梦》
《西游记》
《Python开发与实战》

图 9-19　学生信息和图书信息

要求如下。

（1）不论借书还是还书，都要先输入学生姓名、学号，并验证学生信息是否在图 9-19 所示的学生信息表中，若姓名或学号不正确，则输出"对不起，身份验证失败，请与图书馆管理老师联系！""正确的学生信息为：{'202301': '华秀', '202302': '冬燕', '202303': '子轩', '202304': '子墨', '202305': '大宇'}。学生身份验证失败效果如图 9-20 所示。

```
请选择您的操作，1：借书      2：还书：1
请输入你的姓名：华秀
请输入你的学号：202303
对不起，身份验证失败，请与图书馆管理老师联系！
正确的学生信息为： {'202301': '华秀', '202302': '冬燕', '202303': '子轩', '202304': '子墨', '202305': '大宇'}
```

图 9-20　学生身份验证失败效果

（2）借阅图书，如果学生身份验证成功，就输入要借阅图书的书名，并验证书名是否在图 9-19 所示的图书信息表中，如果不存在，就输出"对不起，您借阅的图书暂无库存！""可借图书有：['《平凡的世界》', '《三国演义》', '《论语》', '《红楼梦》', '《西游记》', '《Python 开发与实战》']"，图书借阅失败效果如图 9-21 所示。

```
请选择您的操作，1：借书      2：还书：1
请输入你的姓名：华秀
请输入你的学号：202301
身份验证成功，请输入你要借的图书名：《孙子兵法》
对不起，您借阅的图书暂无库存！
可借图书有： ['《平凡的世界》', '《三国演义》', '《论语》', '《红楼梦》', '《西游记》', '《Python开发与实战》']
```

图 9-21　图书借阅失败效果

如果借阅图书在图书列表中，就输出"您要借阅的图书可以借阅！"，并输出借阅成功信息，图书借阅成功效果如图 9-22 所示。

```
请选择您的操作，1：借书      2：还书：1
请输入你的姓名：华秀
请输入你的学号：202301
身份验证成功，请输入你要借的图书名：《平凡的世界》
您要借阅的图书可以借阅！
姓名：华秀，学号202301，借阅图书为《平凡的世界》，图书借阅成功！
```

图 9-22　图书借阅成功效果

（3）还书时，如果学生身份验证正确，就输入要还图书的书名，输出还书成功的信息，并将要还图书的书名添加到图书列表中，输出修改后的图书列表，效果如图 9-23 所示。

```
请选择您的操作，1：借书      2：还书：2
请输入你的姓名：华秀
请输入你的学号：202301
身份验证成功，请输入你要还的图书名：《孙子兵法》
姓名：华秀，学号202301，所还图书为《孙子兵法》，还书成功！
可借图书有：['《平凡的世界》', '《三国演义》', '《论语》', '《红楼梦》', '《西游记》', '《Python开发与实战》', '《孙子兵法》']
```

图 9-23　还书成功效果

程序类图如图 9-24 所示。

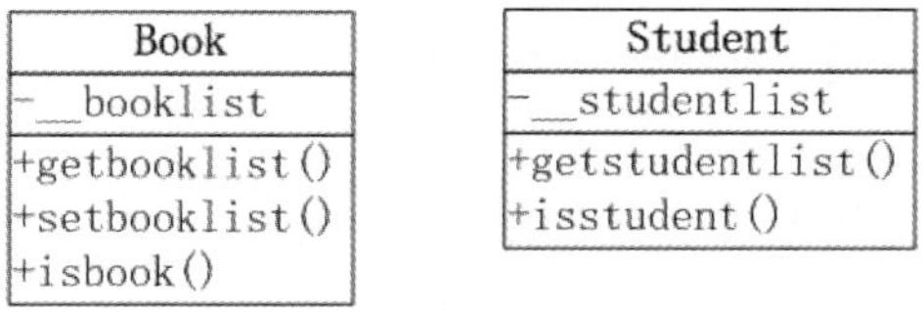

图 9-24　图书借阅系统类图

第 10 章　模块和包

本章简介

判断一门语言是否强大，其中一个指标就是看已经提供的可用函数库或类库是否丰富，Python 具有丰富和强大的标准库，Python 标准库中包含大量的标准模块。我们在前面章节中已经使用过一些 Python 标准模块，如处理时间的 time 模块、产生随机数的 random 模块和处理正则表达式的 re 模块等，使用这些标准模块可以极大地提高开发效率，让开发者"不用重复制造轮子"。

为了避免各类命名冲突问题，也为了让开发的程序更加条理清晰，Python 通过包来组织程序。

本章将详细讲解 Python 中的模块和包，包括自定义模块、导入和使用标准模块、第三方模块的下载和安装、Python 程序中的包结构、如何创建和使用包等。

本章目标

1. 掌握使用 import 引入模块和使用 from...import 语句导入模块的方法。
2. 能够创建和使用包组织程序。

本章知识架构

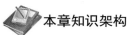

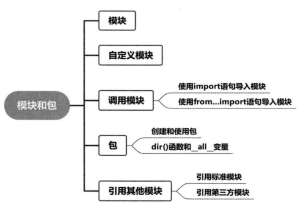

10.1　模　　块

Python 标准库中的标准模块很好理解，其是 Python 标准库中为实现特定功能而编写的.py 文件。如图 10-1 所示，在集成开发环境 PyCharm 中编写程序，使用 import re 语句导入 re 标准模块，将鼠标指针放在 re 上，按住 Ctrl 键并单击便可打开 re 模块。

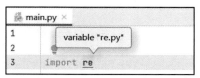

图 10-1　在 PyCharm 中查看标准模块

打开的 re 模块，部分内容如图 10-2 所示。在该模块中编写了处理正则表达式的相关类和方法。

```
184     #-----------------------------------------------------------------
185     # public interface
186
187   * def match(pattern, string, flags=0):
188         """Try to apply the pattern at the start of the string, returning
189         a Match object, or None if no match was found."""
190         return _compile(pattern, flags).match(string)
191
192   * def fullmatch(pattern, string, flags=0):
193         """Try to apply the pattern to all of the string, returning
194         a Match object, or None if no match was found."""
195         return _compile(pattern, flags).fullmatch(string)
196
197   * def search(pattern, string, flags=0):
198         """Scan through string looking for a match to the pattern, returning
199         a Match object, or None if no match was found."""
200         return _compile(pattern, flags).search(string)
```

图 10-2　re 模块部分内容

标准模块是 Python 标准库提供给所有开发者的，在任何程序中如果有需要都可以调用。

通常情况下，我们把能够实现某一特定功能的代码放置在一个 .py 文件中作为一个模块。

通俗地讲，一个 .py 文件就是一个模块，这个模块中可以包含若干类和函数，而这些类和函数是可以实现某些特定功能的。另外，使用模块也可以避免函数名和变量名冲突。

10.2　自定义模块

在前面章节的学习中，我们是将所有代码都写在一个 .py 文件中，理论上讲也是一个模块，但是，当程序要实现的功能越来越复杂时，这个文件也将变得越来越大，会导致程序很混乱，耦合性很强，维护难度极大。如果我们按功能将其分为多个 .py 文件，也就是变成多个模块，不仅可以提高代码的可维护性，被定义的模块在程序中还可以随时调用，极大地提高了代码的重用性。

例如，在第 9 章实践项目 2 中，我们将所有代码都编写在了一个 .py 文件中，分析程序，程序中定义了一个 Book 类，该类中有关于处理图书的方法，还定义了一个 Student 类，该类中也有一些处理学生信息的方法，还有就是主程序，在主程序中处理业务逻辑。为了让程序更加清晰，降低程序的耦合度，可以按功能把该程序的 .py 文件分解为 book.py、student.py 和 library_ms.py 这 3 个文件，如图 10-3 所示。其中，book.py 只包含 Book 类，student.py 只包含 Student 类，library_ms.py 只包含主程序。模块的文件名都是以 .py 为扩展名的。

```
book.py
library_ms.py
student.py
```

图 10-3　将第 9 章实践项目 2
程序分解为 3 个模块

book 模块的代码如下。

```
"""
book 模块，用于处理图书
"""
class Book:
```

```python
    """
    图书类
    """
    def __init__(self):
        """
        图书类的构造方法
        """
        #定义图书元组作为属性
        self.__booklist = ["《平凡的世界》","《三国演义》","《论语》","《红楼梦》",
            "《西游记》","《Python 开发与实战》"]

    #定义图书元组属性的 getter 方法
    def getbooklist(self):
        return self.__booklist

    # 定义图书元组属性的 setter 方法
    def setbooklist(self,value):
        self.__booklist = value

    #为 booklist 属性配置 property()函数，为可读、可写，外部可以使用实例名.booklist 访问
    booklist = property(getbooklist,setbooklist)

    def isbook(self,book):
        """
        判断图书是否存在的方法
        :param book：书名
        :return：1 表示存在，0 表示不存在
        """
        if book in self.__booklist:
            return 1
        else:
            return 0
```

student 模块的代码如下。

```python
"""
student 模块，用于处理学生信息
"""

class Student:
    """
    学生类
    """
    def __init__(self):
        """
        学生类的构造方法
        """
        #定义私有属性学生集合
        self.__studentlist ={"202301":"华秀","202302":"冬燕","202303":"子轩","202304":"子墨",
            "202305":"大宇"}

    #为学生集合属性定义 getter 方法
```

```python
    def getstudentlist(self):
        return  self.__studentlist

    # 为 studentlist 属性配置 property()函数，为可读，外部可以使用实例名.studentlist 访问
    studentlist = property(getstudentlist)

    def isstudent(self,name,number):
        """
        判断学生是否存在的方法
        :param name：姓名
        :param number：学号
        :return：1 表示存在，0 表示不存在
        """
        for item in self.__studentlist.items():
            if number == item[0] and name == item[1]:
                return 1
            else:
                return 0

    #借阅图书的方法
    def borrowbook(self,name,number,bookname):
        print("姓名：{}，学号{}，借阅图书为{}，图书借阅成功！".format(name,number,bookname))
    #还书的方法
    def returnbook(self,name,number,bookname):
        print("姓名：{}，学号{}，所还图书为{}，还书成功！".format(name, number, bookname))
```

library_ms 模块的代码如下。

```python
"""
主程序
"""
tag = int(input("请选择您的操作，1：借书    2：还书："))

if tag == 1:                                    #借书
    stu_name = input("请输入你的姓名：")
    stu_number = input("请输入你的学号：")
    student = Student()
    result = student.isstudent(stu_name,stu_number)
    if result == 1:
        bookname = input("身份验证成功，请输入你要借的图书名：")
        book = book.Book()
        exist = book.isbook(bookname)
        if exist == 1:
            print("您要借阅的图书可以借阅！")
            student.borrowbook(stu_name,stu_number,bookname)
        else:
            print("对不起，您借阅的图书暂无库存！")
            print("可借图书有：",book.booklist)
    else:
        print("对不起，身份验证失败，请与图书馆管理老师联系！")
        print("正确的学生信息为：",student.studentlist)
```

```
    elif tag == 2:                                          #还书
        stu_name = input("请输入你的姓名：")              #输入学生姓名
        stu_number = input("请输入你的学号：")            #输入学生学号
        student = Student()                                 #创建 Student 类的实例
        #调用 Student 类的 isstudent()方法判断学生是否存在
        result = student.isstudent(stu_name, stu_number)

        if result == 1:                                     #学生存在
            #输入书名
            bookname = input("身份验证成功，请输入你要还的图书名：")
            book = Book()                                   #创建图书类的实例

            #调用 Student 类的还书方法
            student.returnbook(stu_name,stu_number,bookname)
            book.booklist.append(bookname)                  #将要还的图书加入图书列表中
            #输出添加图书后的图书列表
            print("可借图书有：", book.booklist)
        else:
            print("对不起，身份验证失败，请与图书馆管理老师联系！")
            print("正确的学生信息为：", student.studentlist)
    else:
        print("输入错误！")
```

将原来一个.py 文件按功能拆分成 book.py、student.py 和 library_ms.py 这 3 个文件后，从各个模块的代码可以看出，每一个模块的功能相对单一，程序结构也更加有条理。

10.3　调 用 模 块

创建模块后，就可以在程序的其他地方调用这些模块了，两个模块是不同的文件，要使用模块就要先将被调用的模块导入要使用的模块中。

10.3.1　使用 import 语句导入模块

正如前面章节使用 re 模块、random 模块一样，可以使用 import 关键字实现模块的导入，语法格式如下。

```
import modulename[as alias]
```

各参数说明如下。

- modulename：要导入的模块名称，严格区分大小写。
- as alias：给模块起的别名，通过别名也可以使用该模块。

在 10.2 节中，把程序按功能分为了 book.py、student.py 和 library_ms.py 这 3 个文件，此时的主程序 library_ms.py 是不完整的，没有了 Book 类和 Student 类，运行会出现错误。要在主程序 library_ms.py 中调用 book 模块中的 Book 类及其方法，还要调用 student 模块中的 Student 类及其方法，可以使用 import 语句将这两个模块导入 library_ms.py 中，导入后可以使用"模块名/模块别名."的方式，调用被导入模块中的成员。

示例 1　重构第 9 章实践项目 2，在 library_ms 模块中使用 import 导入 book 和 student 模块，让程序正常运行。

```
# 导入模块，为了与 Book 类的实例 book 区分，给模块定义别名 book_m
import book as book_m
```

```python
#导入模块，为了与 Studnent 类的实例 student 区分，给模块定义别名 student_m
import student as student_m

#提示用户输入，1 为借书功能，2 为还书功能
tag = int(input("请选择您的操作，1：借书        2：还书："))

if tag == 1:    #借书
    stu_name = input("请输入你的姓名：")              #提示输入姓名
    stu_number = input("请输入你的学号：")            #提示输入学号
    #创建 Student 类的实例，通过 student_m 调用 student 模块中的 Student 类
    student = student_m.Student()
    #调用 isstudent()方法判断学生信息是否在学生信息字典中，1 表示存在，0 表示不存在
    result = student.isstudent(stu_name,stu_number)
    if result == 1:                              #学生信息存在于学生信息字典中
        #提示输入书名
        bookname = input("身份验证成功，请输入你要借的图书名：")
        #创建 Book 类的实例，通过 book_m 别名调用 book 模块中的 Book 类
        book = book_m.Book()
        #判断要借的图书是否存在于图书列表中，1 表示存在，0 表示不存在
        exist = book.isbook(bookname)
        if exist == 1:                          #图书存在
            print("您要借阅的图书可以借阅！")
            student.borrowbook(stu_name,stu_number,bookname)
        else:                                   #图书名不在图书列表中
            print("对不起，您借阅的图书暂无库存！")
            print("可借图书有：",book.booklist)     #输出图书列表
    else:                                        #学生信息与学生信息字典中的数据不符
        print("对不起，身份验证失败，请与图书馆管理老师联系！")
        print("正确的学生信息为：",student.studentlist)  #输出学生信息字典

elif tag == 2:                                   #还书
    stu_name = input("请输入你的姓名：")              #输入学生姓名
    stu_number = input("请输入你的学号：")            #输入学生学号
    student = student_m.Student()                #创建 Student 类的实例
    #调用 Student 类的 isstudent()方法判断学生是否存在
    result = student.isstudent(stu_name, stu_number)
    if result == 1:                              #学生存在
        #输入书名
        bookname = input("身份验证成功，请输入你要还的图书名：")
        book = book_m.Book()                     #创建图书类的实例

        #调用 Student 类的还书方法
        student.returnbook(stu_name,stu_number,bookname)
        book.booklist.append(bookname)           #将要还的图书加入图书列表中
        #输出添加图书后的图书列表
        print("可借图书有：", book.booklist)
    else:
        print("对不起，身份验证失败，请与图书馆管理老师联系！")
        print("正确的学生信息为：", student.studentlist)
else:
    print("输入错误！")
```

运行程序，运行结果与第 9 章实践项目 2 结果一致。

在示例 1 中，通过 import book as book_m 语句导入 book 模块，并给模块起了别名 book_m，在 library_ms 模块中，可以通过 book_m.xx 的方式调用 book 模块中的成员（如变量、类、函数等）。通过 import student as student_m 语句导入 student 模块，并给模块起了别名 student_m，在 library_ms 模块中，可以通过 student_m.xx 的方式调用 student 模块中的成员。

在示例 1 中，通过 tag = int(input("请选择您的操作，1：借书　　2：还书："))，输出功能菜单"借书"和"还书"，提示用户输入，并将用户输入赋值给变量 tag。程序中使用了 if...elif...else 语句，如果 tag == 1，进入借书功能；如果 tag == 2，进入还书功能，否则提示用户"输入错误！"。

当用户输入 1 时，进入借书功能，首先提示用户输入"姓名"和"学号"，然后使用 student = student_m.Student()语句实例化了一个 Student 类的对象 student，从代码中可以看出：使用 student.py 模块的别名 student_ms 可以直接调用 student 模块中的 Student 类。程序中通过 result = student.isstudent(stu_name,stu_number)语句，以"姓名"和"学号"为参数调用 student 实例的 isstudent()方法，该方法用于判断学生信息是否在学生信息字典中，该函数的返回值为 1 或 0，如果是 1 表示学生信息字典中存在该学生，可以进行后续的借书操作，如果是 0 表示学生信息字典中不存在该学生。result == 1 表示学生信息在学生信息字典中匹配成功，提示用户输入书名，并通过 book = book_m.Book()语句实例化了 Book 类的对象 book，从代码中可以看出：使用 book 模块的别名 book_ms 可以直接调用 book 模块中的 Book 类。使用 exist = book.isbook(bookname)语句调用 book 实例中的 isbook()方法，该方法用于判断用户输入的书名是否在图书列表中，该方法的返回值是 1 或 0，如果是 1 表示用户要借的书在图书列表中，使用 student.borrowbook(stu_name, stu_number,bookname) 语句调用 student 实例的 borrowbook()方法，输出用户和所借图书的信息，完成借阅。

当用户输入 2 时，进入还书功能，读者可以参照借书功能的分析和程序中的注释自行分析，此处不再赘述。

　　在 Student 类中定义了 getbooklist()方法，在 Book 类中也定义了 getstudentlist()方法和 setstudentlist()方法，但是在主程序中是通过 book.booklist 和 student.studentlist 调用 getter 方法的，因为在 Book 类和 Student 类里面已经为它们配置了 property()函数。

10.3.2　使用 from...import 语句导入模块

在使用 import 语句导入模块时，会导入模块中的所有成员，如果我们只想在 A 模块中使用 B 模块中的一个变量或函数，使用 import B 就要导入和执行整个 B 模块，这对于内存空间和执行效率都有影响。为了让导入模块更精准，Python 提供了 from...import 语句，可以实现更小范围的调用，例如，我们要导入 A 模块中的 dealinfo()函数，可以通过 from B import dealinfo 语句实现。from...import 语句的语法格式如下。

```
from modelname import member
```

各参数说明如下。

- modelname：要导入模块的模块名，严格区分大小写。
- member：被导入的模块成员，可以是变量、函数或类，可以有多个，每个被导入的成员之间用逗号分隔。如果要导入模块的所有成员，可以使用通配符"*"代替，

from B import *等价于 import B。

 注意　如果要在 A 模块中使用 form…import 语句导入 B 模块和 C 模块中的同名成员，后导入的成员会覆盖先导入的成员，会导致程序出错或不及预期。例如：使用 form…import 语句分别导入 B 模块和 C 模块中的 dealinfo 成员，代码如下。

```
form B import dealinfo
from C import daelinfo
```

在程序中使用 dealinfo 时，使用的都是模块 C 的成员，模块 B 的 dealinfo 会被覆盖掉，在这种情况下要使用 import 语句导入模块，代码如下。

```
import B
import C
```

在程序中可以使用 B.dealinfo 和 C.daelinfo 调用各自的 dealinfo 成员。

示例 2　有 5 位学生参加了 Python 的知识竞赛，请输出最高分和平均分。

首先开发工具模块 tools.py，在工具模块中定义了获取平均分的 dealaverage()函数、获取最高分的 dealmax()函数，获取最低分的 dealmin()函数。

```
"""
工具模块
"""

def dealaverage(resultlist):
    """
    用于处理平均值的函数
    :param resultlist: 成绩列表
    :return: 平均分
    """
    sun = 0
    for item in resultlist:
        sun += item
    return sun / len(resultlist)


def dealmax(resultlist):
    """
    用于获取最高分的函数
    :param resultlist: 成绩列表
    :return: 最高分
    """
    resultlist.sort(reverse=True)        #对列表进行降序排序

    return resultlist[0]                 #返回降序排序后的列表的第一个元素就是最大值


def dealmin(resultlist):
    """
    用于获取最低分的函数
    :param resultlist: 成绩列表
    :return: 最低分
    """
    resultlist.sort()                    #对列表进行升序排序，sort()默认是降序

    return resultlist[0]                 #返回升序排序后的列表的第一个元素就是最小值
```

开发主程序，在主程序中获取 5 名学生的成绩，并调用工具模块中的相关方法获取平均分和最高分。

```
from tools import dealmax
from tools import dealaverage

i = 1
resultlist = []                                          #定义存储学生成绩的列表

while i< 6:
    instr = "请输入第{}位同学的成绩：".format(i)          #定义提示信息
    num = float(input(instr))                            #提示并接收用户输入的成绩
    resultlist.append(num)                               #将用户输入的成绩添加到成绩列表中
    i += 1
#调用导入的 dealmax()函数获取并输出最高分
print("五名同学中的最高分是：",dealmax(resultlist))
#调用导入的 dealaverage()函数获取并输出平均分
print("五名同学的平均分是：",dealaverage(resultlist))
```

运行主程序，运行结果如图 10-4 所示。

在示例 2 的主程序中，使用 from tools import dealmax 和 from tools import dealaverage 导入了工具模块 tools.py 中的 dealmax()和 dealaverage()函数，然后定义了 resultlist 列表用于存储输入的学生成绩，通过 while 循环获取了用户输入的 5 名学生的成绩，最后分别调用 dealmax()和 dealaverage()函数获得了学生的最高分和平均分并输出。

```
请输入第1位同学的成绩： 98
请输入第2位同学的成绩： 90.5
请输入第3位同学的成绩： 89
请输入第4位同学的成绩： 92
请输入第5位同学的成绩： 85
五名同学中的最高分是： 98.0
五名同学的平均分是： 90.9
```

图 10-4　获取学生成绩的最高分和平均分

从示例 2 可以看出，虽然工具模块 tools.py 中还有 dealmin()函数，但在主程序中不使用，所以没有必要导入。

注意，不论是使用 import 语句还是使用 from…import 语句，导入的都是模块中的非私有成员，模块中以单下划线"_"或双下划线"__"开头，或者是前后都有双下划线的成员是不能被导入的。

10.4　包

在生活中，保存文档时会经常使用文件夹，把不同类型的文档归类，然后分别存放到不同的文件夹中，易于管理和查找。在计算机中保存电子文档也不例外，操作系统中的树形目录结构也是将不同类型的文件放在不同的文件夹中。在复杂的文件系统中，文件分门别类存储在不同的文件夹中解决了文件同名冲突的问题。

事实上，在编写复杂程序的过程中，也会遇到同样的问题。Python 以模块组织程序，开发一个大型的项目可能需要编写成百上千个模块。如果要求开发人员确保自己选用的模块名不和其他程序员选用的模块名冲突，这是很困难的。例如，在程序中，开发人员定义了一个 student 模块，用于处理学生数据，但另一个人也定义了一个 student 模块，于是模块名冲突，问题就这么产生了。Python 提供包（package）来管理模块，类似于文件存储在文件夹中，Python 的模块文件可以存储在不同的包中，且每个包必须包含一个__init__.py 文件。包下面还可以创建子包，子包中也要包含一个__init__.py 文件。

　　如图 10-5 所示，是一个 Python 程序的包结构，一个 Python 项目（project）可以有多个包（package），每个包里都包含一个 __init__.py 文件，包里可以存放任意多的模块（module），包下面又可以有子包（sub-package），子包中也包含 __init__.py 文件，也可以存放多个模块。

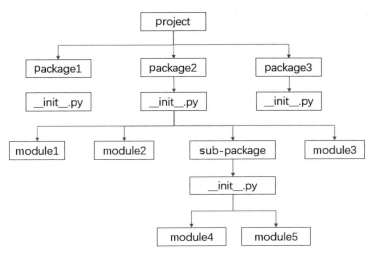

图 10-5　Python 程序包结构

　　包中的 __init__.py 文件是一个模块文件，模块名为对应的包名，例如：包名 edums 下的 __init__.py 文件的模块名是 edums。__init__.py 文件中可以不编写任何代码， 也可以编写代码，如果在 __init__.py 文件中编写了代码，在导入包时会自动执行。

　　如图 10-6 所示，是在 PyCharm 中创建的一个 Python 项目的组织结构。项目名称为 edumsproject，在该项目下有 edums、templates、test 3 个包，其中 edums 包中存放主程序模块 main.py（主程序模块的名称可以自己定义），templates 包中存放模板模块 models.py，test 包中存放用于测试的模块 test.py。

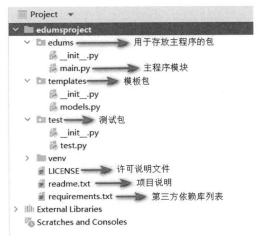

图 10-6　Python 项目的组织结构

10.4.1　创建和使用包

1．创建包

创建包实质上就是创建一个文件夹，如图 10-7 所示，在集成开发环境 PyCharm 中，将鼠标指针放于项目名称上，右击，选择 New 命令，在下拉列表中选择 Python Package 命令，弹出图 10-8 所示的对话框，在对话框中为新创建的包命名，如填写 home，并按 Enter 键，在项目中就可创建名称为 home 的包，如图 10-9 所示，新创建的 home 包中会自带 __init__.py 文件，该文件中没有任何内容。

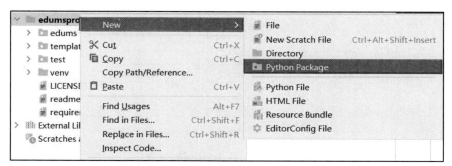

图 10-7　在 PyCharm 中创建包

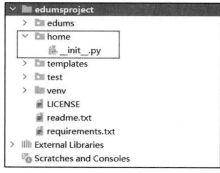

图 10-8　为新创建的包命名　　　　　图 10-9　新创建的包

在项目中也可以创建目录（dictionary），目录和包的区别是包中包含 __init__.py 文件，而目录中没有。

2．使用包

如果两个模块在一个包中，使用 import 语句可以直接导入同一个包中的另一个模块，或者使用 from…import 导入同一个包中的另一个模块的成员。但是如果两个模块在不同的包中，就不能直接导入，需要加上包名来导入，有以下 3 种方法。

（1）通过"import 包名.模块名"的形式加载模块。例如，tools 包中有 dealinfo 模块，该模块中有以下两句代码。

```
name = "张三"
age = 20
```

要在 main.py 中调用 dealinfo 模块中的 name 变量并输出，可以使用以下代码实现。

```
import tools.dealinfo
print("姓名是：",tools.dealinfo.name)
```

运行程序，运行结果如下。

```
姓名是：张三
```

可以看出，使用"import 包名.模块名"的方式导入模块，在调用模块中的成员时，需要使用"包名.模块名.模块成员"的方式。

（2）通过"from 包名 import 模块名"的形式加载模块。仍以调用 tools 包中 dealinfo 模块的 name 变量为例，可以使用以下代码实现。

```
from tools import dealinfo
print("姓名是：",dealinfo.name)
```

运行程序，运行结果如下。

姓名是：张三

可以看出，使用"from 包名 import 模块名"的方式导入模块，在调用模块中的成员时，不需要再使用包名，可以使用"模块名.模块成员"的方式。

（3）通过"from 包名.模块名 import 模块成员"的形式加载模块。仍以调用 tools 包中 dealinfo 模块的 name 变量为例，可以使用以下代码实现。

```
from tools.dealinfo import name
print("姓名是：",name)
```

运行程序，运行结果如下。

姓名是：张三

可以看出，使用"from 包名.模块名 import 模块成员"的方式导入模块，在调用模块中的成员时，不需要再使用包名和模块名，可以直接使用"模块成员"。如果想导入模块下的所有成员，且可以像使用本模块自有成员一样使用（不用加包名和模块名），可以使用"from 包名.模块名 import *"来实现，但被导入模块中的受保护成员和私有成员不会被导入。

这 3 种方法导入代码的范围越来越缩小，调用更精准，适用于不同的场景。

10.4.2　dir()函数和__all__变量

如果要查看当前模块或被导入模块有哪些成员，可以使用 dir()函数实现。

1. dir()函数

若 dir()函数不带参数，则返回当前模块中所有的成员。例如，tools 包中有 dealinfo 模块，该模块中有以下两句代码。

```
name = "张三"
age = 20
```

在 main.py 中调用 dealinfo 模块中的所有成员后，输出 main.py 中所有的成员，可用以下代码实现。

```
from tools.dealinfo import *
print(dir())
```

运行程序，运行结果如下。

```
['__annotations__', '__builtins__', '__cached__', '__doc__', '__file__', '__loader__', '__name__',
'__package__', '__spec__', 'age', 'name']
```

其中，age 和 name 是从 tools 包中的 dealinfo 模块中导入的变量，其他成员都是 main.py 的私有成员。

若 dir()以某个包或模块名为参数，则会返回该包或模块中的所有成员。例如，以下代码：

```
import tools.dealinfo

print(dir(tools.dealinfo))          #返回 dealinfo 模块中的所有成员
print(dir(tools))                   #返回 tools 包中的所有成员
```

运行程序，运行结果如图 10-10 所示。

从运行结果可以看出，使用 print(dir(tools.dealinfo))语句输出的是 dealinfo 模块中的所有成员，使用 print(dir(tools))输出的是 tools 包中的所有成员。

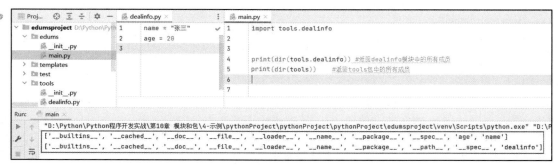

图 10-10   使用 dir()函数查看成员

2. __all__变量

如果想限制模块中的成员被调用,可以使用__all__变量实现,__all__变量的值是一个字符串列表,存储的是当前模块中允许被调用的成员(变量、函数或类)的名称。通过在模块文件中设置__all__变量,当其他文件以"from 模块名 import *"的形式导入该模块时,该文件中只能使用__all__列表中指定的成员。如图 10-11 所示,在 dealinfo.py 中定义 name 和 age 两个变量,配置了__all__ = ["name"]语句,当在 main.py 模块文件中使用 from tools.dealinfo import *导入 dealinfo 模块的成员时,只能导入 name,程序中在输出 age 的值时出现 NameError 异常,提示 age 没有被定义。

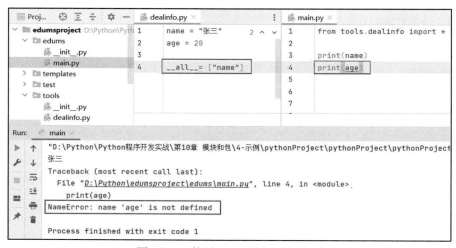

图 10-11   使用__all__变量限制调用

通过配置__all__变量限制外部调用只对使用"from 模块名 import *"导入模块成员时有效,对其他导入方式无效。例如:即便在 dealinfo.py 中限制了只能导入 name 变量,但是使用 from tools.dealinfo import name,age 或 from tools import dealinfo 仍然可以导入 age 变量。

10.5   引用其他模块

Python 中除了引用自定义模块,还可以引用标准模块和第三方模块。

10.5.1   引用标准模块

所谓标准模块是 Python 标准库中已经写好的、可以实现特定功能的模块,开发者在程序的任何模块中都可以直接使用 import 语句调用标准模块。导入标准模块后,可以使用模块名调用其提供的可访问成员（类、函数、变量）。

除前面章节使用过的 random、re 等模块外，Python 还提供了 200 多个内置标准模块，常用的 Python 内置标准模块及其说明见表 10-1。

表 10-1 常用的 Python 内置标准模块及其说明

模块名称	功能说明
sys	提供了系统相关的参数和函数
string	提供了常见的字符串操作
re	提供了正则表达式操作
time	提供了各种与时间相关的函数
calendar	提供了其他与日历相关的实用函数
math	提供了对 C 标准定义的数学函数的访问
random	实现了各种分布的伪随机数生成器
os	提供了一种使用与操作系统相关的功能的便捷式途径
io	提供了 Python 用于处理各种 I/O 类型的主要工具
pathlib	提供了表示文件系统路径的类，其语义适用于不同的操作系统
json	用于使用 JSON 序列化和反序列化对象
urllib	是一个收集了多个涉及 URL 的模块的包，可用于读取和解析 URL
decimal	用于十进制定点和浮点运算，可精确控制运算精度、有效数位和四舍五入等操作的十进制运算
shutil	提供了一系列对文件和文件集合的高阶操作，如文件复制和删除等
logging	为应用与库实现了灵活的事件日志系统的函数与类
tkinter	是针对 Tcl/Tk GUI 工具包的标准 Python 接口
zipfile	提供了创建、读取、写入、添加及列出 ZIP 文件的工具
http	用于处理超文本传输协议的模块

表 10-1 列出的 Python 常用内置模块，各模块具体的介绍和其他内置模块读者可以参考 Python 帮助文件，使用这些标准模块可以极大地提高开发效率，查看 Python 内置模块的方法有以下两种。

（1）在 Python 安装目录下，打开 Doc 文件夹，其中有 Python 自带的帮助文档，如图 10-12 所示。

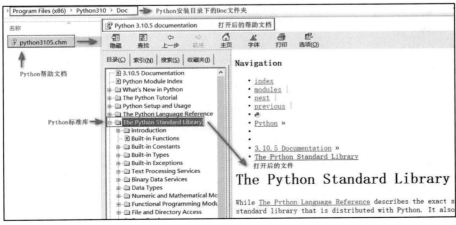

图 10-12 打开 Python 帮助文档

Python 自带的帮助文档是全英文的，读者可以在 Python 官网查看中文版的帮助文档。

（2）在 Python 官网查看帮助文档。

第一步：如图 10-13 所示，打开 Python 官网，单击 Docs 菜单，进入 Python 文档目录界面。

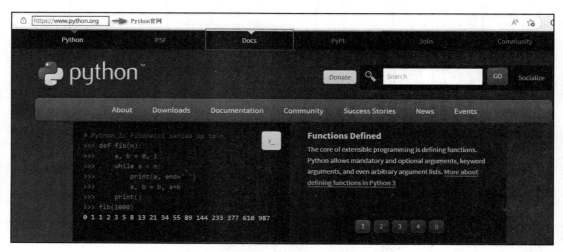

图 10-13   Python 官网查看帮助文档

第二步：如图 10-14 所示，在 Python 文档目录界面，单击版本下拉列表，选择需要查看的 Python 版本号；单击语言下拉列表，选择 Simplified Chinese（简体中文）选项。

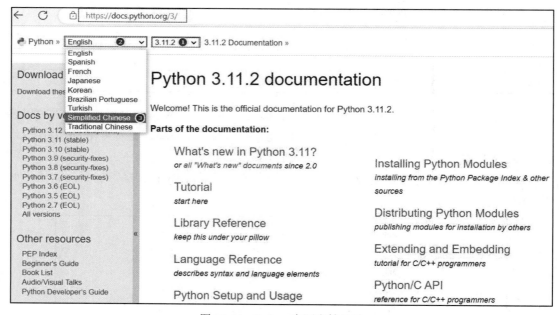

图 10-14   Python 官网文档目录

第三步：如图 10-15 所示，在中文界面中单击"标准库参考"命令可进入 Python 标准库界面；单击"全局模块索引"命令可进入 Python 模块索引界面，如图 10-16 所示。

第四步：在 Python 模块索引界面，可以查看 Python 的所有标准模块，单击便可查看完整内容。如果要查看 random 模块，找到 random 单击，便可打开关于该模块的详细介绍，如图 10-17 所示。

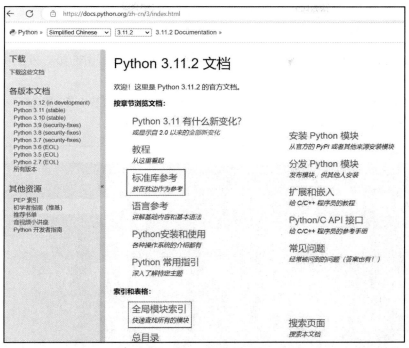

图 10-15　Python 官网文档目录中文版

图 10-16　Python 模块索引界面

图 10-17　random 模块介绍

10.5.2 引用第三方模块

除 Python 内置的标准模块外，在程序中还可以引入很多可用的第三方模块，第三方模块可以在 Python 官网的 PyPI 版块中查看。

如图 10-18 所示，单击首页 PyPI 菜单，进入图 10-19 所示的 PyPI 界面，可以在输入框中输入项目名称搜索，也可以单击 browse projects 命令查看项目。

图 10-18　查看 Python 第三方模块

图 10-19　搜索可查看项目

使用第三方模块时，要先安装，然后可以像调用标准模块一样导入并使用，可以使用 Python 提供的 pip 命令安装第三方模块，pip 命令的语法格式如下。

pip<command> [modulename]

各参数说明如下。

- command：用于指定要执行的命令，常用的参数有 list（显示已经安装的第三方模块）、install（安装第三方模块）、uninstall（卸载已经安装的第三方模块）。
- modulename：可选参数，用于指定要安装或卸载的模块名，当 command 为 install 或 uninstall 时，该参数不可省略。

注意　　在导入模块时，推荐先导入 Python 标准模块，再导入第三方模块，最后导入自定义模块。可以使用 help("modules")函数查看 Python 中都有哪些标准模块和第三方模块。

示例 3　双色球是中国福利彩票的一种玩法，一注双色球彩票号码由红色球号码区和蓝色球号码区组成，红色球号码区由 1～33 共 33 个号码组成，蓝色球号码区由 1～16 共 16 个号码组成，投注时选择 6 个红色球号码（不可重复）和 1 个蓝色球号码组成一注进行投注（本程序只考虑单式投注），双色球中奖标准及中奖金额见表 10-2。请开发一个双色球选号和兑奖的程序，用户可以通过机选和手动输入购买彩票，系统自动生成中奖号码，并将用户号码与中奖号码进行对比，输出用户中了几等奖和中奖金额。

表 10-2　双色球中奖标准及中奖金额

等级	中奖标准		奖金
	红球中的数量	篮球中的数量	
一等奖	6	1	500 万元
二等奖	6	0	150 万元
三等奖	5	1	3000 元
四等奖	5	0	200 元
	4	1	
五等奖	4	0	10 元
	3	1	
六等奖	2/1/0	1	5 元

注：双色球一等奖和二等奖奖金不固定，由公式计算得出，为开发方便，确定为固定值。

程序中，机选功能运行效果如图 10-20 所示。

```
----------欢迎使用双色球兑奖程序-----------

请选择投注方式：1，机选    2，手动输入：1

您要买几张？2
您购买的彩票号码为：  红球是：13   15   18   21   24   27   ，蓝球是：13
本期中奖彩票号码为：  红球是：5   11   16   20   23   26   ，蓝球是：17
很遗憾，您没有中奖！
```

图 10-20　机选功能运行效果

程序中，手动输入彩票号码运行效果如图 10-21 所示。

```
----------欢迎使用双色球兑奖程序-----------

请选择投注方式：1，机选    2，手动输入：2

选号规则：红球共6个，每个号码在1～33之间；蓝球共1个，在1～16之间
请输入6个红色球中的第1个红球号码：5
请输入6个红色球中的第2个红球号码：8
请输入6个红色球中的第3个红球号码：19
请输入6个红色球中的第4个红球号码：28
请输入6个红色球中的第5个红球号码：29
请输入6个红色球中的第6个红球号码：32
请输入您彩票的蓝色球号码：13
您要买几张？2
您购买的彩票号码为：  红球是：5   8   19   28   29   32   ，蓝球是：13
本期中奖彩票号码为：  红球是：5   6   7   20   27   32   ，蓝球是：9
很遗憾，您没有中奖！
```

图 10-21　手动输入彩票号码运行效果

双色球程序组织结构及包、模块功能说明如图 10-22 所示。程序名称为 chapter10_example3，按功能创建了 3 个包，其中 cash 包存放的是兑奖相关的模块文件 dealprize.py；ticket 包中存放的是主程序模块文件 main.py；utils 是工具包，存放封装彩票类的 Ticket.py 模块文件和用来产生中奖彩票号码的 winnum.py 模块文件。

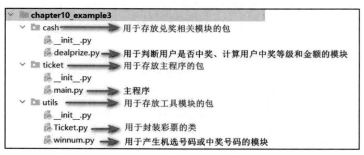

图 10-22　双色球程序组织结构及包、模块功能说明

Ticket.py 模块文件的代码如下。

```python
class Ticket:
    """
    彩票类
    """
    __numsstr = ""                              #定义字符串形式的彩票号码

    def __init__(self,numberlist):
        """
        初始化方法
        :param numberlist：彩票号码
        """
        self.__numlist = numberlist             #私有属性彩票号码列表

    def getnumlist(self):
        """
        获取彩票号码
        :return：彩票号码
        """
        return self.__numlist

    def setnumlist(self,numberlist):
        """
        设置彩票号码的方法
        :param numberlist：
        :return：None
        """
        self.__numlist = numberlist

    def getnumsstr(self):
        """
        以字符串形式返回彩票号码
        :return：字符串形式的彩票号码
        """
        self.__numsstr = "红球是："
```

```
        for index,item in enumerate(self.__numlist):
            if index != 6:
                self.__numsstr += str(item) + "   "
            else:
                self.__numsstr += ",  蓝球是： "
                self.__numsstr += str(item)


        return self.__numsstr                    #返回产生的号码

    # 为 numlist 属性配置 property()函数
    numlist = property(getnumlist, setnumlist)

    # 为 numsstr 属性配置 property()函数
    numsstr = property(getnumsstr)
```

彩票类模块文件 Tokcet.py 代码讲解如下。

在 Ticket 类中，定义了一个私有属性__numsstr，该属性用于输出字符串形式的彩票号码，程序运行结果输出的"您购买的彩票号码为：红球是：5　8　19　28　29　32，蓝球是：13"这句话中的"红球是：5　8　19　28　29　32，蓝球是：13"就是__numsstr 属性的值，而这个值是由 Ticket 类中的 getnumsstr()方法产生的。

Ticket 类的构造方法__init__()传递了一个 numberlist 参数，并赋值给了私有属性__numlist，该参数传递的是存储彩票 7 个号码的列表。

在 Ticket 类中还为__numlist 参数定义了 getter 和 setter 方法，也为__numsstr 属性定义了 getter 方法，在 Ticket 类的最后为这两个参数配置了 property()函数，在类外部使用属性的 getter 和 setter 方法时都可以直接使用"类的实例名. numlist"和"类的实例名. numsstr"调用。

Ticket 类中的 getnumsstr()方法用于给私有属性__numsstr 赋值，该方法中使用 for 循环将彩票列表中的前 6 位以字符串的形式赋值给__numsstr，产生"红球是：5　8　19　28　29　32　"的字符串，最后将索引为 6 的蓝球号码也连接到__numsstr 字符串，最终实现了将彩票号码列表转化为"红球是：5　8　19　28　29　32　，蓝球是：13"这样的字符串。

utils 包中 winnum.py 中的代码如下。

```
import random
class RandomNum:
    """
    用于产生机选号码或中奖号码的类
    """
    def generatewn(self):
        """
        产生机选号码或中奖号码的方法
        :return： 返回中奖号码列表，前 6 位是红球号码，最后 1 位是蓝球号码
        """

        numlist = []                         #用于存放中奖号码的列表
        i = 0

        # 循环产生 6 个红球中奖号码
        while i < 6:
            rednum = random.randint(1,33)     #产生一个 1～33 之间的随机数
```

```
                    #如果产生的随机数已经在中奖号码列表，重新生成一个随机数，直到没有重复球
                    #号码为止
                    while rednum in numlist:
                         rednum = random.randint(1, 33)

                    numlist.append(rednum)              #将新产生的号码保存到号码列表中

                    i += 1
               #将红球中奖号码按从小到大升序排序
               numlist.sort(reverse=False)

               #随机产生一个 1～16 之间的数字作为蓝球号码
               bluenum = random.randint(1, 16)

               #将蓝球号码加到中奖号码列表最后一个
               numlist.append(bluenum)

               return numlist                          #返回中奖号码列表
```

winnum.py 中代码讲解如下。

winnum.py 主要用于产生机选彩票号码和中奖号码，因为这两组号码都需要随机产生，所以可以使用一个模块来实现。因为要产生随机数，程序中使用 import 加载了 Python 标准模块 random。

在 winnum.py 中定义了 RandomNum 类，类中定义了 generatewn()方法用于产生机选号码或中奖号码。generatewn()方法中，首先使用了 while 循环产生 6 个 1～33 之间的随机数作为红球号码，产生红球号码的语句为 rednum = random.randint(1,33)，每次新产生的号码使用 numlist.append(rednum)语句保存到号码列表中。此处需要注意，因为双色球的红球是不允许有重复的，所以每一次产生的随机数都要判断在已产生的号码中是否已经存在，程序中使用了 while 语句迭代判断新生成的号码是否在号码列表中，如果已经存在就重新生成一个，直到新生成的号码不在已生成号码的列表中为止。当 6 个红球号码生成后，使用 numlist.sort(reverse=False)语句将 6 个号码按升序进行排序，最后又使用 bluenum=random.randint(1, 16)语句产生 1 个 1～16 之间的随机数作为蓝球号码，并将蓝球号码作为第 7 个元素添加到 numlist 号码列表中，所以号码列表前 6 个数是红球号码，最后一个数是蓝球号码。

思考：程序中，将随机产生彩票号码的代码封装为 RandomNum 类，如果不使用类，直接把产生彩票号码的程序封装为一个函数，在主程序中使用 import 导入这个函数能否达到效果？如果要求产生机选号码和中奖号码的程序在同一个模块中，这样做是不行的，因为在使用 import 把这个函数导入其他模块时函数就会执行，此时会产生一组彩票号码，后续在使用时，不论机选号码还是中奖号码都是这一组彩票号码，因为 import 不会重复导入，这个函数就只能执行一次。所以，程序中将产生机选号码和中奖号码的程序封装为一个类，每次使用时创建一个 RandomNum 类的实例，使用不同的实例调用产生彩票号码的函数，都会执行一遍程序，产生不同的结果。

用于判断用户彩票是否中奖以及计算奖金的 dealprize.py 代码如下。

```
#导入 utils 包中的模块
from utils import winnum
from utils import Ticket


def getsamecount(numlist,winlist):
```

```
    """
    用于获取用户彩票号码与中奖号码中有几个红球号码相同
    :param numlist: 用户彩票号码
    :param winlist: 中奖号码
    :return：返回相同红球号码的数量
    """
    del numlist[6]                          #删除蓝球，只比红球
    del winlist[6]                          #删除蓝球，只比红球
    count = 0                               #用于统计有几个球相同
    for item in numlist:                    #循环用户彩票号码
        if item in winlist:                 #如果在中奖号码中，数量加 1
            count += 1
    return count                            #返回相同红球号码的数量

def calculate_bonus(numlist,winlist):
    """
    计算用户中奖金额
    :param numlist: 用户彩票号码
    :param winlist: 中奖号码
    :return：几等奖和奖金金额列表

    """
    __level = 0                             #几等奖
    __money = 0                             #奖金

    if numlist == winlist:                  #如果用户彩票号码与中奖号码完全相同为一等奖
        __level = 1                         #中了一等奖
        __money = 5000000                   #奖金 500 万元
        return __level,__money

    else:                                   #非一等奖的情况
        if numlist[6] == winlist[6]:        #蓝球号码相同的情况

            count = getsamecount(numlist,winlist)   #获取相同红球的数量
            if count == 5:                  #中了 5+1
                __level = 3                 #三等奖
                __money = 3000              #奖金 3000 元

            elif count == 4:                #中了 4+1
                __level = 4                 #四等奖
                __money = 200               #奖金 200 元

            elif count == 3:                #中了 3+1
                __level = 5                 #中了五等奖
                __money = 10                #奖金 10 元

            else:                           #中了 2+1 或 1+1 或 0+1
                __level = 6                 #中了六等奖
                __money = 5                 #奖金 5 元

            return __level,__money          #返回中奖等级和奖金金额
```

```
            else :                              #蓝球号码不相同的情况

                #获得相同红球号码的数量
                count = getsamecount(numlist,winlist)
                if count == 6:                   #中了 6+0
                    __level = 2                  #中了二等奖
                    __money = 1500000            #奖金 150 万元

                elif count == 5:                 #中了 5+0
                    __level = 4                  #中了四等奖
                    __money = 200                #奖金 200 元

                elif count == 4:                 #中了 4+0
                    __level = 5                  #中了五等奖
                    __money = 10                 #奖金 10 元

                else:
                    __level = 0                  #没有中奖
                    __money = 0                  #奖金为零

                return __level,__money           #返回中奖等级和奖金金额

def judegwin(numlist,count):
    """
    输出用户购买彩票号码和中奖号码，并返回中奖号码
    :param numlist：用户购买彩票号码
    :param count：用户购买彩票的张数
    :return：winlist 中奖号码
    """

    # 创建一个彩票的实例，表示用户购买的彩票
    ticket_user = Ticket.Ticket(numlist)

    # 输出用户输入的彩票号码
    print("您购买的彩票号码为：", ticket_user.numsstr)

    #创建 RandomNum 类的实例
    random_win = winnum.RandomNum()
    #调用 random_win 实例的 generatewn()函数，产生中奖号码
    winlist = random_win.generatewn()

    #创建一个彩票的实例，表示中奖彩票
    ticket_win = Ticket.Ticket(winlist)
    print("本期中奖彩票号码为：", ticket_win.numsstr)        #输出中奖号码

    #调用 dealprize 模块中的 calculate_bonus()函数，计算用户中了几等奖及金额
    result = calculate_bonus(numlist, winlist)
    if result[0] == 0:
        print("很遗憾，您没有中奖!")
    else:
        print("你中了",result[0],"等奖，奖金为：",result[1]*count)
```

在 dealprize 模块中，定义了两个函数，分别是用于计算用户彩票和中奖号码中有几个
红球号码相同的 getsamecount()和用于计算奖金的 calculate_bonus()函数。要判断用户是否

中奖，就要知道用户彩票和中奖号码中有几个号码是相同的，在 getsamecount()函数中，去掉了蓝球，只比较红球，因为蓝球号码在计算奖金的 calculate_bonus()函数中做了比较，通过 for 循环来迭代判断，如果用户彩票号码中的红球号码有一个在中奖号码中，则 count+1，最终可以计算出用户彩票与中奖号码中红球号码相同的数量。

　　在 dealprize 模块的 calculate_bonus()函数中，定义了私有变量__level 表示中奖的等级，定义了私有变量__money 表示中奖金额，根据中奖标准可以看出，用户中几等奖是由相同的红球号码数量和蓝球号码是否中奖决定的，如果用户彩票号码列表与中奖号码的列表完全一样，则用户中了一等奖，__level=1，__money=5000000，否则在非一等奖的情况下，首先判断用户彩票号码中蓝球号码和中奖号码中的蓝球号码是否一样，如果一样，调用 getsamecount()函数获取用户彩票号码中红球号码与中奖号码中红球号码相同的数量 count，根据表 10-2 中的中奖规则，通过 if…elif…else 语句，用不同的 count 值确定用户中了几等奖，并计算出相应的奖金。如果用户彩票号码中蓝球号码和中奖号码中的蓝球号码不一样，也调用 getsamecount()函数获取用户彩票号码中红球号码与中奖号码中红球号码相同的数量 count，根据表 10-2 中的中奖规则，通过 if…elif…else 语句，用不同的 count 值确定用户中了几等奖，并计算出相应的奖金。函数执行完毕，返回中奖等级__level 变量的值和奖金__money 的值。

　　有了这些工具模块，在主程序中就可以直接调用，完成程序功能，主程序 main.py 代码如下。

```python
from utils import winnum
from cash import dealprize

print("----------欢迎使用双色球兑奖程序----------\n")

tag = int(input("请选择投注方式：1，机选    2，手动输入："))
print()
if tag == 1:
    count = int(input("您要买几张？"))

    #创建 RandomNum 类的实例
    random_num = winnum.RandomNum()
    #调用 random_num 实例的 generatewn()函数，产生机选号码
    numlist = random_num.generatewn()

    #调用 dealprize 模块 judegwin()函数判断用户是否中奖，并输出相关结果
    dealprize.judegwin(numlist, count)

elif tag == 2:

    i = 0
    numlist = []                            #用于存放用户彩票号码的列表
    print("选号规则：红球共 6 个，每个号码在 1~33 之间；蓝球共 1 个，在 1~16 之间")
    #循环让用户输入 6 个红球的号码
    while i < 6:
        inputstr = "请输入 6 个红色球中的第{}个红球号码：".format(i+1)
        rednum = int(input(inputstr))       #用户输入的红球号码
        numlist.append(rednum)              #将红球号码依次加入号码列表
```

```
        i += 1

    bluenum = int(input("请输入您彩票的蓝色球号码："))
    numlist.append(bluenum)                    #将蓝球号码加入号码列表，最后一个是蓝球
    count = int(input("您要买几张？"))

    # 调用 dealprize 模块 judegwin()函数判断用户是否中奖，并输出相关结果
    dealprize.judegwin(numlist,count)
else:
    print("输入错误！")
```

在主程序 main.py 中，使用 from utils import winnum 和 from cash import dealprize，导入了产生号码的 winnum 模块和用于计算奖金的 dealprize 模块。程序中根据用户输入的数字 tag，使用 if…elif…else 将程序分为了 3 个分支。

tag == 1 是用户选择机选，在机选功能中，通过 random_num = winnum.RandomNum() 语句创建了 RandomNum 类的实例 random_num，通过 random_num.generatewn()调用了产生彩票号码的 generatewn()函数，该函数将按要求返回一组机选的彩票号码，然后以机选号码列表 numlist 和彩票张数 count 为参数，调用了 dealprize 模块的 judegwin()函数，来判断用户机选的号码中了几等奖及奖金数量。

tag == 2 是用户手动输入彩票号码的功能，在该功能中，通过 while 循环让用户输入了 6 个红球号码，又让用户输入了蓝球号码组成用户彩票号码列表，在用户输入彩票张数后，以用户彩票号码列表 numlist 和彩票张数 count 为参数，调用了 dealprize 模块的 judegwin()函数，来判断用户机选的号码中了几等奖及奖金数量。

运行主程序，运行结果将如图 10-20 和图 10-21 所示。

作为初学者，读者可能会不知道如何组织包和模块，其实并不复杂，可以把包当成存放文件的文件夹，至于把模块文件放在哪个包中也是因人而异的，在实际开发中只需要把同类型的模块文件放在一个包中就可以。至于模块，要根据代码功能做到"高内聚、低耦合"，"高内聚"是从功能来说，一个好的模块应该只聚集于一个功能，例如，在示例 3 中，产生机选号码的功能和判断是否中奖的功能是两个互不相关的功能，应该分开为两个模块。"低耦合"是要降低模块之间的依赖关系，如要减少类内部对其他类的调用，类内部的属性和方法尽量私有，减少模块之间交互的复杂度。

本 章 总 结

1．通常情况下，我们把能够实现某一特定功能的代码放置在一个.py 文件中作为一个模块。通俗地讲，一个.py 文件就是一个模块，这个模块中可以包含若干类和函数，而这些类和函数是可以实现某些特定功能的，使用模块也可以避免函数名和变量名冲突。

2．使用 import 语句导入模块，语法格式为 import modulename[as alias]，在使用 import 语句导入模块时，会导入模块中的所有成员。

3．使用 from…import 语句导入模块，可以实现更小范围的调用，语句的语法格式为 from modelname import member。如果要在 A 模块中使用 form…import 语句导入 B 模块和 C 模块中的同名成员，后导入的成员会覆盖先导入的成员。

4．不论是使用 import 语句还是使用 from…import 语句，导入的都是模块中的非私有成员，模块中以单下划线或双下划线开头，或者是前后都有双下划线的成员是不能被导入的。

5．Python 提供包来管理模块。Python 的模块文件可以存储在不同的包中,且每个包里必须包含一个__init__.py 文件。包下面还可以创建子包，子包中也要包含一个__init__.py 文件。包中的__init__.py 文件是一个模块文件，模块名为对应的包名，__init__.py 文件中可以不编写任何代码， 也可以编写代码，如果在__init__.py 文件中编写了代码，在导入包时会自动执行。

6．通过"import 包名.模块名"的形式加载模块，在调用模块中的成员时，需要使用"包名.模块名.模块成员"的方式。

7．使用"from 包名 import 模块名"的方式导入模块，在调用模块中的成员时，不需要再使用包名，可以使用"模块名.模块成员"的方式。

8．使用"from 包名.模块名 import 模块成员"的方式导入模块，在调用模块中的成员时，不需要再使用包名和模块名，可以直接使用"模块成员"。

9．要查看当前模块或被导入模块有哪些成员时，可以使用 dir() 函数实现，若 dir() 函数不带参数，则返回当前模块中所有的成员。若 dir() 以某个包或模块名为参数，则会返回该包或模块中所有成员。

10．如果想限制模块中的成员被调用，可以使用__all__变量实现，__all__变量的值是一个字符串列表，存储的是当前模块中允许被调用的成员（变量、函数或类）的名称。通过在模块文件中设置 __all__ 变量，当其他文件以"from 模块名 import *"的形式导入该模块时，该文件中只能使用 __all__ 列表中指定的成员。

11．标准模块是 Python 标准库中已经写好的、可以实现特定功能的模块，开发者在程序的任何模块中都可以直接使用 import 语句调用标准模块。导入标准模块后，可以使用模块名调用其提供的可访问成员（类、函数、变量）。

12．使用第三方模块时，要先安装，然后可以像调用标准模块一样导入并使用，可以使用 Python 提供的 pip 命令安装第三方模块，pip 命令的语法格式为 pip<command>[modulename]，参数 command 用于指定要执行的命令，常用的参数有 list（显示已经安装的第三方模块）、install（安装第三方模块）、uninstall（卸载已经安装的第三方模块）。modulename 是可选参数,用于指定要安装或卸载的模块名,当command 为 install 或 uninstall 时，该参数不可省略。

实 践 项 目

小张计划创业开一家宠物店，请为小张开发一个系统，用于向顾客销售宠物。该系统面向两类用户，分别是顾客和宠物店,顾客与宠物店登录信息见表 10-3。宠物信息见表 10-4。顾客登录，系统功能有查看待售宠物、购买宠物、支付。宠物店登录，系统功能有查看现有宠物、查看销售记录和查看账户余额。

要求：先顾客登录，查看待售宠物信息、购买宠物、支付，生成购物信息；然后宠物店登录，查看现有宠物、查看销售记录、查看账户余额。

表 10-3　顾客与宠物店登录信息

角色	用户名	密码
顾客	customer	c123456
宠物店	petstore	p123456

表 10-4　宠物信息

序号	昵称	品种	价格/元
1	毛毛	贵宾	3000
2	黑仔	哈士奇	1500
3	叮当	柯基	1500
4	旋风	萨摩耶	2000

顾客登录，查看宠物列表、购买宠物和支付，效果如图 10-23 所示。

```
————————欢迎来到萌萌宠物店————————

请选择登录模式，输入1为顾客登录，输入2为宠物店登录，输入3为退出程序
请输入登录模式数字：1
请输入用户名：customer
请输入密码：c123456
customer c123456

~~~~~~~~~~~~~~~~~当前可出售宠物列表~~~~~~~~~~~~~~~~~
序号      昵称      品种      价格
 1       毛毛      贵宾      3000元
 2       黑仔      哈士奇    1500元
 3       叮当      柯基      1500元
 4       旋风      萨摩耶    2000元
输入要购买宠物的序号：1
你要购买的宠物是：毛毛，品种是：贵宾，价格是：3000元
请支付3000元：3000
支付成功！
购买完成，谢谢您给毛毛一个家，请您用爱照顾它！
————————————————————————————————————————
```

图 10-23　顾客登录

顾客登录后，宠物店登录，查看宠物列表、查看销售列表和查看销售金额，效果如图 10-24 所示。

```
请输入登录模式数字：2
请输入用户名：petstore
请输入密码：p123456
petstore p123456
~~~~~~~~~~~~~~~~~当前可出售宠物列表~~~~~~~~~~~~~~~~~
序号      昵称      品种      价格
 1       黑仔      哈士奇    1500元
 2       叮当      柯基      1500元
 3       旋风      萨摩耶    2000元
要查看销售列表吗？请输入y/n：y
~~~~~~~~~~~~~~~~~当前销售列表~~~~~~~~~~~~~~~~~
订单号      顾客姓名      宠物昵称      宠物品种      价格      时间
00000      customer      毛毛          贵宾          3000      2023-03-15 04:25:32
要查看当前销售额吗？请输入y/n：y
当前的销售金额为：3000
请输入登录模式数字：3
程序退出成功，谢谢使用！
```

图 10-24　顾客登录后宠物店登录

　　如果顾客没有先登录，宠物店直接登录查看宠物列表、销售列表和销售金额，效果如
图 10-25 所示。

```
————————————欢迎来到萌萌宠物店————————————

请选择登录模式，输入1为顾客登录，输入2为宠物店登录，输入3为退出程序
请输入登录模式数字：2
请输入用户名：petstore
请输入密码：p123456
petstore p123456
~~~~~~~~~~~~~~~~~~当前可出售宠物列表~~~~~~~~~~~~~~~~~~
序号        昵称        品种          价格
1          毛毛        贵宾         3000元
2          黑仔        哈士奇       1500元
3          叮当        柯基         1500元
4          旋风        萨摩耶       2000元
要查看销售列表吗？请输入y/n：y
~~~~~~~~~~~~~~~~~~~当前销售列表~~~~~~~~~~~~~~~~~~
订单号      顾客姓名      宠物昵称      宠物品种      价格          时间
要查看当前销售额吗？请输入y/n：y
当前的销售金额为：  0
请输入登录模式数字：3
程序退出成功，谢谢使用！
```

图 10-25　顾客没有登录，宠物店先登录

第 11 章 异常处理与程序调试

 **本章简介**

在前面章节的学习中，我们已经遇到过异常，如常见的 ValueError（值错误异常）、AttributeError（属性错误异常）、TypeError（类型错误异常）等，当出现这些异常时，程序会抛出异常，并终止执行。正如我们在生活中一样，并不是所有的事情都按我们规划的路径去执行，也有异常情况发生。例如：我们乘坐的航班因为突发大雾临时不能起飞，我们每天上班的路上突发交通事故导致迟到等。在程序中也会出现各种异常，在开发程序时，开发者要预知一些可能存在的异常，并采用相应的异常处理机制来处理这些异常。异常处理机制的使用可以使程序中的业务代码与异常处理代码分离，从而使代码更加优雅、更加健壮，使程序员更专心于业务代码的编写。

本章重点讲解 Python 中的异常、异常处理机制、断点调试和使用 assert 语句调试程序。

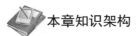 **本章目标**

1. 掌握使用 try…except 语句处理异常的方法。
2. 掌握使用 try…except…else 语句处理异常的方法。
3. 掌握使用 try…except…finally 语句处理异常的方法。
4. 掌握断点调试程序的方法。
5. 掌握使用 assert 语句调试程序的方法。

本章知识架构

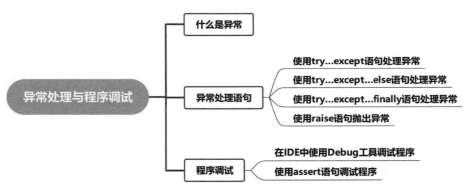

11.1 什么是异常

在软件开发中，异常是指程序出现了一些不可预知的状态或错误，以致程序不能按照原先设计的逻辑继续执行下去，导致程序提前结束。例如：正常情况下除数不能为 0，但用户在使用时由于疏忽将除数输入成了 0，程序就会出错。再比如，程序需要连接网络，但是突然出现了断网的情况，这种情况下程序也会出现错误而终止。

Python 异常的类结构如图 11-1 所示。所有异常的基类是 BaseException，BaseException

类又有 Exception 等子类，Exception 类又有 AttributeError 等子类，而 AttributeError 类也有
多个子类，可以在 Python 的标准库模块文件 builtins.py 中查看异常类的源码。

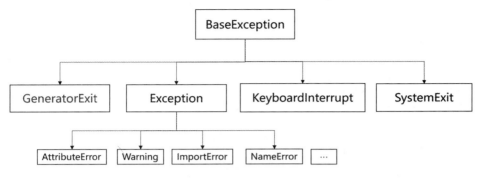

图 11-1　Python 异常的类结构

Python 中常见的异常见表 11-1。

表 11-1　Python 中常见的异常

异常	描述
AttributeError	访问的对象属性不存在时引发的错误
ImportError	无法导入模块或对象时引发的错误
IndentationError	代码没有正确缩进引发的错误
IndexError	下标索引超出序列范围时引发的错误
IOError	输入/输出异常（如无法打开文件或文件不存在）
KeyError	访问字典里不存在的键引发的错误
NameError	访问一个未声明的变量引发的错误
OverflowError	数值运算超出最大限制引发的错误
SyntaxError	Python 语法错误
TabError	Tab 和空格混用引发的错误
TypeError	不同类型数据之间的无效操作引发的错误
ValueError	传入的值错误
ZeroDivisionError	除法运算中除数为 0 或取模运算中模数为 0 引发的错误
AssertionError	断言语句失败（assert 后的条件为假）引发的错误
MemoryError	内存不足引发的错误

我们通过示例 1 认识程序中的异常。

示例 1　为公司开发一个财务系统，其中有一个模块是根据当月的销售额和成本计算营业利润率，请编写代码实现。

```
taotal = float(input("请输入本月的销售额："))
profit = float(input("请输入本月的利润："))
rate = profit / taotal *100                          #求利润率
print("本月的营业利润率是：{:.2f}%".format(rate))
```

在示例 1 中，要求用户输入本月的销售额和利润，然后通过公式"利润/销售额×100"
计算营业利润率是没有问题的，如果用户输入销售额为 8500，利润为 2500.8，运行程序，
运行结果如图 11-2 所示。

```
请输入本月的销售额：8500
请输入本月的利润：2500.8
本月的营业利润率是：29.42%
```

图 11-2　求利润率

从运行结果看，程序运行是正常的。但是如果当月销售额为 0，或者用户在输入时将销售额输入为 0 时，都会出现图 11-3 所示的 ZeroDivisionError 异常。

```
请输入本月的销售额：0
请输入本月的利润：0
Traceback (most recent call last):
  File "D:\Python\chapter11_example\main.py", line 7, in <module>
    rate = profit / taotal*100
ZeroDivisionError: float division by zero
```

图 11-3　除数为 0 的异常

再或者，如果用户在输入销售额或利润时输入的不是数字，例如，将利润输入成了字母 a，运行结果如图 11-4 所示，会抛出 ValueError 值异常。

```
请输入本月的销售额：8500
请输入本月的利润：a
Traceback (most recent call last):
  File "D:\Python\chapter11_example\main.py", line 5, in <module>
    profit = float(input("请输入本月的利润："))
ValueError: could not convert string to float: 'a'
```

图 11-4　值异常

从图 11-3 和图 11-4 可以看出，示例 1 中的代码是很脆弱的，因为用户不可预知的操作，程序会抛出多种异常。为解决这个问题，在前面章节中我们都是使用 if…else 语句或 if…elif…else 语句来判断用户输入的正确性。使用 if…elif…else 语句重构示例 1，代码如下。

```python
import re

def isnumber():
    pattern = r"[0-9](\.[0-9])?"            #用于匹配数字的正则表达式

    r_match = re.findall(pattern, taotal)    #正则表达式匹配是否为数字
    p_match = re.findall(pattern, profit)    #正则表达式匹配是否为数字

    if len(r_match) > 0 and len(p_match) > 0:
        return 1
    else:
        return 0

taotal = input("请输入本月的销售额：")
profit = input("请输入本月的利润：")

if isnumber() ==0 :                          #输入的不是数值
    print("您输入的销售额或利润不是数值！")

elif float(taotal) == 0:                     #销售额为 0
        print("销售额不能为 0！")
else:                                        #输入正确
```

```
rate = float(profit) / float(taotal) * 100
print("本月的营业利润率是：{:.2f}%".format(rate))
```

运行程序，如果将销售额输入为 0，或者将利润输入为 a，运行结果如图 11-5 所示。

```
请输入本月的销售额：0
请输入本月的利润：2500
销售额不能为0！
```

```
请输入本月的销售额：8500
请输入本月的利润：a
您输入的销售额或利润不是数值！
```

图 11-5　使用 if...elif...else 语句处理异常

在程序中，定义了 isnumber()函数，在函数中使用正则表达式判断输入的是否是数值，如果返回 1 表示是数值，如果返回 0 表示不是数值，提示用户"您输入的销售额或利润不是数值！"。在输入是数值的情况下，通过 float(taotal) == 0 语句判断用户输入的销售额是否为 0，如果为 0 提示用户"销售额不能为 0！"，如果输入都是数值且销售额不为 0，则执行 else 语句块中求营业利润率的代码。

从图 11-5 可以看出，在使用了 if...elif...else 重构示例 1 后，即便除数为 0、输入非数字，程序都没有出现异常。但为了解决异常，在程序中增加了很多代码，将程序分为了 3 个分支，如果可能存在的错误情形有 20 个，那我们使用 if...elif...else 语句来处理显然是不合适的。

通过 if...else 语句或 if...elif...else 语句进行异常处理的机制主要有以下缺点。

（1）代码臃肿，加入了大量的异常情况判断和处理的代码。

（2）开发者把相当多的精力放在了异常处理代码上，放在了"堵漏洞"上，影响开发效率。

（3）很难穷举所有的异常情况，程序仍旧不健壮。

（4）异常处理代码和业务代码交织在一起，影响代码的可读性，加大日后程序的维护难度。

为了让"堵漏洞"的工作能由系统来处理，Python 提供了异常处理机制，可以让开发者只关注业务代码的编写，对于异常只需调用相应的异常处理程序就可以了。

11.2　异常处理语句

根据不同应用场景，Python 提供了 try...except 语句、try...except...else 语句和 try...except...finally 语句来处理异常。

11.2.1　使用 try...except 语句处理异常

Python 提供了 try...except 语句捕获并处理异常，在使用时，把有可能产生异常的代码放在 try 语句块中，把异常处理的代码放在 except 语句块中。在程序执行时，若 try 语句块中的代码出现错误，则会执行 except 语句块中的代码。若 try 语句块中的代码没有出现异常，则 except 语句块中的代码不会被执行。语法格式如下。

```
try:
    代码块 1
except[ExceptionName[as alias]]:
    代码块 2
```

各参数说明如下。

- 代码块 1：可能会出现异常的代码块。
- ExceptionName：可选参数，用于指定要捕获的异常，如果在异常名称右侧加上 as 别名，可以为异常指定一个别名，在代码块 2 中可以使用这个别名代替异常名称。若 except 后没有指定任何异常名，则表示捕获所有异常。
- 代码块 2：用于异常处理的代码块，通常是输出错误提示信息或输出异常信息。

示例 2　使用 try…except 语句重构示例 1 程序。

```
try:
    taotal = float(input("请输入本月的销售额："))
    profit = float(input("请输入本月的利润："))
    rate = profit / taotal *100                      #求利润率
    print("本月的营业利润率是：{:.2f}%".format(rate))

except:                                              #捕获所有异常
    print("输入错误！")
```

运行程序，将销售额输入为 0，或者是将利润输入为字母 a，程序都会执行 except 语句块中的 print 语句，输出"输入错误！"，效果如图 11-6 所示。

```
请输入本月的销售额：8500        请输入本月的销售额：0
请输入本月的利润：a             请输入本月的利润：2500.8
输入错误！                      输入错误！
```

图 11-6　使用 try...except 语句捕获异常

在示例 2 中，使用 try…except 语句处理异常，将可能出现异常的代码块放在了 try 语句块中，在 except 语句中，没有指定异常，表示捕获所有异常，不论是什么异常都会输出"输入错误！"。

> **注意**　如果想对不同异常进行相应处理，可以在 except 关键字后面指定异常名称，每个 except 语句只捕获一个异常，如果想要捕获多个异常，可以使用多个 except 语句，代码如下。

```
try:
    taotal = float(input("请输入本月的销售额："))
    profit = float(input("请输入本月的利润："))
    rate = profit / taotal *100                      #求利润率
    print("本月的营业利润率是：{:.2f}%".format(rate))

except ZeroDivisionError:                            #捕获除数为 0 的异常
    print("销售额不能为 0！")
except ValueError:                                   #捕获值错误的异常
    print("输入的不是数字！")
```

在程序中，使用了两个 except 语句，第一个 except 语句指定捕获 ZeroDivisionError 异常，如果出现该异常就输出"销售额不能为 0！"，第二个 except 语句指定捕获 ValueError 异常，如果出现该异常就输出"输入的不是数字！"，运行程序，运行结果如图 11-7 所示。

```
请输入本月的销售额：0          请输入本月的销售额：8500
请输入本月的利润：2500.8        请输入本月的利润：a
销售额不能为0！                 输入的不是数字！
```

图 11-7　多个 except 语句捕获异常

使用多个 except 语句可以让异常捕获更精准，可以针对不同异常进行针对性操作，如果只是提示异常信息，在 except 后面加小括号，把要捕获的异常放在小括号中，每个异常之间用逗号隔开，加上别名，使用别名输出异常信息，代码如下。

```
try:
    taotal = float(input("请输入本月的销售额："))
    profit = float(input("请输入本月的利润："))
    rate = profit / taotal *100                    # 求利润率
    print("本月的营业利润率是：{:.2f}%".format(rate))

except (ZeroDivisionError,ValueError) as error:       #捕获多个异常

    print("输入错误！错误原因是：",error)
```

如果将销售额输入为 0 或将利润输入为 a，运行程序，运行结果如图 11-8 所示。

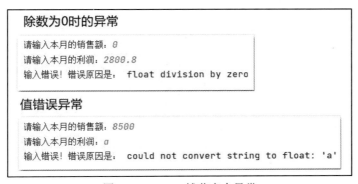

图 11-8　except 捕获多个异常

在不能确定有哪些异常或不需要对某个异常进行特殊处理时，可以不用为 except 指定异常，直接捕获所有异常，以避免出现漏掉异常的情况。

11.2.2　使用 try…except…else 语句处理异常

如果有一段代码，当 try 语句块中的程序没有异常时执行，有异常时则不执行，这段代码该放在哪里呢？为了处理这类应用场景，Python 提供了 try…except…else 语句，用户可以将没有异常时要执行的代码放在 else 语句块中。

示例 3　对示例 1 代码进行修改，当没有抛出异常时，输出"正确计算了利润率，程序顺利执行完成！"。

```
try:
    taotal = float(input("请输入本月的销售额："))
    profit = float(input("请输入本月的利润："))
    rate = profit / taotal*100                     #求利润率
    print("本月的营业利润率是：{:.2f}%".format(rate))

except (ZeroDivisionError,ValueError) as error:       #捕获多个异常
    print("输入错误！错误原因是：",error)
else:
    print("正确计算了利润率，程序顺利执行完成！")
```

在示例 3 代码中，为 try…except 语句增加了 else 语句，若程序没有抛出异常，则输出"正确计算了利润率，程序顺利执行完成！"。

运行程序，如果销售额输入为 8500，利润输入为 2500.8，程序不会抛出异常，在输出

利润率后执行了 else 语句块中的代码，输出"正确计算了利润率，程序顺利执行完成！"。如果将销售额和利润都输入为 0，程序抛出了异常，执行了 except 语句块中的代码，输出了错误原因，而 else 语句块中的语句则不执行，程序运行结果如图 11-9 所示。

```
没有抛出异常时的输出                 抛出异常时的输出

请输入本月的销售额：8500           请输入本月的销售额：0
请输入本月的利润：2500.8           请输入本月的利润：0
本月的营业利润率是：29.42%          输入错误！错误原因是：  float division by zero
正确计算了利润率，程序顺利执行完成!
```

图 11-9   使用 try...except...else 语句捕获异常

11.2.3   使用 try…except…finally 语句处理异常

如果有一段代码，不论程序有没有异常都要执行，该如何实现呢？为了满足这类应用场景，Python 提供了 try…except…finally 语句，可以将不论是否有异常都需要执行的代码放在 finally 语句的代码块中。需要注意的是，不论是 try…except 语句，还是 try…except…else 语句后面都可以加上 finally 语句。完整的异常处理语句，建议加上 finally 语句，语法结构如下。

```
try:
    代码块 1
except [ExceptionName [as error]]:
    代码块 2
else:
    代码块 3
finally:
    代码块 4
```

各参数说明如下。

- 代码块 1：可能会出现异常的代码块。
- ExceptionName：可选参数，用于指定要捕获的异常，如果在异常名称右侧加上 as 别名，可以为异常指定一个别名，在代码块 2 中可以使用这个别名代替异常名称。若 except 后没有指定任何异常名，则表示捕获所有异常。
- 代码块 2：用于异常处理的代码块，通常是输出错误提示信息或输出异常信息。
- 代码块 3：当代码块 1 没有抛出异常时，需要执行的代码块。
- 代码块 4：不论代码块 1 有没有抛出异常，都需要执行的代码块。

对示例 3 进行修改，增加 finally 语句，输出"程序执行结束，退出！"，代码如下。

```
try:
    taotal = float(input("请输入本月的销售额："))
    profit = float(input("请输入本月的利润："))
    rate = profit / taotal * 100                #求利润率
    print("本月的营业利润率是：{:.2f}%".format(rate))

except (ZeroDivisionError,ValueError) as error:    #捕获多个异常
    print("输入错误！错误原因是：", error)              #抛出异常时执行
else:                                           #没有抛出异常时执行
    print("正确计算了利润率，程序顺利执行完成！")
```

```
finally:                                    #不论是否抛出异常都执行
    print("程序执行结束，退出！")
```

上述代码在 try…except…else 基础上增加了 finally 语句，程序是否抛出异常都会输出"程序执行结束，退出！"。

运行程序，如果销售额输入为 8500，利润输入为 2500.8，程序不会抛出异常，在输出利润率后执行 else 语句块中的语句输出"正确计算了利润率，程序顺利执行完成！"，并执行 finally 语句块中的语句输出"程序执行结束，退出！"。如果将销售额和利润都输入为 0，程序抛出了异常，执行了 except 语句块中的代码，输出错误原因，而 else 语句块中的语句则不执行，但 finally 语句块中的语句仍然执行，输出"程序执行结束，退出！"，程序运行结果如图 11-10 所示。

没有抛出异常
```
请输入本月的销售额: 8500
请输入本月的利润: 2500.8
本月的营业利润率是: 29.42%
正确计算了利润率，程序顺利执行完成！
程序执行结束，退出！
```

抛出异常
```
请输入本月的销售额: 0
请输入本月的利润: 0
输入错误！错误原因是:  float division by zero
程序执行结束，退出！
```

图 11-10　try…except…finally 语句处理异常

11.2.4　使用 raise 语句抛出异常

在 Python 中，也允许开发者手动抛出异常，例如：在某个函数或方法中可能会出现异常，但又不想在当前函数或方法中处理这个异常，或者在当前函数或方法中无法处理这个异常，就可以先使用 raise 语句抛出这个异常，让方法的调用者来处理这个异常。raise 语句的语法格式如下。

```
raise [ExceptionName[(reason)]]:
```

各参数说明如下。

- ExceptionName：可选参数，指定要抛出的异常名称，若不指定则抛出所有异常。
- reason：可选参数，用于指定异常信息，若不指定则原样抛出。

示例 4　定义 Person 类，在 Person 类中定义姓名 name、年龄 age、性别 sex 3 个属性，并给 3 个属性分别设置 setter 方法，要求：如果年龄小于等于 0 就抛出异常，异常信息为"年龄必须大于 0！"；性别输入必须是"男"或"女"，否则抛出异常，异常信息为"性别必须是"男"或者"女"！"；最后输出姓名、性别、年龄。程序实现代码如下。

（1）定义 person 模块，在模块中定义 Person 类，代码如下。

```python
class Person:
    name = ""                               #姓名
    age = 0                                 #年龄
    sex = ""                                #性别

    def setName(self,name):
        """
        设置姓名
        :param name: 姓名
        :return: None
        """
        self.name = name
```

```
        def setAge(self,age):
            """
            设置年龄
            :param age：年龄
            :return：None
            """
            if age > 0:
                self.age = age
            else:
                raise ValueError("年龄必须大于 0!")

        def setSex(self,sex):
            """
            设置性别
            :param sex：性别
            :return：None
            """
            if "男" == sex or "女" == sex:
                self.sex = sex
            else:
                raise ValueError("性别必须是\"男\"或者\"女\"!")

        def printinfo(self):
            """
            输出身份信息
            :return：None
            """
            print(self.name +","+ self.sex +","+ str(self.age) + "岁")
```

在 Person 类中，定义了 name、age 和 sex 3 个属性，在 age 属性的 setAge()方法中，对输入的年龄进行了判断，如果 age>0，就将 age 的值赋给 self.age，否则使用 raise ValueError("年龄必须大于 0!")抛出异常。在 sex 属性的 setSex()方法中，对输入的性别进行了判断，如果 sex=="男" 或 sex=="女"，就把 sex 的值赋给 self.sex，否则使用 raise ValueError("性别必须是\"男\"或者\"女\"!")抛出异常。

从 setAge()和 setSex()方法中的 raise 语句可以看出，此处存在用户输入不符合规则或输入错误引起值错误异常的可能，但并没有在方法中捕获这个异常，而是使用了 raise 语句抛出异常，让调用方法者去处理这个异常。

（2）主程序 main.py，代码如下。

```
import person

try:
    person = person.Person()          #创建 Peron 类的实例 person
    name = input("请输入姓名：")
    person.setName(name)              #设置姓名

    age = int(input("请输入年龄："))
    person.setAge(age)               #设置年龄

    sex = input("请输入性别：")
    person.setSex(sex)               #设置性别
```

```
        person.printinfo()                    #打印身份信息

except ValueError as error:
    print("捕获异常: ",error)

finally:
    print("程序运行结束! ")
```

在主程序 main.py 中，导入了 person 模块，然后使用 try…except…finally 语句来处理异常，在 try 语句块中，创建了 Person 类的实例，然后分别提示用户输入姓名、年龄和性别，并调用了 person 实例的 setName(name)、setAge(age)、setSex(sex)方法设置属性值，最后调用 person 实例的 printinfo()函数输出身份信息。因为在调用 setAge(age)和 setSex(sex)方法时，可能会抛出 ValueError 异常，所以 except 语句块中要捕获 ValueError，并定义了别名 error，并使用 print("捕获异常: ",error)输出异常信息，error 的值就是 raise 语句定义的异常信息。程序最后使用 finally 语句输出"程序运行结束!"。

运行程序，当年龄输入为 0、性别输入不是"男"或"女"以及正常输入时的运行结果如图 11-11 所示。

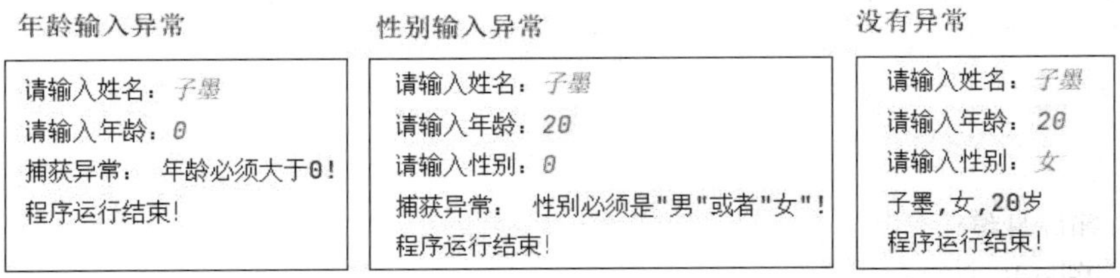

图 11-11　使用 raise 语句抛出异常

从图 11-11 所示的运行结果可以看出，当年龄输入为 0 时触发了异常，输出了 except 语句块中的"捕获异常: 年龄必须大于 0!"，当性别输入为 0 时也触发了异常，输出了 except 语句块中的 "性别必须是"男"或者"女"!"。当用户按要求输入时没有输出异常，程序调用了 person 实例的 printinfo()方法，输出了身份信息。

11.3　程　序　调　试

在实际开发中，程序可能会出现一些意想不到的问题，此时开发者就需要查看代码，分析程序，找出出现问题的原因，而代码调试就是开发者解决异常或 bug 时必备的技能。

11.3.1　在 IDE 中使用 Debug 工具调试程序

几乎所有的集成开发环境（IDE）都具备程序调试功能，PyCharm 也提供了 Debug 工具，用于代码调试，如图 11-12 所示，在菜单栏单击 Run（中文版为"运行"）菜单，在下拉列表中选择 Debug 'main'（中文版为"调试 main"）选项，则调试当前的 main.py，快捷键为 Shift+F9，如果选择 Debug（中文版为"调试"）选项，则调试整个项目，快捷键为 Alt+Shift+F9。

单击图 11-12 中的 Debug 选项后，在 PyCharm 底部将出现图 11-13 所示的 Debug 调试器窗口。

在程序调试时，对于简单的程序可以使用 print 语句输出对应的结果，例如：通过 print 语句输出某处变量的值，看是否是正确的，这样可以比较快速地分析出程序出现的问题在哪里。但是程序比较复杂时，函数和变量比较多，输出相应的变量值也难以找到程序错误的地方，这个时候使用断点调试就能够跟踪程序的运行过程，结合运行过程中相应的变量变化能够比较快地判断出程序大概出现问题的地方，所以学会断点调试是非常重要的。

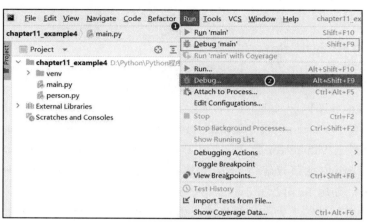

图 11-12　对程序进行 Debug 调试

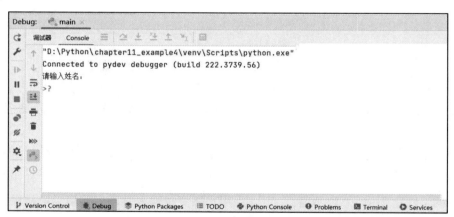

图 11-13　PyCharm 的 Debug 调试器窗口

如图 11-14 所示，单击代码区左边竖栏，可以添加断点（会出现红色的圆点），再次单击可以取消断点。当我们在程序中添加了断点后，以 Debug 模式运行程序时，程序在执行到断点位置时会停下来。

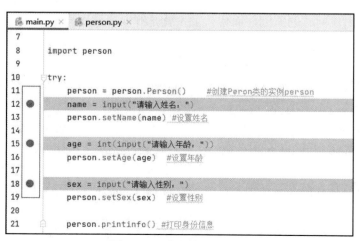

图 11-14　为程序设置断点

如图 11-15 所示，在进入 Debug 模式后，调试器窗口有 6 个可以对断点进行操作的
按钮。

图 11-15　断点操作

①show execution point：显示当前所有断点，快捷键为 Alt+F10。

②step over：执行当前的函数或语句，不会进入当前函数的具体方法，执行完当前的
语句之后直接跳到下一句，快捷键为 F8。（例如：在函数 A 内调用函数 B 时，不会进入函
数 B 内执行单步调试，而是把子函数 B 当作一个整体，一步执行。）

③step into：如果某行调用其他模块的函数，可以进入函数内部，会跳到调用函数的地
方执行，快捷键为 F7。（例如：在函数 A 内调用函数 B 时，会进入函数 B 内执行单步调试。）

④step into my code：与 step into 类似，区别是其更细致，会进入 Python 的标准库函数
执行的地方，快捷键为 Alt+Shift+F7。

⑤step out：返回到上一次调试的位置，快捷键为 Shift+F8。

⑥run to cursor：直接跳到下一个断点，快捷键为 Alt+F9（从现在的断点跳到下一个
断点处）。

如图 11-16 所示，在调试过程中，可以切换 Console（控制台）和调试器，在调试器窗
口可以查看当前变量的值。如果想忽略所有断点，可以单击左侧的 Mute BreakPoints 按钮。

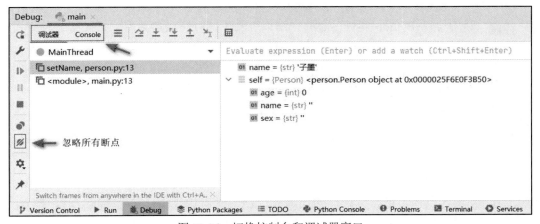

图 11-16　切换控制台和调试器窗口

11.3.2　使用 assert 语句调试程序

在 Python 中，除使用 IDE 提供的 Debug 调试工具调试程序外，也可以在程序中使用
assert 语句调试程序，assert 的中文含义是"断言"。assert 语句一般用于对程序需要满足的
值进行验证，语法格式如下。

```
assert expression[,reason]
```

各参数说明如下。

- expression：条件表达式，若该表达式的值为真，则什么都不做，若该表达式的值为假，则抛出 AssertionError 异常。

- reason：可选参数，用于对错误进行描述，也可以是一个表达式。

assert 语句的含义可以理解为：断言表达式是真的，如果不是真的，就抛出 AssertionError 异常，并给出错误信息。

示例 5   程序中要求输入一个整数，使用 assert 语句验证用户输入是否正确。

```
try:
    num = input("请输入一个整数：")
    assert num.isdigit(),"只能输入整数！"
    assert    int(num) == 5, int(num)+10
    print("你输入的是：",num)
except AssertionError as ae:
    print("输入错误，",ae)
```

在示例 5 中，try 代码块中使用了两个 assert 语句，第一个 assert 判断输入的是不是整数，若是整数，则执行第二个 assert 语句，若不是则提示"只能输入整数！"。第二个 assert 判断输入的整数是不是等于 5，若等于 5 则执行下一句 print 语句，若不是则执行表达式 int(num)+10，将输入整数加上 10。在 except 代码块中，捕获了 AssertionError 异常，定义了别名 ae，输出错误信息。

运行程序，分别输入非整数 a、整数 8 和整数 5，运行结果如图 11-17 所示。

```
请输入一个整数：a          请输入一个整数：8          请输入一个整数：5
输入错误，  只能输入整数！    输入错误，  18            你输入的是：  5
```

图 11-17   使用 assert 调试程序

 注意   assert 检查通常在开发和测试阶段有效，为了提高性能，在软件发布后，assert 语句会被 Python 解释器忽略，所以 assert 语句一般用来帮助开发者验证是否会出现异常。

本 章 总 结

1．异常是指程序出现了一些不可预知的状态或错误，以致程序不能按照原先设计的逻辑继续执行下去，导致程序提前结束。

2．Python 提供了 try…except 语句捕获并处理异常，在使用时，把有可能产生异常的代码放在 try 语句块中，把异常处理的代码放在 except 语句块中。在程序执行时，若 try 语句块中的代码出现错误，则会执行 except 语句块中的代码。若 try 语句块中的代码没有出现异常，则 except 语句块中的代码不会被执行

3．try…except…else 语句，可以将没有异常时要执行的代码放在 else 语句块中。

4．try…except…finally 语句可以将不论是否有异常都需要执行的代码放在 finally 语句的代码块中。需要注意的是，不论是 try…except 语句，还是 try…except…else 语句后面都可以加上 finally 语句

5．在 Python 中，也允许开发者手动抛出异常，例如：在某个函数或方法中可能会出现异常，但又不想在当前函数或方法中处理这个异常，或者在当前函数或方法中无法处理

这个异常，就可以先使用 raise 语句抛出这个异常，让方法的调用者来处理这个异常。

6．单击代码区左边竖栏，可以添加断点（会出现红色的圆点），再次单击可以取消断点。当我们在程序中添加了断点后，以 Debug 模式运行程序时，程序在执行到断点位置时会停下来。

7．在 PyCharm 中断点执行的方式有以下 6 种。

①show execution point：显示当前所有断点，快捷键为 Alt+F10。

②step over：执行当前的函数或语句，不会进入当前函数的具体方法，执行完当前的语句之后直接跳到下一句，快捷键为 F8。

③step into：如果某行调用其他模块的函数，可以进入函数内部，会跳到调用函数的地方执行，快捷键为 F7。

④step into my code：与 step into 类似，区别是其更细致，会进入 Python 的标准库函数执行的地方，快捷键为 Alt+Shift+F7。

⑤step out：返回到上一次调试的位置，快捷键为 Shift+F8。

⑥run to cursor：直接跳到下一个断点，快捷键为 Alt+F9（从现在的断点跳到下一个断点处）。

8．assert 的中文含义是"断言"，assert 语句一般用于对程序需要满足的值进行验证，语法格式为 assert expression[,reason]，若 expression 的值为真，则什么都不做，若 expression 的值为假，则抛出 AssertionError 异常。

实 践 项 目

为公司开发一个客户关系管理（Customer Relationship Management，CRM）系统，通过该系统记录公司客户信息，并对客户信息进行维护，主要功能有：查看客户信息、新增客户信息、修改客户信息和删除客户信息。系统初始化数据及功能要求如下。

系统初始化数据：

（1）初始客户信息见表 11-2。

表 11-2　初始客户信息

公司名称	地址	规模	联系人	职务	电话	年交易量
永盛科技	北京海淀区	大型	张永盛	市场总监	13912345612	5000000
永强科技	山东青岛市	中型	王永强	技术总监	13812345612	2000000
永健科技	福建厦门市	小微	李永健	副总经理	13712345612	500000
永兴科技	湖南长沙市	小微	赵永兴	副总经理	13612345612	500000

（2）初始用户信息如表 11-3 所示。

表 11-3　初始用户信息

用户名	密码	类型
user1	123456	1
user2	123456	2
user3	123456	3

功能要求：

（1）用户登录时，如果登录失败继续要求用户登录，直到用户正确登录为止，效果如

图 11-18 所示。

图 11-18   用户登录失败效果

（2）用户登录成功后，展示系统功能列表，让用户通过输入功能列表前的序号获得不同功能，效果如图 11-19 所示。

图 11-19   展示系统功能列表

（3）查看客户信息时，如果是用户类型为 1 的用户（1 类用户），可以查看所有客户信息；如果是用户类型为 2 的用户（2 类用户），要将客户电话号码中间 4 位用 "*" 号代替；如果是用户类型为 3 的用户（3 类用户），则提示 "您没有权限查看客户信息，请与管理员联系！"。程序效果分别如图 11-20～图 11-22 所示。

图 11-20   1 类用户查看客户信息

图 11-21　2 类用户查看客户信息

图 11-22　3 类用户查看客户信息

（4）新增客户时，要用输入的电话号码进行验证，如果不是 11 位电话号码或不是以 1 开头的电话号码，输出"电话号码错误，请重新输入！"，提示用户重新输入，直到输入正确为止。新增用户成功后，按查看客户信息功能中的用户类型显示客户列表，效果如图 11-23 所示。

图 11-23　新增客户信息功能

（5）修改客户信息时，先根据用户类型展示客户信息列表，用户输入要修改的客户的序号，再提示用户输入要修改的列的列名，例如：要修改公司名称，输入"公司名称"，然后提示用户输入要修改的信息，如果要修改的是电话号码要进行验证，如果不是 11 位电话号码或不是以 1 开头的电话号码，要给用户提示"电话号码错误，请重新输入！"，提示用户重新输入，直到输入正确为止。在修改完成后，按查看客户信息功能中的用户类型显示客户信息列表，效果如图 11-24 所示。

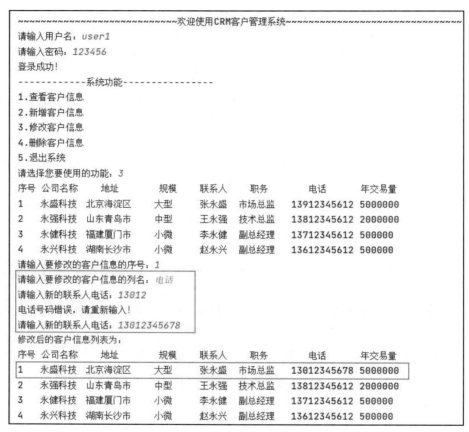

图 11-24　修改客户信息功能

（6）删除客户信息时，如果是 3 类用户，提示"您没有删除权限，请与管理员联系！"，效果如图 11-25 所示。如果是 1 类和 2 类用户，可以删除客户信息，删除客户信息后按查看客户信息功能中的用户类型显示客户信息列表，效果如图 11-26 所示。

```
~~~~~~~~~~~~~~~~~~~~~~~欢迎使用CRM客户管理系统~~~~~~~~~~~~~~~~~~~~~~~~~~
请输入用户名：user3
请输入密码：123456
登录成功！
------------系统功能----------------
1.查看客户信息
2.新增客户信息
3.修改客户信息
4.删除客户信息
5.退出系统
请选择您要使用的功能：4
您没有删除权限，请与管理员联系！
```

图 11-25　3 类用户删除客户信息

图 11-26　删除客户信息成功

（7）退出系统功能，用户输入 5，输出"谢谢使用，退出系统！"，直接退出系统，如图 11-27 所示。

图 11-27　退出系统

（8）如果用户输入的不是 1～5 之间的整数或输入的是非数字，需要捕获异常，提示用户输入错误，效果如图 11-28 所示。

图 11-28　异常处理

第 12 章　操作文件与目录

本章简介

　　程序的本质是操作数据，若将数据存储在变量、序列和对象中，则这些数据是暂时被存储在内存中的，程序运行结束系统就会将内存中的数据销毁，回收内存空间。为了实现数据的永久存储，可以将数据保存在文件中，将文件保存在硬盘、U 盘等存储器上，在使用时可以随时读取文件来处理数据。

　　Python 中，内置了文件（file）对象可以用来操作文件，通过内置的 os 模块和 os.path 模块来操作目录。本章将重点讲解文件的基本操作，如文件的创建、打开、读取、修改、关闭、删除和重命名等操作，同时介绍创建目录、删除目录和遍历目录的方法。

　　在实际开发中，文件操作应用非常广泛，本章内容将尽可能地详尽讲解，希望读者能够多加练习，熟练掌握操作文件和目录的技术。

**本章目标**

　　1. 理解以可读、可写、可读写、追加方式打开文件的特点与区别。

　　2. 掌握常用的操作文件的方法，可以实现文件的创建、打开、关闭、读取、写文件、删除文件、重命名文件和获取文件基本信息等。

　　3. 理解相对路径和绝对路径，掌握拼接路径、判断路径是否存在的方法。

　　4. 掌握使用 os 和 os.path 模块操作目录的方法，可以实现创建目录、删除目录、重命名目录和遍历目录。

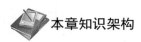**本章知识架构**

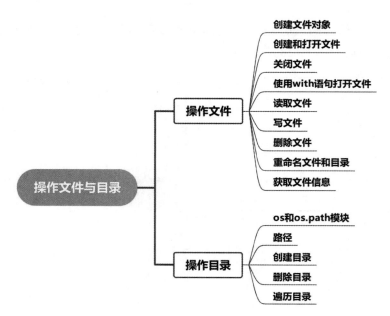

12.1　操　作　文　件

12.1.1　创建文件对象

计算机文件是以计算机硬盘为载体存储在计算机上的信息集合，目前我们熟悉的文件类型有很多，如扩展名为 txt、docx、xlsx、jpg、py、pdf 等的文件，本章以最常见的 txt（文本文件）操作讲解文件操作。

Python 内置了文件对象，在使用文件对象时，可以通过内置的 open()函数打开文件并返回文件对象，该文件对象也被称为文件类对象或流。如果该文件打不开就会抛出 OSError 异常。有了文件对象就可以调用它提供的方法进行基本的文件操作。open()函数的语法格式如下。

```
file = open(filename[,mode[,buffering][,encoding]])
```

各参数说明如下。

- file：返回的文件对象。
- filename：要创建或要打开的文件的名称，文件名称是字符串类型，需要使用单引号或双引号括起来。如果要操作的文件和当前文件在同一个目录下，可以只写文件名称；如果不在同一个目录，要给文件名称添加完整路径，否则找不到该文件。
- mode：可选参数，用于指定文件的打开模式，默认打开方式为只读，文件打开模式及其说明见表 12-1。
- buffering：可选参数，用于指定读写文件的缓存模式，0 为不缓存，1 为缓存，如果大于 1 是设定缓存区的大小。默认为 1，即缓存模式。
- encoding：可选参数，用于指定编码或解码文件时的编码名称。

表 12-1　文件打开模式及其说明

模式	描述
r	以只读方式打开文件，文件的指针放在文件的开头，是默认模式
r+	以读写方式打开一个文件，文件的指针放在文件的开头
rb	以二进制格式打开文件，且采用只读方式，文件指针将会放在文件的开头，一般用于图片、音视频等非文本文件
rb+	以二进制格式打开文件，且采用读写方式，文件指针放在文件的开头，一般用于图片、音视频等非文本文件
w	以只写方式打开文件，若该文件已存在则打开文件，清除原有内容，并从开头开始编辑；若该文件不存在，则创建新文件
w+	以读写方式打开文件，若该文件已存在则打开文件，清除原有内容，并从开头开始编辑；若该文件不存在，则创建新文件
wb	以二进制格式打开文件，且采用只写方式，若该文件已存在则打开文件，清除原有内容，并从开头开始编辑；若该文件不存在，则创建新文件，一般用于图片、音视频等非文本文件
wb+	以二进制格式打开文件，且采用读写方式，若该文件已存在则打开文件，清除原有内容，并从开头开始编辑；若该文件不存在，创建新文件，一般用于图片、音视频等非文本文件
a	以追加方式打开文件，若该文件已存在，则文件指针放在文件的结尾，新的内容将会被写入已有内容之后；若该文件不存在，则创建新文件进行写入
a+	以读写方式打开文件，若该文件已存在，则文件指针放在文件的结尾，新的内容将会被写入已有内容之后；若该文件不存在，则创建新文件进行写入

模式	描述
ab	以二进制格式打开一个文件，且采用追加模式，若该文件已存在，则文件指针放在文件的结尾，新的内容将会被写入已有内容之后；若该文件不存在，则创建新文件进行写入
ab+	以二进制格式打开一个文件，且采用追加模式，若该文件已存在，则文件指针放在文件的结尾，新的内容将会被写入已有内容之后；若该文件不存在，则创建新文件用于读写

抛开以二进制格式打开文件，文件打开模式特点与区别见表 12-2，从只读、只写、可读可写、文件不存在时能否创建文件、写入时是否覆盖原内容、指针位置等角度分析了不同文件打开模式的特点和区别。

表 12-2　文件打开模式特点与区别

模式	r	r+	w	w+	a	a+
只读	√					
只写			√		√	
可读可写		√		√		√
文件不存在时能否创建文件			√	√	√	√
写入时是否覆盖原内容			√	√		
指针在开始位置	√	√	√	√		
指针在结尾位置					√	√

文件对象常用属性和方法见表 12-3。

表 12-3　文件对象常用属性和方法

成员类型	名称	描述
属性	closed	文件已被关闭返回 true，否则返回 false
	mode	返回被打开文件的访问模式
	name	返回文件的名称
	encoding	返回文件的编码格式
方法	close()	关闭文件
	read([size])	从文件读取指定的字节数，若未指定参数或参数为负，则读取所有
	readline([size])	读取整行，包括 "\n" 字符
	readlines([sizeint])	读取所有行并返回列表，若给定 sizeint>0，则是设置一次读多少字节
	write(str)	将字符串写入文件，返回写入的字符长度
	writelines(sequence)	向文件写入一个序列字符串列表，若需要换行则要自己加入每行的换行符
	seek(offset[,whence])	移动指针到指定位置

12.1.2　创建和打开文件

使用 Python 内置函数 open() 可以打开文件。在打开文件时，有打开已经存在的文件、打开不存在的文件和打开二进制文件 3 种情形。

1. 打开已经存在的文件

如图 12-1 所示，在 PyCharm 中，在项目名称上右击，单击 New 命令，在出现的右侧列表中单击 File 命令，在 main.py 文件所在目录下创建 test.txt 文件（也可以在文件系统中找到 main.py 所在目录，创建 test.txt 文件），文件内容如图 12-2 所示。

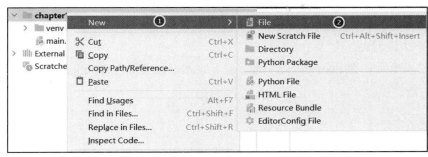

图 12-1　在项目中创建文件

图 12-2　创建 test.txt 文件

如果要打开已经存在的 test.txt 文件，以下代码都是正确的。

```
file = open("test.txt")                #以只读方式打开 test.txt 文件
#以只读方式打开 test.txt 文件，编码格式为 UTF-8
file = open("test.txt",'r',encoding="UTF-8")
file = open("test.txt",'r+')           #以读写方式打开 test.txt 文件
file = open("test.txt",'w')            #以只写方式打开 test.txt 文件
file = open("test.txt",'w+')           #以读写方式打开 test.txt 文件
file = open("test.txt",'a')            #以追加方式打开 test.txt 文件
file = open("test.txt",'a+')           #以读写方式打开 test.txt 文件
```

> 注意　在使用 open()函数打开文件时，默认采用 GBK 编码，如果打开的文件不是 GBK 编码，就会出现 UnicodeDecodeError 异常，解决办法是在打开文件时使用 encoding 参数指定编码方式，如使用 encoding="UTF-8"，指定编码方式为 "UTF-8"，也可以指定为其他编码方式。

2．打开不存在的文件

如果要打开一个不存在的文件 readme.txt，使用以下代码将会抛出 FileNotFoundError 异常，异常信息如图 12-3 所示。

```
file = open("readme.txt")
file = open("readme.txt",'r',encoding="UTF-8")
file = open("readme.txt",'r+')
```

```
"D:\Python\Python程序开发实战\第12章 操作文件与目录\4-示例\chapter12_example1\venv\Scripts\python.exe" "D:/Python/P
Traceback (most recent call last):
  File "D:\Python\Python程序开发实战\第12章 操作文件与目录\4-示例\chapter12_example1\main.py", line 2, in <module>
    file = open("readme.txt")      #以只读方式打开test.txt文件
FileNotFoundError: [Errno 2] No such file or directory: 'readme.txt'
```

图 12-3　打开不存在的文件抛出异常

因为使用 r/r+模式打开文件时，如果文件不存在是不会创建该文件的，会出现文件找不到异常，所以要打开不存在的文件不能使用 r/r+模式。而使用 w、w+、a、a+模式则不会出现异常，因为使用这几种模式打开文件时，如果要打开的文件不存在会创建该文件再打开。

3．打开二进制文件

如图 12-4 所示，在 main.py 文件同目录下放入一张名为 picture.jpg 的图片。

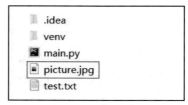

图 12-4　在 main.py 同目录下放入图片

使用以下代码打开文件 picture.jpg。

```
file = open("picture.jpg",'rb')
print(file)
```

运行程序，运行结果如下。

```
<_io.BufferedReader name='picture.jpg'>
```

可见，以二进制形式打开文件，返回的是一个 BufferedReader 对象。

注意　　如果以二进制形式打开文件，不可以使用 encoding 参数指定编码方式，否则会出现 "ValueError: binary mode doesn't take an encoding argument" 异常。

12.1.3　关闭文件

打开文件，对文件操作完成后，要及时关闭文件，避免长期占用缓存或文件被破坏。文件对象提供了 close()方法，该方法在关闭文件前会先刷新缓冲区，将没有写入文件的内容全部写入文件，然后再关闭文件，使用方法为 file.close()。

```
file = open("test.txt")          #以只读方式打开 test.txt 文件
file.close()                     #关闭文件
```

12.1.4　使用 with 语句打开文件

在打开文件进行操作后，如果忘记关闭文件，或者在执行过程中出现异常而没有执行 file.close()语句，都会导致文件不能及时关闭，会出现文件被破坏或长期占用缓存等问题，为此，Python 提供了使用 with 语句打开文件的方法。使用 with 语句打开的文件，不论出现什么情况，只要 with 语句执行完，被打开的文件就会被关闭掉，建议读者使用 with 语句打开文件，with 语句的语法格式为如下。

```
with expression as target:
    with-body
```

各参数说明如下。

- expression：要执行的表达式，可以是 open()函数，如 open(path,mode) as file。
- target：用于指定一个变量，并且将 expression 的结果保存到该变量中。
- with-body：用于指定 with 语句体。

例如，打开 test.txt 和关闭文件的代码可以使用 with 语句替换为以下语句。

```
with open("test.txt",'r') as file:
```

12.1.5 读取文件

Python 中，根据不同业务场景，提供了多种读取文件的方法，例如：file.read()读取指定字符，file.readline()读取一行，file.readlines()读取全部行，下面分别对其进行讲解。

1. 读取指定字符

文件对象提供了 read()方法读取文件中指定个数的字符，返回值为读取的文件内容，使用 read()方法时，要求打开文件的模式为 r（只读）或 r+（读写），语法格式如下。

```
file.read(size)
```

其中，file 为打开的文件对象；size 为要读取的字符个数，若省略该参数，则一次性读取文件全部内容。

示例 1 打开文件 test.txt，并读取出诗的标题、作者和内容。

```
#以只读方式打开 test.txt 文件
with open("test.txt",mode='r',encoding="UTF-8") as file:

    title = file.read(14)          #读取前 14 个字符
    author = file.read(14)         #再读 14 个字符
    content = file.read()          #读取全部内容
    print("诗的题目为： ",title)
    print("诗的作者为:",author)
    print("诗的内容为: \n",content)
```

运行程序，运行结果如图 12-5 所示。

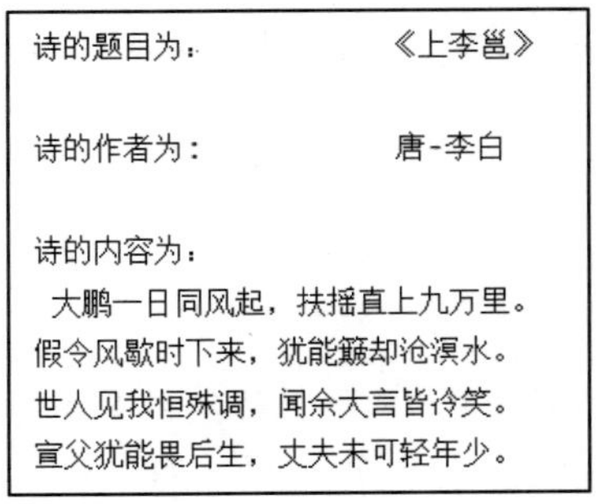

图 12-5　使用 read()方法读取 test.txt 文件

从图 12-5 可以看出，在使用 read()方法读取文件时有以下特点。

（1）在使用 read()方法时，不论是中文、空格还是书名号等特殊字符都被当成了一个字符。

（2）对于同一个文件，read()方法在读取完后，指针就停在读取结束的位置，再次读取时会从指针位置开始读取，而不是从头开始读取。

示例 2 修改示例 1 的程序，获取诗的标题、朝代、作者和内容，要求去掉两端空格，代码如下。

```
#以只读方式打开 test.txt 文件
with open("test.txt",mode='r',encoding="UTF-8") as file:

    title = file.read(14)                            #读取前 14 个字符
```

```
time_author = file.read(14)                    #再读 14 个字符
content = file.read()                          #读取全部内容
#先将 time_author 去掉两端空格，再用 "-" 分隔为列表
talist = time_author.strip().split("-")

print("诗的题目为：",title.strip())            #去掉标题两端空格后输出
print("诗的朝代为：",talist[0])               #朝代：唐
print("诗的作者为：", talist[1])              #作者：李白
print("诗的内容为：",content)
```

运行程序，运行结果如图 12-6 所示。

诗的题目为：　《上李邕》
诗的朝代为：　唐
诗的作者为：　李白
诗的内容为：
　大鹏一日同风起，扶摇直上九万里。
假令风歇时下来，犹能簸却沧溟水。
世人见我恒殊调，闻余大言皆冷笑。
宣父犹能畏后生，丈夫未可轻年少。

图 12-6　使用 read()方法读取 test.txt 文件（修改后）

在示例 2 中，将读取出的标题，使用字符串的 strip()方法去掉了空格，就只剩下标题《上李邕》，将读取到的 time_author 先去掉两端空格变为 "唐-李白"，再使用字符串的 split("-")方法，将 "唐-李白" 分隔成字符串列表 talist，talist 的第一个元素 talist[0]是朝代 "唐"，第二个元素 talist[1]是作者 "李白"。

read()方法第一次读取文件时，指针放在文件的开头，从文件开头读起，如果想读取文件中的某些内容，可以使用文件对象提供的 seek()方法。seek()方法用来操作指针，可以先将指针移到文件的某个位置，再使用 read()方法，就可以读取到想要的内容。seek()方法的语法格式如下。

file.seek(offset[,whence])

各参数说明如下。

● file：打开的文件对象。

● offset：用于指定移动的字符个数，具体位置与 whence 参数有关。

● whence：用于指定从什么位置开始计算，如果 whence 值为 0，表示从文件开头计算；如果值为 1，表示从当前位置计算；如果值为 2，表示从文件末尾开始计算；如果不指定，默认值为 0。

> **注意**　在使用 seek()方法时，如果文件不是以二进制形式打开的，whence 参数只能是 0，即只能从文件开头移动指针，否则会抛出 io.UnsupportedOperation 异常。

示例 3　打开文件 test.txt，并读取出诗的标题、朝代、作者和内容。

```
# 以只读方式打开 test.txt 文件
with open("test.txt",mode='r',encoding="UTF-8") as file:

    file.seek(8)                #将指针从头移到第 8 个字符的位置
    title = file.read(5)        #读取 5 个字符
    file.seek(34)               #将指针从头移到第 34 个字符的位置
    time = file.read(1)         #再读 1 个字符，读取 "唐"
    file.seek(38)               #将指针从头移到第 38 个字符的位置
```

```
            author = file.read(2)              #再读两个字符，读取"李白"
            content = file.read()              #读取全部内容

            print("诗的题目为：",title)
            print("诗的朝代为：",time)          #朝代：唐
            print("诗的作者为：", author)       #作者：李白
            print("诗的内容为：",content)
```

运行程序，运行结果与图 12-6 所示一样。

在示例 3 中，通过 file.seek(8)语句将指针从文件开头移到第 8 个字符的位置，然后使用 file.read(5)语句读取 5 个字符，此时读取了诗的标题"《上李邕》"。然后通过 file.seek(34)语句，将指针从文件开头移到第 34 个字符的位置，使用 time = file.read(1)语句读取 1 个字符，得到朝代"唐"，又通过 file.seek(38)语句将指针从文件开头移到第 38 个字符的位置，使用 author = file.read(2)语句读取了两个字符，得到作者"李白"，最后通过 content = file.read()语句读取剩下的所有内容。

 注意 从示例 3 可以看出，在使用 seek()方法时，一个中文是按两个字符来计算的，而使用 read()方法时一个中文是一个字符，两者有所不同。

2．读取一行

使用 read([size])方法时，如果要指定截取字符数量，要先计算读取的字符数量，越截取文件后面的内容，要数的字符数越多，相对比较麻烦，而如果一次性读完文件全部内容，在文件比较大的情况下，占用缓存较多。为此，文件对象提供了 readline()方法，该方法一次可以读取一行数据，这样就更方便对文件进行操作了。语法格式如下。

```
file.readline()
```

 注意 在使用 readline()方法时，与 read()方法一样，要求打开文件的模式为 r（只读）或 r+（读写）。

示例 4 打开文件 test.txt，使用 readline()方法读取出诗的标题、朝代、作者和内容。

```
# 以只读方式打开 test.txt 文件
with open("test.txt",mode='r',encoding="UTF-8") as file:

            title = file.readline().strip()       #读取第 1 行，且去除两端空格
            time_author = file.readline().strip() #读取第 2 行，且去除两端空格
            atlist = time_author.split("-")        #使用"-"分隔朝代和作者
            content = file.read()

            print("诗的题目为：",title)
            print("诗的朝代为：",atlist[0])        #朝代：唐
            print("诗的作者为：", atlist[1])       #作者：李白
            print("诗的内容为：\n",content)
```

运行程序，运行结果与示例 2、示例 3 一致。

在示例 4 中，首先使用 title = file.readline().strip()读取了 test.txt 文件的第 1 行，并使用 strip()方法去掉了两端空格，此时 title 的值为《上李邕》，然后使用 time_author = file.readline().strip()语句读取了文件第 2 行，也去除了两端空格，此时 time_author 的值为"唐-李白"，使用 atlist = time_author.split("-")语句，用"-"分隔朝代和作者，此时 atlist 的值是包含"唐"和"李白"两个元素的列表，atlist[0]是"唐"，atlist[1]是"李白"，最后程序通过 content = file.read()语句一次读取了剩下的内容作为诗的正文。

　　从示例 4 可以看出，在特定情况下使用 readline() 方法按行读取文件是比较方便的。

3. 读取全部行

文件对象提供了 readlines() 方法用来读取全部行。读取全部行与使用不带参数的 read() 方法效果上是一致的，都可以读取文件全部内容，区别是：使用不带参数的 read() 方法返回的是文件全部内容的字符串，而使用 readlines() 方法返回的是一个字符串列表，该字符串列表的每一个元素是文件中的一行数据。

> **注意**　在使用 readlines() 方法时，与 read() 方法和 readline() 方法一样，要求打开文件的模式为 r（只读）或 r+（读写）。

示例 5　打开文件 test.txt，使用 readlines() 方法读取出诗的标题、朝代、作者和内容。

```
#以只读方式打开 test.txt 文件
with open("test.txt",mode='r',encoding="UTF-8") as file:
    contents = file.readlines()                    #读取全部行，返回字符串列表
    content = ""                                   #诗的正文
    #使用 for 循环迭代读取字符串列表，获取每一行的内容
    for index,item in enumerate(contents):
        if index == 0:                             #第 1 行
            title = item.strip()                   #第 1 行去掉两端空格为标题
            print("诗的题目为：", title)
        elif index == 1:                           #第 2 行
            time_author = item.strip()             #第 2 行，且去除两端空格
            atlist = time_author.split("-")        #使用 "-" 分隔朝代和作者
            print("诗的朝代为：", atlist[0])        #朝代：唐
            print("诗的作者为：", atlist[1])        #作者：李白
        else:                                      #第 3 行开始的其他行
            content += item
    print("诗的内容为：\n",content)
```

运行程序，运行结果与示例 3、示例 4 一致。

在示例 5 中，使用 contents = file.readlines() 语句读取了 test.txt 文件的全部行，返回字符串列表，列表的每一个元素是 test.txt 文件的一行，然后使用 for 循环迭代读取字符串列表，获取每一行的内容，当索引 index==0 时是第 1 行，去掉两端空格就是标题，当索引 index==1 时是第 2 行，去掉两端空格就是"唐-李白"，通过 split("-")分隔，可以得到朝代"唐"和作者"李白"，最后，在 else 语句中，使用 content += item 语句，将剩下的行连接起来就是诗的正文。

12.1.6　写文件

除了读取文件内容，文件对象还提供了 write() 方法向文件写入内容，write() 方法的语法格式如下。

```
file.write(string)
```

其中，string 为要写入文件的字符串。

示例 6　向一个不存在的文件 newfile.txt 写入："与其临渊羡鱼，不如退而结网。"

```
#以读写方式打开 newfile.txt 文件
with open("newfile.txt",mode='w+',encoding="GBK") as file:
    file.write("与其临渊羡鱼，不如退而结网。")
```

运行程序，如图 12-7 所示，在 example6_write.py 文件同目录下自动创建了一个名为 newfile.txt 的文件，并将"与其临渊羡鱼，不如退而结网。"写入了文件中。

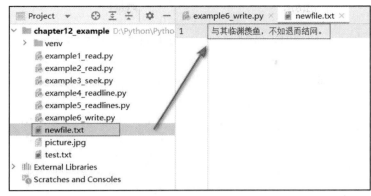

图 12-7　使用 write()方法创建并写入文件

注意
在使用 write()方法写文件时，文件不能是以 r 模式打开，否则会抛出 io.UnsupportedOperation: not writable 异常。如果要写的文件不存在，也不能使用 "r+" 模式打开，否则会抛出 FileNotFoundError 异常，因为在 r+模式下，文件不存在时不会创建文件。

如果要再次向 newfile.txt 文件中写入内容，采用 w/w+方式打开文件则会覆盖原内容，要想追加内容需要使用 a/a+方式打开文件。

示例 7　分别采用 w+和 a+方式打开 newfile.txt 文件，并写入内容。

```
#以读写方式打开 newfile.txt 文件
with open("newfile.txt",mode='w+',encoding="GBK") as file1:
    file1.write("用 w+方式写入文件")

#以追加方式打开 newfile.txt 文件
with open("newfile.txt",mode='a+',encoding="GBK") as file2:
    file2.write("\n 黄河尚有澄清日，岂可人无得运时？")
```

运行程序，运行结果如图 12-8 所示。

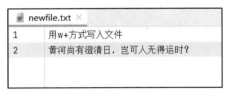

图 12-8　使用 write()方法写入文件

在示例 7 中，首先通过 w+方式打开 newfile.txt 文件，使用 write()方法向文件写入"用 w+方式写入文件"，从图 12-8 可以看出，写入方式是先清空了 newfile.txt 文件中原来的内容"与其临渊羡鱼，不如退而结网。"，再写入新的内容。程序中又通过 a+方式打开 newfile.txt 文件，使用 write()方法向文件写入"黄河尚有澄清日，岂可人无得运时？"，从图 12-8 的运行结果可以看出，写入方式是直接追加到了原来内容之后，原来内容仍原样保留着。

12.1.7　删除文件

文件对象没有提供删除文件的函数，但是内置的 os 模块提供了删除文件的函数 remove()，在使用 remove()函数删除文件时，若文件存在则被删除，若文件不存在则会抛出 FileNotFoundError 异常，该函数的基本语法格式如下。

```
os.remove(path)
```

各参数说明如下。

● os：在使用 os 模块时，需要先使用 import os 语句将其导入。

● path：指定要删除文件的路径，可以是相对路径，也可以是绝对路径。

示例 8　删除与当前文件同目录下的 readme.txt 文件和不在同目录下的 D:\python\car.jpg 文件。

```
import os

path1 = "readme.txt"                            #与当前文件同目录下的文件
path2 = "D:\\python\\car.jpg"                   #与当前文件不在同目录下的文件

if os.path.exists(path1):                       #判断文件是否存在
    os.remove(path1)                            #若文件存在，则删除
    print("readme.txt 文件删除完毕！")
else:                                           #若文件不存在给用户提示
    print("文件不存在！")

if os.path.exists(path2):                       #判断文件是否存在
    os.remove(path2)                            #若文件存在，则删除
    print("car.jpg 文件删除完毕！")
else:                                           #若文件不存在给用户提示
    print("文件不存在！")
```

在示例 8 中，通过 path1 = "readme.txt"语句指定了与当前文件同目录下的文件 readme.txt，通过 path2 = "D:\\python\\car.jpg"语句指定了与当前文件不在同目录下的文件 car.jpg。在删除文件之前，程序中使用了 os.path 提供的 exists(path)函数判断文件是否存在，如果在 path 路径下指定的文件存在，exists()函数返回 True，如果文件不存在，该函数会捕获 FileNotFoundError 异常，并返回 False。运行程序，若要删除的文件在指定目录下存在，则提示"文件删除完毕！"，若不存在则提示"文件不存在！"。

在 Python 中，反斜杠"\"已经代表了转义符，所以，在指定文件路径时要对路径分隔符"\"进行转义，即将路径中的"\"替换为"\\"，如果不想转义，也可以将"\"用"/"代替。

12.1.8　重命名文件和目录

文件对象也没有提供重命名文件的方法，但 os 模块提供了重命名文件和目录的函数 rename()，若指定的路径是文件，则重命名文件；若指定的路径是目录，则重命名目录。rename()函数的语法格式如下。

```
os.rename(src,dst)
```

各参数说明如下。

● os：os 标准库模块，使用时通过 import os 导入。

● src：指定要重命名的文件或目录。

● dst：指定重命名后的文件或目录。

同删除文件一样，在使用 rename()函数对文件和目录重命名时，若指定的文件或目录不存在，则会抛出 FileNotFoundError 异常，所以在对文件或目录进行重命名操作时，也要先判断文件或目录是否存在，当存在时再进行重命名操作。

示例 9　重命名当前目录下的 readme.txt 文件，将文件名称改为 user_info.txt，将
D:\python\car.jpg 文件名修改为 D:\python\bus.jpg。

```python
import os
#重命名当前目录下的文件------------------------------
src1 = "readme.txt"                    #重命名前的文件
dst1 = "user_info.txt"                 #重命名后的文件

if os.path.exists(src1):               #如果要重命名的文件存在
    os.rename(src1,dst1)
    print("重命名成功！")
else:
    print("文件不存在！")

#重命名其他目录下的文件------------------------------
src2 = "D:\\python\\car.jpg"           #重命名前的文件
dst2 = "D:\\python\\bus.jpg"           #重命名后的文件

if os.path.exists(src2):               #如果要重命名的文件存在
    os.rename(src2,dst2)
    print("重命名成功！")
else:
    print("文件不存在！")
```

在示例 9 中，使用 os.rename() 函数将同目录下的 readme.txt 文件重命名为 user_info.txt，
将 D:\python\car.jpg 文件重命名为 D:\python\bus.jpg，在重命名前都使用 os.path.exists() 函数
判断了文件是否存在，注意程序中对路径分隔符的转义。运行程序，若要重命名的文件存
在，则重命名并输出"重命名成功！"；若文件不存在，则输出"文件不存在！"。

12.1.9　获取文件信息

读者在计算机上选中一个文件，右击，在快捷菜单中选择"属性"命令，便可以查看到
文件名称、类型、文件夹路径、大小、创建日期、修改日期、所有者等详细信息，如图 12-9
所示。

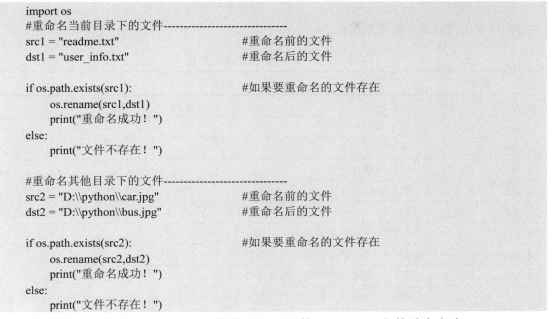

图 12-9　文件详细信息

在 Python 中，通过 os 模块提供的 stat()函数可以获取到文件的基本信息，stat()函数的使用方法为 os.stat(path)，path 为要获取基本信息的文件的路径。

stat()函数返回一个 stat_result 元组对象，该对象中包含的属性见表 12-4，通过访问这些属性就可以得到文件的基本信息。

表 12-4   stat_result 对象的属性

属性	描述
st_mode	保护模式
st_ino	索引号
st_dev	设备名
st_nlink	被连接数目
st_uid	用户 ID
st_gid	组 ID
st_size	文件大小，单位是 Byte（字节）
st_atime	最后一次访问的时间，单位是秒
st_mtime	最后一次修改的时间，单位是秒
st_ctime	最后一次状态变化的时间，不同系统返回结果不同，Windows 系统下返回的是文件创建的时间

示例 10   获取 test.txt 文件的基本信息。

```
import os

fi = os.stat("test.txt")                    #调用 os 模块的 stat()函数获得文件信息
#输出文件的基本信息
print("test.txt 文件的路径是：",os.path.abspath("test.txt"))
print("test.txt 文件索引号：", fi.st_ino)
print("test.txt 文件设备名：", fi.st_dev)
print("test.txt 文件大小：", fi.st_size)
print("test.txt 文件创建时间：", fi.st_ctime)
print("test.txt 文件最后一次修改时间：", fi.st_mtime)
print("test.txt 文件最后一次访问时间：", fi.st_atime)
```

运行程序，运行结果如图 12-10 所示。

```
test.txt文件的路径是：  D:\Python\第12章 操作文件与目录\4-示例\chapter12_example\test.txt
test.txt文件索引号：3940649674428525
test.txt文件设备名：2115590597
test.txt文件大小：244
test.txt文件创建时间：1679500542.4420378
test.txt文件最后一次修改时间：1679575412.176488
test.txt文件最后一次访问时间：1679667729.0042634
```

图 12-10   获取 test.txt 文件的基本信息

在示例 10 中，在导入 os 模块后，先通过 fi = os.stat("test.txt")语句调用 os 模块的 stat()函数获得文件信息元组对象 fi，又通过 os.path.abspath("test.txt")语句获取了 test.txt 文件的完整路径，然后调用 fi 对象的相关属性，获取了 test.txt 文件的基本信息。

读者应该也发现了，在图 12-10 中，获取的文件大小是 244，并没有带单位，这样就不知道文件到底是 244B、244KB 还是 244MB。同样，时间也是一串看不懂的时间戳。为了

能更直观地看到文件基本信息，我们在示例 10 的程序中增加一个 format_size()函数用来格
式化文件大小，给文件大小带上相应的单位，增加一个 format_time()函数用来格式化时间，
让时间按"YYYY-MM-DD HH:MM:SS"的格式输出，优化后的代码如下。

```python
import os

#格式化文件大小
def format_size(size):
    """
    格式化文件大小，让文件大小带上相应单位
    :param size：文件大小
    :return：格式化后的文件大小，如 xxx.xKB
    """
    b = 1024
    kb = 1024*1024
    mb = 1024*1024*1024
    gb = 1024*1024*1024*1024

    if size < b:                            #文件小于 1024，是字节
        return '%i' % size + '字节'
    elif b <= size < kb:                    #文件大于 1024，小于 kb
        return '%.1f' % float(size / b) + 'KB'
    elif kb <= size < mb:                   #文件大于 kb，小于 mb
        return '%.1f' % float(size / kb) + 'MB'
    elif mb <= size < gb:                   #文件大于 mb，小于 gb
        return '%.1f' % float(size / mb) + 'GB'

def format_time(longtime):
    """
    格式化时间，按 YYYY-MM-DD HH:MM:SS 的格式输出
    :param longtime：要格式化的时间
    :return：返回格式化后的时间
    """
    import time

    return time.strftime("%Y-%m-%d %H:%M:%S", time.localtime(longtime))

fi = os.stat("test.txt")                    #调用 os 模块的 stat()函数获得文件信息

#输出文件的基本信息
print("test.txt 文件的路径是：",os.path.abspath("test.txt"))
print("test.txt 文件索引号：", fi.st_ino)
print("test.txt 文件设备名：", fi.st_dev)
print("test.txt 文件大小：", format_size(fi.st_size))
print("test.txt 文件创建时间：", format_time(fi.st_ctime))
print("test.txt 文件最后一次修改时间：", format_time(fi.st_mtime))
print("test.txt 文件最后一次访问时间：", format_time(fi.st_atime))
```

运行程序，运行结果如图 12-11 所示。

```
test.txt文件的路径是： D:\Python\第12章 操作文件与目录\4-示例\chapter12_example\test.txt
test.txt文件索引号： 3940649674428525
test.txt文件设备名： 2115590597
test.txt文件大小： 244字节
test.txt文件创建时间： 2023-03-22 23:55:42
test.txt文件最后一次修改时间： 2023-03-23 20:43:32
test.txt文件最后一次访问时间： 2023-03-24 22:22:09
```

图 12-11　格式化 test.txt 文件的基本信息

在示例 10 优化后的程序中，定义了 format_size()函数，因为计算机中的进制单位是 1024，如 1KB=1024byte、1MB=1024KB、1GB=1024MB，所以定义了几个变量，分别用来代表各进制单位的字节数，然后通过 if...elif...else 语句来判断文件的大小属于哪个区间，以此为文件大小带上相应的单位。程序中还定义了 format_time()函数，要对时间进行处理，必须要引入 Python 内置的 time 模块，time 模块提供了 strftime()函数可以格式化输出时间，time 模块提供的 localtime()函数可以格式化时间戳为本地的时间，通过处理后，时间以"YYYY-MM-DD HH:MM:SS"的格式输出。

注意　也可以通过 os.path 模块提供的函数更简便地获取文件大小、创建时间、最后一次访问时间、最后一次修改时间，获取的值与使用 os.stat()函数的属性获取的结果是一样的，方法如下。

```
os.path.getsize(path)          #获取文件大小
os.path.getctime(path)         #获取文件创建时间
os.path.getmtime(path)         #获取文件最后一次修改时间
os.path.getatime(path)         #获取文件最后一次访问时间
```

12.2　操 作 目 录

Python 没有提供直接操作目录的对象，而是通过 os 和 os.path 模块来实现对目录的操作。在 12.1 节中讲解删除文件、重命名文件和获取文件信息时，我们已经使用了 os 模块和 os.path 模块的一些函数，本节介绍如何使用 os 和 os.path 模块操作目录。

12.2.1　os 和 os.path 模块

os 模块可以获取操作系统相关的功能，在使用时，需要使用 import os 语句引入模块，例如：通过 os.name 可以获取操作系统的类型（os.name 返回值为 nt 代表 Windows 操作系统，返回值为 posix，代表是 Linux、UNIX 或 macOS 操作系统）。而 os 的子模块 os.path 实现了与路径名称相关的函数。

os 模块操作文件和目录的常用函数见表 12-5。

表 12-5　os 模块操作文件和目录的常用函数

函数	描述
access(path,mode)	测试调用用户是否具有对 path 的指定访问权限，参数 mode 为 os.F_OK（存在性）、os.R_OK（可读性）、os.W_OK（可写性）、os.X_OK（可执行性）
chdir(path)	将 path 设置为当前工作目录
getcwd()	以字符串形式返回当前工作目录
listdir(path)	返回指定路径下的文件和目录信息

函数	描述
mkdir(ptah[,mode])	创建目录
makedirs(path1/path2…[,mode])	创建多级目录
remove(path)	删除文件
rmdir(path)	删除目录
removedirs(path1/path2…)	删除多级目录
rename(src,dst)	将文件或目录 src 重命名为 dst
stat(path)	获取文件信息
walk(top[,topdown[,onerror]])	遍历目录树，返回包含路径名、所有目录列表和文件列表 3 个元素的元组

os 模块的子模块也提供了与操作文件和目录相关的函数，见表 12-6。

表 12-6　os.path 模块操作文件和目录的常用函数

函数	描述
os.path.exists(path)	用于判断文件或目录是否存在，存在返回 True，不存在返回 False
os.path.abspath(path)	返回路径 path 的绝对路径
os.path.basename(path)	从 path 路径中获取文件名
os.path.join(path,name)	将目录与目录或文件名拼接起来
os.path.dirname(path)	返回路径 path 的目录名称，不包含文件
os.path.getsize(path)	获取文件大小
os.path.getctime(path)	获取文件创建时间
os.path.getmtime(path)	获取文件最后一次修改时间
os.path.getatime(path)	获取文件最后一次访问时间
os.path.normcase(path)	规范路径的大小写。在 Windows 操作系统上，将路径中的所有字符都转换为小写，并将正斜杠转换为反斜杠。在其他操作系统上返回原路径
os.path.splitdrive(path)	将路径 path 拆分为挂载点和路径两部分，如 splitdrive("c:/dir")返回 ("c:", "/dir")

读者不用死记硬背 os 模块和 os.path 模块提供的函数，在实现某个需求时，知道某个函数可以实现该功能即可。

12.2.2　路径

路径是用来定位某个目录或文件的字符串，根据参照不同，路径一般被分为相对路径和绝对路径。

1. 相对路径

相对路径是相对当前工作目录而言的，可以通过 os.getcwd()函数获得当前工作目录。例如：当前工作目录为 D:\python，要访问该目录下的 readme.txt 文件时，其路径可以直接用相对路径 readme.txt，而不需要使用完整路径 D:\python\readme.txt。

2. 绝对路径

绝对路径是目录或文件的完整实际路径，可以通过 os.path.abspath()函数获得。例如：

要获得当前工作目录下 readme.txt 文件的绝对路径，可以使用 os.path.abspath("readme.txt")，返回 readme.txt 文件的绝对路径 D:\python\readme.txt。

3. 拼接路径

如果要将两个或多个路径拼接成一个新的路径，可以使用 os.path 模块提供的 join()函数实现。join()函数只是拼接路径，不会验证要拼接的路径是否存在，如果不存在也不会创建,功能相当于字符串拼接。join()函数语法如下。

```
os.path.join(path1[,path2][,...])
```

其中，path1、path2 是要拼接的路径，各个路径之间用逗号分隔。

例如：要将 test.txt 文件的相对路径转换为绝对路径，也可以使用 join()函数实现，代码为 os.path.join(os.getcwd(), "test.txt")。

> **注意**
> （1）虽然使用 join()函数拼接路径类似于字符串拼接,但仍建议使用 join()函数，因为该函数可以正确处理路径分隔符，避免错误。
> （2）在使用 join()函数时，如果出现多个绝对路径，那么拼接路径以最后一个出现的为准，且其之前的路径都会被忽略。例如：执行 os.path.join("D:\pyton", "E:\python", "test.txt", "C:\demo", "file.txt")，返回结果为 C:\demo\file.txt。

示例 11　使用 os 和 os.path 模块获取 test.txt 文件的当前工作目录、绝对路径，并使用 join()函数获取 test.txt 文件的绝对路径。

```
import os

try:
    fp = open("test.txt",encoding="UTF-8")
    print("当前工作目录为：",os.getcwd())
    print("test.txt 文件的绝对路径为：",os.path.abspath("test.txt"))
    print("使用 join 将相对路径转换为绝对路径：")
    print(os.path.join(os.getcwd(), "test.txt"))
except Exception as e:                    #捕获异常，并输出异常信息
    print( "打开/操作文件失败!",e)
else:                                     #没有抛出异常时执行
    with fp:                              #打开文件，使用完成后会自动关闭文件
        print("test.txt 文件的内容为：\n",fp.read())
```

运行程序，运行结果如图 12-12 所示。

```
当前工作目录为：  D:\Python\第12章 操作文件与目录\4-示例\chapter12_example
test.txt文件的绝对路径为：  D:\Python\第12章 操作文件与目录\4-示例\chapter12_example\test.txt
使用join将相对路径转换为绝对路径：
D:\Python\第12章 操作文件与目录\4-示例\chapter12_example\test.txt
test.txt文件的内容为：
        《上李邕》
        唐-李白
大鹏一日同风起，扶摇直上九万里。
假令风歇时下来，犹能簸却沧溟水。
世人见我恒殊调，闻余大言皆冷笑。
宣父犹能畏后生，丈夫未可轻年少。
```

图 12-12　使用 os 和 os.path 模块操作目录

在示例 11 中，使用了 try…except…else 语句来捕获文件操作或目录操作可能出现的异常。在 try 语句块中，使用 fp=open("test.txt",encoding="UTF-8")语句打开了 test.txt 文件，编码格

式为 UTF-8，然后使用 os.getcwd()函数获取了当前工作目录，使用 os.path.abspath("test.txt")
获取了 test.txt 文件的绝对路径，又通过 os.path.join(os.getcwd(), "test.txt")将相对路径转换为了
绝对路径。在 except 语句块中捕获了 Exception 异常，若出现异常则输出"打开/操作文件失
败！"，并输出异常信息。如果 try 语句块中没有出现异常，执行 else 语句块，在 else 语句块
中，使用 with 语句打开文件，并使用文件对象的 read()函数读取文件内容，with 语句执行完
毕，自动关闭文件。

4．判断路径是否存在

在操作文件或路径时，若文件或目录不存在或书写错误，则程序会抛出异常，可以先
使用 os.path 模块提供的 exists(path)函数判断文件或目录是否存在，如果存在返回 True，不
存在返回 False，语法格式如下。

```
os.path.exists(path)
```

12.2.3　创建目录

os 模块提供了 os.mkdir()函数创建一级目录，提供了 os.makedirs()函数创建多级目录。

1．创建一级目录

使用 os.mkdir()函数创建目录是创建最后一级目录，如果要创建的目录已经存在会抛出
FileExistsError 异常，如果要创建目录的父目录不存在将抛出 FileNotFoundError 异常。在
Windows 平台下，mkdir()函数的语法为 os.mkdir(path)。在 UNIX 平台下，mkdir()函数的语
法为 os.mkdir(path,mode=0o777)，其中 mode 为权限值，默认为 0o777。

示例 12　在 D 盘下创建目录 demo，并在该目录下创建文件 myfile.txt，写入内容"你
很棒，目录和文件创建成功！"，并读取文件内容。

```
import os

try:
    if not os.path.exists("D:\demo"):          #如果要创建的目录不存在
        os.mkdir("D:\demo")                    #创建目录
        print("目录创建成功！")
    else:
        print("目录已经存在！")
    #以读写方式打开文件，文件不存在则自动创建
    fp = open("D:\demo\myfile.txt",'w+')

except Exception as e:                         #捕获异常，并输出异常信息
    print( "打开/操作文件失败!",e)
else:                                          #没有抛出异常时执行
    with fp:                                   #打开文件，使用完成后会自动关闭文件
        fp.write("你很棒，目录和文件创建成功！")
        fp.seek(0)                             #将指针移到文件开头，否则 read()方法读到的内容为空
        print("文件内容为：",fp.read())
```

运行程序，如果在 D 盘根目录下不存在 demo 目录，程序运行结果如图 12-13 所示。

```
目录创建成功!
文件内容为：  你很棒，目录和文件创建成功!
```

图 12-13　创建一级目录

如图 12-14 所示，打开 D 盘，可以看到已经创建了 demo 目录，该目录下成功创建了 myfile.txt 文件，打开 myfile.txt 文件，"你很棒，目录和文件创建成功！"已经被写入文件。

图 12-14　创建目录、创建文件并写入内容

在示例 12 中，使用了 try…except…else 语句来捕获文件操作或目录操作可能出现的异常。在 try 语句块中，先使用 os.path.exisits("D:\demo")语句判断要创建的目录是否存在，如果不存在，就使用 os.mkdir("D:\demo")语句创建目录，如果存在就输出"目录已经存在！"，然后通过 fp = open("D:\demo\myfile.txt",'w+')语句以读写方式打开 D:\demo\myfile.txt 文件，即使 myfile.txt 文件不存在也可以创建文件。在 except 语句块中捕获了 Exception 异常，若出现异常则输出"打开/操作文件失败！"，并输出异常信息。如果 try 语句块中没有出现异常，就执行 else 语句块，在 else 语句块中，用 with 语句打开文件，先使用 fp.write("你很棒，目录和文件创建成功！")语句向文件写入内容，一定要注意，将内容写入文件后，此时指针的位置在文件的末尾，如果直接使用 fp.read()读取文件内容，返回的是空字符串，需要先使用 fp.seek(0)语句将指针移到文件开头，再使用 fp.read()就可以读取文件全部内容了，with 语句执行完毕，自动关闭文件。

如果再次运行示例 12，此时 demo 目录已经存在，程序运行结果如下。

```
目录已经存在！
文件内容为：你很棒，目录和文件创建成功！
```

2.　创建多级目录

使用 os 模块提供的 makedirs()函数可以创建多级目录，该函数实质上是使用递归的方式创建目录。

例如：在 Windows 平台下，要在示例 12 创建的 D:\demo 目录下创建 util\file 目录，可以使用以下语句实现。

```
import os
os.makedirs("D:\\demo\\util\\file")          #创建多级目录
```

运行程序，运行结果如图 12-15 所示，将在 D 盘下创建多级目录。

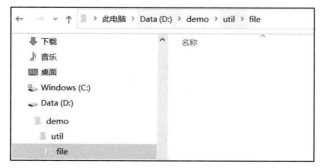

图 12-15　使用 os.makedirs()函数创建多级目录

12.2.4　删除目录

对于删除目录，os 模块提供了 os.rmdir(path)函数删除指定的目录，需要注意的是：os.rmdir()函数只针对空目录有效，若要删除的目录下有文件或子目录，则不允许删除，会抛出"OSError: [WinError 145] 目录不是空的"异常。如果要删除的目录不存在会抛出 FileNotFoundError 异常。

如果想要删除非空目录，可以使用 shutil 模块提供的 shutil.rmtree(path)函数，该函数在删除目录时，即便是要删除的目录下有文件或子目录，该目录及其中的文件或子目录都会全部被删除。

示例 13　使用 os.rmdir()函数删除示例 12 创建的 file 目录，使用 shutil.rmtree()函数删除示例 12 创建的 demo 目录。

```
import os
import shutil

if os.path.exists("D:\\demo\\util\\file"):       #判断目录是否存在
    os.rmdir("D:\\demo\\util\\file")             #删除 file 目录
    shutil.rmtree("D:\\demo")                    #删除 demo 目录，子目录也一并被删除

else:
    print("要删除的目录不存在！")
```

运行程序，先删除了 D:\demo\util 路径下的 file 目录，又删除了 D 盘下的 demo 目录，如果再次运行示例 13，目录已经被删除了，输出"要删除的目录不存在！"

12.2.5　遍历目录

在实际应用中，经常需要从某个目录下查找一个文件，就需要遍历该目录下的全部子目录和文件。在 Python 中，os 模块提供了 walk()函数可以实现遍历目录的功能，其语法格式如下。

```
os.walk(top[,topdown=True][,onerror=None][,followlinks=False])
```

各参数说明如下。

- top：用于指定要遍历的根目录。
- topdown：可选参数，默认为 True，用于指定遍历的顺序。topdown 为 True，表示从上到下遍历；topdown 为 False，表示从下到上遍历。
- onerror：可选参数，默认为 None，用于指定错误处理方式，可忽略。
- followlinks：可选参数，默认不会递归进指向目录的符号链接。可以在支持符号链接的系统上将 followlinks 设置为 True，以访问符号链接指向的目录。注意，如果链接指向自身的父目录，将 followlinks 设置为 True 可能导致无限递归，因为 walk()不会记录它已经访问过的目录。

walk()函数可以按从上到下或从下到上的顺序浏览目录树。对于以 top 为根的目录树中的每个目录（包括 top 本身），它都会生成一个包含 dirpath、dirname、filename 3 个元素的元组生成器。其中，dirpath 是一个表示当前遍历路径的字符串；dirname 是一个列表，包含了当前路径下的子目录；filename 也是一个列表，包含了当前路径下的文件。

示例 14　遍历本章示例 chapter12_example 目录下的所有文件，目录结构如图 12-16

所示，打印每个目录下的子目录和各文件大小的字节数，venv 目录和.idea 目录不要遍历。

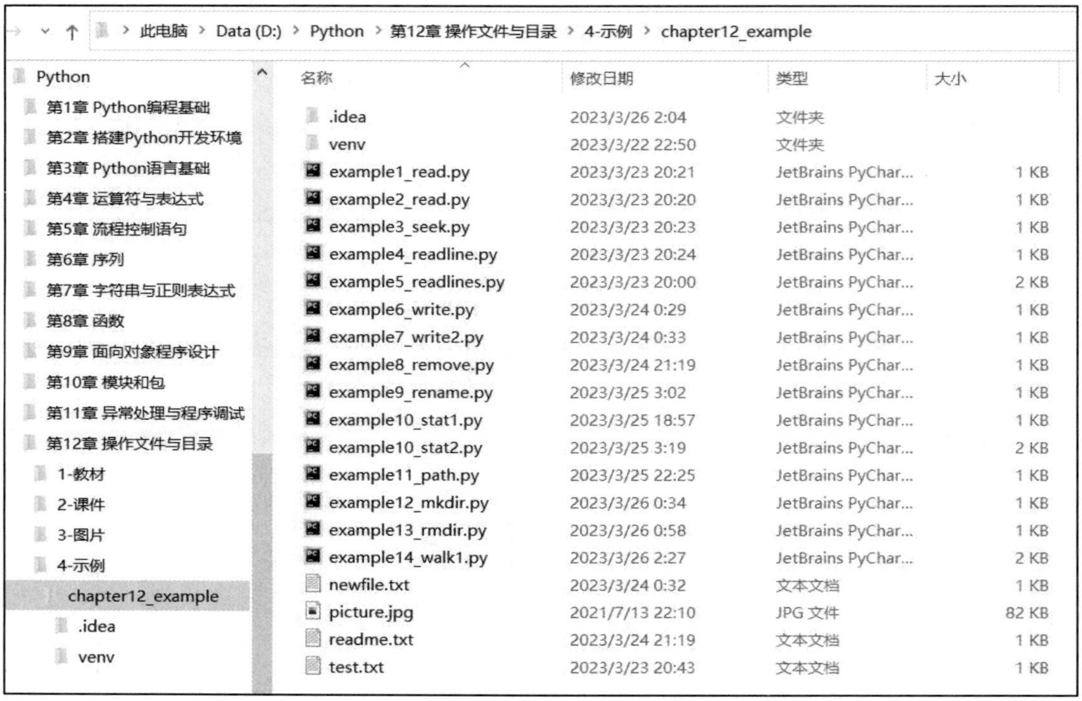

图 12-16　要遍历的目录

```python
import os
from os.path import join, getsize

path = "D:\\Python\\第 12 章操作文件与目录\\4-示例\\chapter12_example"
for root, dirs, files in os.walk(path):

    print("当前根目录：",root)
    if len(dirs) == 0:          #如果 dirs==0，说明当前目录下没有子目录
        print("当前根目录下没有子目录！")
    else:                       #如果 dirs 不等于 0，说明当前目录下有子目录，输出子目录列表
        print("当前根目录下的子目录有：",dirs)
    if len(files) == 0:         #如果 files==0，说明当前目录下没有文件
        print("当前根目录下没有文件！")
    else:                       #files 不等于 0，说明当前目录下有文件，遍历 files，获取每个文件的大小
        print("当前根目录下的文件有：")
        for filename in files:
            print("文件",filename,end=",")
            #获取当前目录下文件的大小，文件的路径由当前的目录和文件名拼接而成
            print(getsize(join(root,filename)),"字节")

    if 'venv' in dirs:
        dirs.remove('venv')          #不遍历 venv 目录
    if '.idea' in dirs:
        dirs.remove('.idea')         #不遍历.idea 目录
```

运行程序，运行结果如图 12-17 所示。

```
当前根目录：  D:\Python\ 第12章 操作文件与目录\4-示例\chapter12_example
当前根目录下的子目录有： ['.idea', 'venv']
当前根目录下的文件有：
文件 example10_stat1.py,578 字节
文件 example10_stat2.py,1670 字节
文件 example11_path.py,737 字节
文件 example12_mkdir.py,918 字节
文件 example13_rmdir.py,454 字节
文件 example14_walk1.py,1386 字节
文件 example1_read.py,464 字节
文件 example2_read.py,747 字节
文件 example3_seek.py,817 字节
文件 example4_readline.py,687 字节
文件 example5_readlines.py,1046 字节
文件 example6_write.py,286 字节
文件 example7_write2.py,424 字节
文件 example8_remove.py,787 字节
文件 example9_rename.py,797 字节
文件 newfile.txt,50 字节
文件 picture.jpg,83744 字节
文件 readme.txt,19 字节
文件 test.txt,244 字节
```

图 12-17　遍历 chapter12_example 目录

在示例 14 中，代码讲解如下。

（1）导入了 os 模块和 os.path 模块的 join()函数与 getsize()函数。

（2）定义了变量 path，用来存储要遍历的根目录。

（3）使用 for root, dirs, files in os.walk(path):语句遍历 path 目录，因为 walk()函数没有指定 topdown 参数，默认是从上往下遍历，每遍历一个目录都会返回 root、dirs、files 3 个参数。

（4）在 for 循环中，首先输出当前遍历的目录名，通过判断 len(dirs)是否为 0 来确定当前目录下有没有子目录，如果 len(dirs)==0，说明当前目录下没有子目录，如果不为 0 就是有子目录，输出包含子目录名称的列表 dirs。通过判断 len(files)是否为 0 来确定当前目录下有没有文件，如果 len(files)==0，说明当前目录下没有文件，如果不为 0 就是包含文件，使用 for 循环遍历包含文件名的列表 files，以获取每个文件的文件名和文件大小，文件名 filename 就是 files 列表的元素，要获取每个文件的大小就要使用 getsize(path)函数，而每个文件的 path 可以使用 join(root,filename)函数拼接获得。

（5）程序中使用了两个 if 语句，判断在当前目录下的子目录列表 dirs 中是否包含 venv 目录和.idea 目录，如果包含就删除，不遍历。

示例 14 是从上往下遍历的例子，我们通过示例 15 讲解从下往上遍历目录。

示例 15　使用 os.rmdir()函数删除目录时，只能删除空目录，而使用 shutil.rmtree()函数可以删除目录及目录中的所有内容。请结合 walk()函数，使用 os.rmdir()函数实现与 shutil.rmtree()函数一样的功能，删除 D:\demo 下的 util 目录及其所有内容。

```python
import os
toppath = "D:\\demo"                    #定义要删除的根目录

#使用 walk()函数从下往上遍历目录
for root, dirs, files in os.walk(toppath, topdown=False):
    for name in files:                  #先循环删除所有文件
        os.remove(os.path.join(root, name))
```

```
            for name in dirs:                    #循环删除所有子目录
                os.rmdir(os.path.join(root, name))
```

运行程序，D:\\demo 下所有的目录、文件都会被删除。

在示例 15 中，定义了根目录为 D:\demo，要删除该目录下的所有内容，程序中使用 for root, dirs, files in os.walk(toppath, topdown=False): 语句循环遍历目录，因为设置了 topdown=False，所以遍历是从下往上的，因为 rmdir() 函数只能删除空目录，所以要从下往上遍历。在遍历的过程中使用 os.remove() 函数把每个目录下的文件全部删除掉，使用 os.rmdir() 函数把子目录全部删除掉，一级一级向上删除，直到把 util 目录删除掉。

本 章 总 结

1．Python 内置了文件对象，在使用文件对象时，可以通过内置的 open() 函数打开文件并返回文件对象，该文件对象也被称为文件类对象或流。如果该文件打不开，程序就会抛出 OSError 异常。

2．Open() 函数的语法格式为 file = open(filename[,mode[,buffering][,encoding]])。其中，mode 参数可以为 r（只读）、w（只写）、a（追加）、+（读写）、b（二进制）或其组合，如 r+ 为可读写，wb+ 为采用可读写、二进制形式打开文件。

3．打开已经存在的文件，可以使用 r、r+、w、w+、a、a+ 模式；打开不存在的文件，不可以使用 r 或 r+ 模式，因为如果文件不存在，r、r+ 模式下不会创建文件，程序会抛出异常，可以使用 w、w+、a、a+ 模式。

4．打开二进制文件，要采用 rb/rb+、wb/wb+、ab/ab+ 模式，而且 open() 函数中的 encoding 参数不能设置，否则会抛出 ValueError 异常。

5．打开文件，对文件操作完成后，要及时关闭文件，避免长期占用缓存或文件被破坏。文件对象提供了 close() 方法，该方法在关闭文件前会先刷新缓冲区，将没有写入文件的内容全部写入文件，然后关闭文件，使用方法为 file.close()。

6．Python 提供了使用 with 语句打开文件的方法，使用 with 语句打开的文件，不论出现什么情况，只要 with 语句执行完，被打开的文件就会被关闭掉，语法为 with open(path, mode) as file:。

7．文件对象提供了 read() 方法读取文件中指定个数的字符，返回值为读取的文件内容，使用 read() 方法时，要求打开文件的模式为 r（只读）或 r+（读写），语法格式为 file.read(size)，其中，size 为要读取的字符个数，若省略则一次性读取文件全部内容。

8．read() 方法第一次读取文件时，指针放在文件的开头，从文件开头读起，如果想读取文件中的某些内容，可以使用文件对象提供的 seek() 方法。seek() 方法用来操作指针，可以先将指针移到文件的某个位置，再使用 read() 方法，就可以读取到想要的内容，seek() 方法的语法格式为 file.seek(offset[,whence])。

9．文件对象提供了 readline() 方法，该方法一次可以读取一行数据，语法格式为 file.readline()。在使用 readline() 方法时，与 read() 方法一样，要求打开文件的模式为 r（只读）或 r+（读写）。

10．文件对象提供了 readlines() 方法用来读取全部行。读取全部行与使用不带参数的 read() 方法在效果上是一致的，都可以读取文件全部内容，区别是：使用不带参数的 read() 方法返回的是文件的全部内容的字符串，而使用 readlines() 方法返回的是一个字符串列表，该字符串列表的每一个元素是文件中的一行数据。在使用 readlines() 方法时，与 read() 方法和 readline()方法一样，要求打开文件的模式为 r（只读）或 r+（读写）。

11．文件对象提供了 write()方法向文件写入内容，write()方法的语法为 file.write(string)，其中，string 为要写入文件的字符串。在使用 write()方法写文件时，文件不能以 r 模式打开，否则会抛出 io.UnsupportedOperation: not writable 异常。当要写的文件不存在时，也不能使用 r+模式打开，否则会抛出 FileNotFoundError 异常，因为在 r+模式下，文件不存在时不会创建文件。如果要再次向文件写入内容，采用 w/w+模式打开文件则会覆盖原内容，要想追加内容需要使用 a/a+模式打开文件。

12．os 模块提供了删除文件的函数 remove()，在使用 remove()函数删除文件时，若文件存在则被删除，若文件不存在则会抛出 FileNotFoundError 异常，该函数的基本语法格式为 os.remove(path)。

13．os 模块提供了重命名文件和目录的函数 rename()，若指定的路径是文件，则重命名文件；若指定的路径是目录，则重命名目录。rename()函数的语法格式为 os.rename(src,dst)，其中，src 指定要重命名的文件或目录，dst 指定重命名后的文件或目录。

14．通过 os 模块提供的 stat()函数可以获取到文件的基本信息，stat()函数的使用方法为 os.stat(path)，path 为要获取基本信息的文件的路径。

15．os 模块可以获取与操作系统相关的功能，在使用时，需要使用 import os 语句引入模块。

16．在 Python 中，反斜杠"\"已经代表了转义符，所以，在指定文件路径时要对路径分隔符"\"进行转义，即将路径中的"\"替换为"\\"，如果不想转义，也可以将"\"用"/"代替。stat()函数返回一个 stat_result 元组对象，通过访问 stat_result 对象的属性就可以得到文件的基本信息。

17．相对路径是相对当前工作目录而言的，可以通过 os.getcwd()函数获得当前工作目录；绝对路径是目录或文件的完整实际路径，可以通过 os.path.abspath()函数获得。

18．如果要将两个或多个路径拼接成一个新的路径，可以使用 os 模块提供的 join()函数实现。join()函数只是拼接路径，不会验证要拼接的路径是否存在，如果不存在也不会创建，功能相当于字符串拼接。与字符串拼接相比，join()函数可以更好地处理路径分隔符。join()函数语法为 os.path.join(path1[,path2][,…])。

19．在操作文件或路径时，如果文件或目录不存在或书写错误就会抛出异常，可以先使用 os.path 模块提供的 exists(path)函数判断文件或目录是否存在，如果存在返回 True，不存在返回 False，语法格式为 os.path.exists(path)。

20．使用 os.mkdir()函数创建目录是创建最后一级目录，如果要创建的目录已经存在就会抛出 FileExistsError 异常，如果要创建目录的父目录不存在就会抛出 FileNotFoundError 异常。在 Windows 平台下，mkdir()函数的语法为 os.mkdir(path)。

21．可以使用 os 模块提供的 makedirs()函数创建多级目录，该函数实质上是使用递归的方式创建目录。

22．os 模块提供了 os.rmdir(path)函数删除指定的目录，需要注意的是：os.rmdir()函数只针对空目录有效，若要删除的目录下有文件或子目录则不允许删除，会抛出"OSError: [WinError 145] 目录不是空的"异常。如果要删除的目录不存在也会抛出 FileNotFoundError 异常。

23．如果想要删除非空目录，可以使用 shutil 模块提供的 shutil.rmtree(path)函数，该函数在删除目录时，即便是要删除的目录下有文件或子目录，该目录及其文件或子目录都会全部被删除。

24．os 模块提供了 walk()函数可以实现遍历目录的功能，语法格式为 os.walk(top[, topdown=True][,onerror=None][,followlinks=False])。walk()函数可以按从上到下或从下到上的顺序遍历目录。对于以 top 为根的目录树中的每个目录（包括 top 本身），它都会生成一个包含 dirpath、dirname、filename 3 个元素的元组生成器。

实 践 项 目

开发一个记事本程序，要求如下。

（1）启动程序后，向用户提示"请输入您选择的操作的序号：1 查看笔记 2 写新笔记："，如果是第一次使用程序，要创建目录和文件，笔记保存路径和文件为"D:\notepad\note.txt"。如果笔记文件中没有笔记内容，提示用户"现在没有笔记！"，如图 12-18 所示。

```
----------------------欢迎使用文心记事本----------------------
请输入您选择的操作的序号：1查看笔记 2写新笔记：1
现在没有笔记!
```

图 12-18　没有笔记效果

（2）如果选择 2，开始写笔记，提示用户输入标题和内容，效果如图 12-19 所示。

```
----------------------欢迎使用文心记事本----------------------
请输入您选择的操作的序号：1查看笔记 2写新笔记：2
请输入笔记标题：明天工作计划
请输入笔记内容：明天要完成第12章的综合项目，下午打1小时篮球，晚上看一场电影
笔记定入成功!
```

图 12-19　写笔记效果

（3）在保存笔记时要自动保存当前时间，时间格式为 YYYY-MM-DD HH:MM:SS，如 2023-4-15 8:25:34，每一条笔记为一行，时间、标题和笔记正文之间用"||"分隔开，保存的笔记效果如图 12-20 所示。

```
note.txt - 记事本
文件(F) 编辑(E) 格式(O) 查看(V) 帮助(H)
2023-03-27 20:55:27||明天工作计划||明天要完成第12章的综合项目，下午打1小时篮球，晚上看一场电影
```

图 12-20　保存的笔记效果

（4）如果 note.txt 文件中已经写入笔记内容，选择 1 查看笔记，要求为每一条笔记加上序号，若笔记标题或笔记内容超过 5 个字符，则只显示前 5 个字符，其他内容用省略号代替，在展示完笔记列表后，输出"查看笔记详情请输入 1，删除笔记请输入 2："，效果如图 12-21 所示。

```
----------------------欢迎使用文心记事本----------------------
请输入您选择的操作的序号：1查看笔记 2写新笔记：1
序号        时间              标题          内容
1    2023-03-27 20:55:27     明天工作计...    明天要完成...
2    2023-03-27 21:03:51     今天的心情...    今天联系上...
查看笔记详情请输入1，删除笔记请输入2：
```

图 12-21　展示笔记列表

（5）在展示完笔记列表后，若用户输入 1，查看笔记详情，则让用户输入要查看的笔记的序号，根据序号展示笔记详情，效果如图 12-22 所示。

```
----------------------欢迎使用文心记事本----------------------
请输入您选择的操作的序号：1查看笔记 2写新笔记：1
序号        时间                    标题              内容
1    2023-03-27 20:55:27       明天工作计...       明天要完成...
2    2023-03-27 21:03:51       今天的心情...       今天联系上...
查看笔记详情请输入1，删除笔记请输入2：1
请输入您要操作的记录的序号：2
笔记时间为： 2023-03-27 21:03:51
笔记标题为： 今天的心情很好
笔记内容为： 今天联系上了多年以前的朋友，她过得挺好，很开心
```

图 12-22　查看笔记详情

（6）在展示完笔记列表后，若用户输入 2，则进入删除笔记功能，让用户输入要删除笔记的序号，根据序号删除该笔记后，再展示删除笔记后的笔记列表，效果如图 12-23 所示。

```
----------------------欢迎使用文心记事本----------------------
请输入您选择的操作的序号：1查看笔记 2写新笔记：1
序号        时间                    标题              内容
1    2023-03-27 20:55:27       明天工作计...       明天要完成...
2    2023-03-27 21:03:51       今天的心情...       今天联系上...
查看笔记详情请输入1，删除笔记请输入2：2
请输入您要操作的记录的序号：1
笔记删除成功，删除后的笔记列表为：
序号        时间                    标题              内容
1    2023-03-27 21:03:51       今天的心情...       今天联系上...
```

图 12-23　删除笔记

第13章　操作数据库

 本章简介

　　人类已进入大数据时代，每天都会产生海量的数据，数据处理贯穿于社会生产和生活的各个领域，如何能够更快速、更有效地进行数据处理，并挖掘出数据的价值，极大地影响了社会发展的进程。大量的数据在不断产生，伴随而来的是如何安全有效地存储、检索、管理它们。对数据的有效存储、高效访问、方便共享和安全控制等问题成为大数据时代的重要问题，使用数据库可以高效、方便、条理分明地存储数据。

　　本章将首先回顾数据库的基础知识和常用 SQL 语句，为后续操作数据库做准备，然后详细讲解 Python 数据库编程接口、Python 自带的 SQLite 数据库和应用较广泛的 MySQL 数据库相关的知识。

　　数据库操作是任何一名软件开发工程师的必备技能，学习本章的前提是掌握 SQL 语言，具备对数据库和数据表进行增、删、改、查等操作的能力。

 本章目标

1. 掌握常用的数据库操作 SQL 语句。
2. 掌握 Python 连接数据库的方法。
3. 掌握 Python 内置的轻量级数据库 SQLite 的使用方法。
4. 掌握 MySQL 数据库的安装、配置和连接方法。
5. 掌握 MySQL Workbench 管理软件的安装、配置、连接和使用。
6. 能够使用 MySQL 数据库存取数据。

本章知识架构

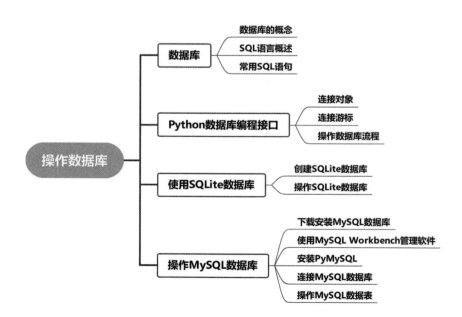

13.1　数　据　库

13.1.1　数据库的概念

数据库（Database，DB）是存储在计算机中的、有组织的、可共享的相关数据集合。使用数据库可以高效且条理分明地存储数据，使人们能够更加高效和方便地管理数据，主要体现在以下几个方面。

（1）可以结构化存储大量的数据信息，方便用户进行有效的检索和访问。

（2）可以有效地保持数据信息的一致性、完整性，降低数据冗余。

（3）可以满足应用在共享和安全方面的要求。

（4）可以对数据进行方便、智能化的分析，产生新的有用信息。

数据库管理系统（Database Management System，DBMS）是一种操作和管理数据库的软件，用于建立、使用和维护数据库。它对数据库进行统一的管理和控制，以保证数据库的安全性和完整性。目前市场上主流的数据库产品包括 MySQL、SQL Server、Oracle、DB2 等关系型数据库和 MongoDB 和 Redis 等非关系型数据库。

13.1.2　SQL 语言概述

MySQL、Oracle 这类关系型数据库系统使用结构化查询语言（Structured Query Language，SQL）作为数据库定义语言和数据操作语言。SQL 使关系型数据库中的数据库表查询可以用简单的、声明性的方式进行操作，大大简化了程序员的工作。

SQL 根据功能分为以下 4 类。

1. 数据定义语言

数据定义语言（Data Definition Language，DDL）用于定义和管理对象，如数据库、表、视图的创建、删除、修改。常见的数据定义语句包括 CREATE（创建）、DROP（删除）、ALTER（修改）。

2. 数据操作语言

数据操作语言（Data Manipulation Language，DML）用于操作数据库对象所包含的数据，如表数据的增、删、改操作。常见的数据操作语句包括 INSERT（插入）、UPDATE（更新）、DELETE（删除）。

3. 数据查询语言

数据查询语言（Data Query Language，DQL）用于对数据库对象所包含的数据进行查询统计操作，如 SELECT 语句。

4. 数据控制语言

数据控制语言（Data Control Language，DCL）用于设置或更改数据库用户或角色的权限，常见的数据控制语句包括 GRANT、REVOKE、COMMIT、ROLLBACK 等语句。其中，GRANT 和 REVOKE 用于对用户或用户组授予或回收数据库对象的访问和操作权限；COMMIT 和 ROLLBACK 用于对操作进行提交或回滚。

13.1.3　常用 SQL 语句

常用的 SQL 语句包括创建、删除数据库，创建、删除数据库中的表，向数据库中增加数据，从数据库中删除数据，修改数据库中的数据和查询数据库数据。

1. 创建数据库

创建数据库的语法如下。

```
CREATE DATABASE databaseName
```

其中，CREATE DATABASE 是创建数据库操作的关键字；databaseName 是要创建的数据库的名称。（SQL 对大小写不敏感，为了让 SQL 语句结构清晰，通常语法关键字使用大写字母，其他使用小写字母）。

例如，执行 CREATE DATABASE book 语句之后，会创建一个名为 book 的数据库。

2. 删除数据库

删除数据库的语法如下。

```
DROP DATABASE databaseName
```

其中，DROP DATABASE 是删除数据库操作的关键字；databaseName 是被删除的数据库的名称。

例如，执行 DROP DATABASE book 语句之后，名为 book 的数据库就会被删除。

3. 创建数据库表

创建数据库表的语法如下。

```
CREATE TABLE tablename(列名 0,列名 1,列名 2)
```

其中，CREATE TABLE 是创建数据库表操作的关键字；tablename 是创建的表的名称；括号中的内容是表的列信息（包括列名和列的数据类型）。

例如，执行 CREATE TABLE teacher(PK_teId INTEGER PRIMARY KEY AUTOINCREMENT, name varchar(50), jobTime date, age INTEGER)语句之后，在数据库中就会创建一个名为 teacher 的表，表中第 1 列的列名是 PK_teId，类型是 INTEGER，并且此列作为主键，数值自动增加；第 2 列的列名是 name，类型是大小为 50 的字符串；第 3 列的列名是 jobTime，类型是时间类型；第 4 列的列名是 age，类型是 INTEGER。

4. 删除数据库表

删除数据库表的语法如下。

```
DROP TABLE tablename
```

其中，DROP TABLE 是删除数据库表操作的关键字；tablename 是被删除的数据库表的名称。

例如，执行 DROP TABLE teacher 语句之后，名为 teacher 的表就会被删除。

5. 插入数据

插入数据的语法如下。

```
INSERT INTO  表名(字段列表) VALUES(值列表)        #语法 1
INSERT INTO  表名  VALUES(值列表)                 #语法 2
```

其中，INSERT INTO 是插入数据操作的关键字；VALUES 关键字表示插入的数据的值。推荐使用第一种方式插入数据，因为其可以清晰明了地显示出插入数据的值与列的关系。

例如，执行 INSERT INTO teacher(name,jobTime,age) VALUES('张三','2023-08-31',28)语句之后，在 teacher 表中，就会插入一条新的数据，name 列的值为张三，jobTime 列的值为 2023-08-31，age 列的值为 28，PK_teId 列的值在当前数据库中的 PK_teId 列的最大值基础上加 1。

6. 删除数据

删除数据的语法如下。

```
DELETE FROM  表名  WHERE  条件子句
```

其中，DELETE FROM 是删除数据操作的关键字，WHERE 条件子句限定了删除数据所需要符合的条件。

例如，执行 DELETE FROM　teacher WHERE PK_teId=1 语句后，teacher 表中 PK_teId 列值为"1"的数据就会被从数据库中删除。

7．更新数据

更新数据的语法如下。

UPDATE　表名　SET　字段名=值　WHERE　条件子句

其中，UPDATE 是更新数据操作的关键字；SET 关键字后是更新数据的具体内容；WHERE 关键字限定了更新操作所需要符合的条件。

例如，执行 UPDATE teacher SET name='李四' WHERE PK_teId =1 语句后，表中 PK_teId 列值为"1"的数据的 name 列值就被修改为"李四"。

8．查询数据

查询数据的语法如下。

SELECT　列名称　FROM　表名称　WHERE　条件子句

其中，SELECT 是查询数据操作的关键字；SELECT 关键字后是要查询的数据所在的列名称；FROM 限定了在哪张表中查询数据；WHERE 关键字限定了查询操作所需要符合的条件（WHERE 条件子句是可选的，若查询语句后没有 WHERE 条件子句，则查询表中所有数据）。

例如，执行 SELECT PK_teId,name,jobTime,age FROM teacher 语句后，会将 teacher 表中的 PK_teId 列、name 列、jobTime 列和 age 列的值全部取出来放在结果集中。如果是取出全部列的值，可以在列名的部分使用"*"代替，语句为 SELECT * FROM teacher。

查询数据有时会要求某列不显示重复数据，可以使用 DISTINCT 关键字。

例如，执行 SELECT DISINCT name FROM teacher 语句后，查询出的结果就是 teacher 表中所有不重复的 name 列的值。

查询数据可以限定查询的条件，只获取符合条件的数据。

例如，执行 SELECT PK_teId, name, jobTime,age FROM teacher WHERE age=28 语句后，teacher 表中所有 age 列的值为"28"的数据会被取出来，放在结果集中。

WHERE 关键字后的条件子句中可以使用的运算符见表 13-1。

表 13-1　WHERE 子句中的运算符

运算符	描述	运算符	描述
=	等于	>=	大于等于
<>	不等于	<=	小于等于
>	大于	BETWEEN　AND	在某个范围内（模糊查询）
<	小于	LIKE	搜索某种模式（模糊查询）

例如，执行 SELECT * FROM teacher WHERE age BETWEEN 25 AND 30 语句后，teacher 表中所有 age 列的数值在 25～30 之间的数据都会被查询出来，放在结果集中。

对于 WHERE 条件查询语句，在复杂的查询需求中，限定条件可能不止一个，此时可以使用 AND 和 OR 操作符。

例如，执行 SELECT * FROM teacher WHERE age>25 AND name LIKE 'aa%'语句后，

teacher 表中所有 age 列的数值大于 25，并且 name 列是以 aa 开头的数据都会被查询出来，放在结果集中。

13.2　Python 数据库编程接口

Python 支持连接各种数据库，各数据库的基础功能大致相同，但是每个数据库都有相应的 Python 模块，它们的接口也是不同的，为了实现一致性和让跨数据库操作的程序更具可移植性，Python 提供了 Python Database API Specification v2.0（简称 DB API）。DB API 是一种连接到 SQL 数据库的标准化方式，定义了模块接口、连接对象、游标对象、类型对象和构造函数、可选的数据库 API 扩展和可选的错误处理扩展等。

13.2.1　连接对象

要使用底层的数据库系统，首先需要连接到它。为了连接到数据库，每个数据库模块都提供了一个模块级函数 connect(parameters)。connect()函数实际使用的参数因数据库不同而可能不同，但是通常都包含数据源名称、用户名、密码、主机名称和数据库名称等信息。connect()函数的常用参数见表 13-2。

表 13-2　connect()函数的常用参数

参数名	描述
dsn	数据源名称，具体含义随数据库而异
user	用户名
password	用户密码
host	主机名
database	数据库名称

例如：使用 PyMySQL 模块连接 MySQL 数据库，可以使用以下代码。

```
db = pymysql.connect(host="localhost",user="xxx",password= "xxx",db="xxx")
```

若 connect()函数连接数据库成功，则将返回一个 Connection 对象（连接对象），连接对象的常用方法见表 13-3。

表 13-3　连接对象的常用方法

方法	描述
cursor()	返回连接的游标对象
commit()	将所有未完成的事务提交到数据库。如果数据库支持事务处理，那么要使任何变更生效都必须调用这一方法。如果底层数据库不支持事务处理，这一方法没有任何作用
rollback()	将数据库回滚到未完成事务的开始状态。例如，如果在更新数据库的过程中代码发生异常，可以使用这个方法来在异常出现之前撤销对数据库做出的更改
close()	关闭连接对象，关闭之后，连接对象及其游标将不可用

13.2.2　连接游标

在使用 connect()函数成功连接数据库后，可以使用返回的连接对象的实例获得数据库的游标对象 Cursor。

例如：使用 PyMySQL 模块连接 MySQL 数据库，获得游标对象的代码如下。

```
db = pymysql.connect(host="localhost",user="xxx",password= "xxx",db="xxx")
cursor = db.cursor()
```

游标对象代表数据库中的游标，可以使用游标对象执行 SQL 语句，如 SQL 查询、创建表、删除表等操作。

游标对象提供了丰富的数据库操作方法，常用属性和方法见表 13-4。

表 13-4　游标对象常用属性和方法

名称	描述
.description	数据库列类型和值的描述信息
.rowcount	此只读属性指定最后一个.execute*()方法生成的行数
.callproc(procname [, parameters])	调用存储过程，需要数据库支持
.close()	关闭当前游标
.execute(operation [, parameters])	执行 SQL 语句或数据库命令等数据库操作
.executemany(operation, seq_of_parameters)	执行批量操作
.fetchone()	获取结果集中的下一条记录
.fetchmany([size=cursor.arraysize])	获取结果集中指定数量的记录
.fetchall()	获取结果集中的所有记录
.nextset()	跳至下一个可用的结果集
.arraysize	指定使用 fetchmany()方法获取的行数，默认为 1
.setinputsizes(sizes)	设置在调用 execute*()方法时分配的内存大小
.setoutputsize(size [, column])	设置列缓冲区大小，对大数据尤为有用，例如：LONGS 和 BLOBS

13.2.3　操作数据库流程

Python 数据库 API 提供了连接到数据库的标准化方式，操作数据库也必须按图 13-1 所示的通用流程进行。在操作数据库时，首先要创建连接对象 connection，然后要获取游标对象 cursor，使用游标对象执行 SQL 语句操作数据库，在操作完成后要先关闭标注，再关闭数据库连接。

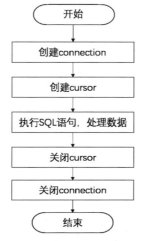

图 13-1　操作数据库通用流程

13.3　使用 SQLite 数据库

13.3.1　创建 SQLite 数据库

SQLite 是一个 C 语言库，是一种轻量级的基于磁盘的数据库，SQLite 数据库将整个数据库作为一个单独的、可跨平台使用的文件存储在主机中，因其体积很小，所以被广泛应用于手机或被集成到一些应用程序中。Python 内置了 SQLite3，开发者可以通过 import sqlite3 语句导入 SQLite3 模块使用。

示例 1　使用 SQLite 数据库，创建表 user，user 表包含 id（主键）、name 和 password 3 个字段。

```
import sqlite3
conn = sqlite3.connect('edums.db')                    #连接数据库 edums.db
curs = conn.cursor()                                  #获取游标对象
#执行 SQL 语句，创建 user 表，包含 id（主键）、name 和 password 3 个字段
curs.execute("CREATE TABLE user(id int(10) primary key,name varchar(20),password varchar(20))")
conn.commit()                                         #提交事务
curs.close()                                          #关闭游标
conn.close()                                          #关闭数据库连接
```

运行程序，会在当前目录下创建一个 edums.db 数据库文件，打开 edums.db，里面创建了 user 表，user 表中包含 id、name 和 password 3 个字段，运行结果如图 13-2 所示。

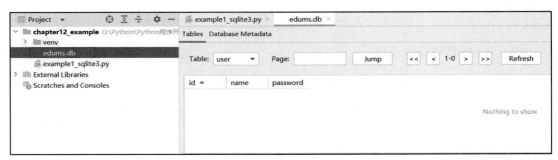

图 13-2　创建 SQLite 数据库

在示例 1 中，通过 conn=sqlite3.connect('edums.db')语句连接了 edums.db 数据库，如果数据库不存在会自动创建数据库，返回连接对象的实例 conn，又通过 conn.cursor()语句获得了游标对象 cursor，调用 cursor 的 execute()方法执行 SQL 语句，创建了 user 表，在创建表时将 id 字段设置为了 primary key（主键）。执行完 SQL 语句，使用 curs.close()语句关闭了游标对象，使用 conn.close()语句关闭了数据库连接。

13.3.2　操作 SQLite 数据库

1. 插入数据

可以使用 INSERT INTO 关键字为数据库插入数据。

INSERT INTO　表名(字段名 1,字段名 2,…,字段名 n) VALUES (字段值 1,字段值 2,…,字段值 n)

仍以 user 表为例，在 user 表中字段名为 id、name、password，字段值要根据创建表时

定义的字段数据类型来赋值，假设 id 是长度为 10 的整型数据，name 和 password 是长度为 20 的字符串类型数据。

示例 2　向 edums.db 数据库中的 usre 表插入 4 条数据。

```
import sqlite3
conn = sqlite3.connect('edums.db')          #连接数据库 edums.db
curs = conn.cursor()                        #获取游标对象
#执行 SQL 语句，向表中插入数据
curs.execute("INSERT INTO user (id,name,password) VALUES (1,'陆小凤','123456')")
curs.execute("INSERT INTO user (id,name,password) VALUES (2,'云飞扬','123456')")
curs.execute("INSERT INTO user (id,name,password) VALUES (3,'小鱼儿','123456')")
curs.execute("INSERT INTO user (id,name,password) VALUES (4,'花无缺','123456')")
conn.commit()                               #提交事务
curs.close()                                #关闭游标
conn.close()                                #关闭数据库连接
```

运行程序，运行结果如图 13-3 所示。

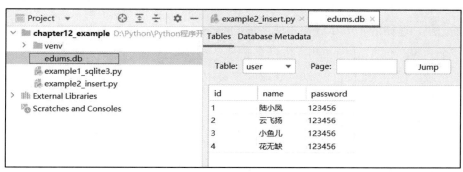

图 13-3　向表中插入数据

示例 2 中，获得数据库连接、获得游标对象及关闭游标、关闭数据库连接的语句都不用改变，只修改了 execute()方法，使用 INSERT INTO 向 usre 表中插入了 4 条数据。在写 SQL 语句时需要注意，在双引号里面再使用双引号的时候，要使用单引号代替，否则会出现错误。

2. 查看数据

可以使用 SELECT 关键字查询数据表中的数据。

SELECT 字段名 1,字段名 2,…,字段名 n FROM　表名　WHERE　查询条件

如果查询表中所有数据，可以使用"SELECT *　FROM 表名"语句。

对于使用 SELECT 语句查询返回的结果集，SQLite3 提供了 3 种方法获得结果集中的数据。

（1）fetchone()方法：获取结果集中的下一条记录，返回的是一个元组。

（2）fetchmany(size)方法：获取结果集中指定数量的记录，若不指定，则返回剩下的所有数据，返回的是一个列表。

（3）fetchall()方法：获取结果集中剩下的所有记录，返回的是一个列表。

示例 3　查询 user 表中的数据。

```
import sqlite3
```

```
conn = sqlite3.connect('edums.db')          #连接数据库 edums.db
curs = conn.cursor()                        #获取游标对象
curs.execute("SELECT * FROM user")          #执行 SQL 语句，查询所有数据
print(curs.fetchone())                      #获取结果集中的下一条记录
print(curs.fetchmany(2))                    #获取结果集中指定数量的记录
print(curs.fetchall())                      #获取结果集中剩下的所有记录
conn.commit()                               #提交事务
curs.close()                                #关闭游标
conn.close()                                #关闭数据库连接
```

运行程序，运行结果如图 13-4 所示。

```
(1, '陆小凤', '123456')
[(2, '云飞扬', '123456'), (3, '小鱼儿', '123456')]
[(4, '花无缺', '123456')]
```

图 13-4 查询数据

在示例 3 中，SELECT 语句查询返回结果集，使用 fetchone()方法，可以获取结果集中的下一条记录，返回的是一个元组。使用 fetchmany(2)方法，获取结果集中的两条记录，返回的是一个列表，包含 id 为 2 和 3 的两条记录，也就是从上一次读完的下一条记录开始读取的两条记录。使用 fetchall()方法，获取结果集中剩下的所有记录，返回的也是一个列表，列表中包含的是剩下的一条记录。

3. 修改数据

可以使用 UPDATE 关键字修改数据表中的数据。

UPDATE 表名 SET 字段名 = 字段值 WHERE 查询条件

示例 4 修改 user 表中的数据，将 id=2 的数据的密码修改为 123abc。

```
import sqlite3

conn = sqlite3.connect('edums.db')          #连接数据库 edums.db
curs = conn.cursor()                        #获取游标对象
curs.execute("UPDATE user SET password = '123abc' WHERE id = 2")     #执行 SQL 语句，修改数据
#执行 SQL 语句，查询数据
curs.execute("SELECT id,name,password FROM user WHERE id = 2")
print(curs.fetchall())
conn.commit()                               #提交事务
curs.close()                                #关闭游标
conn.close()                                #关闭数据库连接
```

运行程序，运行结果如下。

[(2, '云飞扬', '123abc')]

在示例 4 中，使用 UPDATE 更新了数据库，将 id=2 的数据的 password 字段的值修改为 123abc，然后使用 SELECT 语句查询了 id=2 的数据，使用 fetchall()方法获得结果集中的数据，返回列表，其中相应 password 已经被修改为了 123abc。

4. 删除数据

使用 DELETE 语句可以删除数据表中的数据。

DELETE FROM 表名 WHERE 查询条件

示例 5　删除 user 表中 id=4 的记录。

```
import sqlite3

conn = sqlite3.connect('edums.db')              #连接数据库 edums.db
curs = conn.cursor()                            #获取游标对象
curs.execute("DELETE FROM user WHERE id = 4")   #执行 SQL 语句，删除数据
curs.execute("SELECT * FROM user")              #执行 SQL 语句，查询数据
userlist = curs.fetchall()                      #获取结果集中的所有数据
#通过循环遍历 userlist
for user in userlist:
    print("id:",user[0])
    print("name:", user[1])
    print("password:", user[2])
    print("-------------------")
conn.commit()                                   #提交事务
curs.close()                                    #关闭游标
conn.close()                                    #关闭数据库连接
```

运行程序，运行结果如图 13-5 所示。

```
id: 1
name: 陆小凤
password: 123456
--------------------
id: 2
name: 云飞扬
password: 123abc
--------------------
id: 3
name: 小鱼儿
password: 123456
--------------------
```

图 13-5　删除数据

在示例 5 中，使用 DELETE 语句删除了 user 表中 id=4 的记录，然后通过 curs.execute("SELECT * FROM user")语句查询了数据库中的所有数据，使用 curs.fetchall() 语句获取结果集中所有数据，并赋值给 userlist 列表，然后通过 for 循环遍历列表，获取了每条记录的 id、name 和 password 字段并输出。

13.4　操作 MySQL 数据库

13.4.1　下载安装 MySQL 数据库

MySQL 是一个关系型数据库管理系统，是 Oracle 公司旗下产品，由于 MySQL 数据库开源、体积小、速度快，一般中小型和大型网站的开发都选择 MySQL 作为网站数据库。要使用 MySQL 数据库，要先下载和安装 MySQL 数据库。

1. 下载 MySQL

如图 13-6 所示，进入 MySQL 下载网站，选择要下载的版本和操作系统，单击 Download

按钮下载 MySQL 离线安装包。

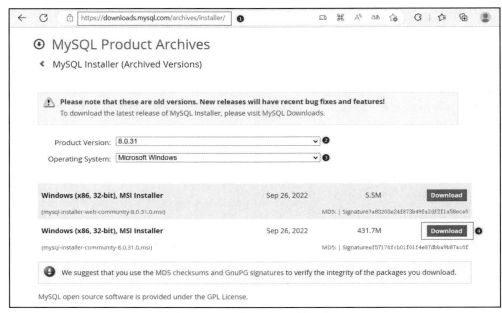

图 13-6　下载 MySQL 数据库

2. 安装和配置 MySQL

双击下载的 mysql-installer-community-8.0.31.0.msi 文件，在安装过程出现 Choosing a Setup Type 界面，选择安装模式，如果是初学者可以选中 Server only 单选按钮，仅安装 MySQL 服务器，如果要开发基于 MySQL 的应用，可以选中 Developer Default 单选按钮，如图 13-7 所示。后续一直单击 Next 按钮完成安装。

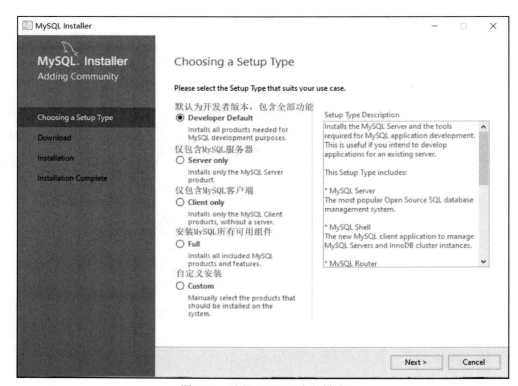

图 13-7　选择 MySQL 安装模式

　　在安装完成后，还需要设置环境变量，以方便在任意目录下使用 MySQL 命令，设置方式为：在桌面右击"此电脑"图标，在图 13-8 所示的属性界面单击"高级系统设置"命令。

图 13-8　属性界面

进入图 13-9 所示的系统属性界面，单击"环境变量"按钮。

图 13-9　系统属性界面

进入图 13-10 所示的"环境变量"对话框，在该对话框选择"系统变量"中的 Path 选

✐ 项，并单击"编辑"按钮。

图 13-10   "环境变量"对话框

进入图 13-11 所示的"编辑环境变量"对话框，在该对话框单击"新建"按钮，将 MySQL 安装目录 C:\Program Files\MySQL\MySQL Server 8.0\bin 添加到系统环境变量中，最后单击 "确定"按钮，至此，MySQL 安装和配置完成。

图 13-11   "编辑环境变量"对话框

3. 启动 MySQL

配置完 MySQL 环境变量后，可以启动 MySQL，启动方法有以下两种。

（1）打开 C 盘→Windows 目录→System32 目录，找到 cmd.exe 文件，右击，选择"以管理员身份运行"命令，如图 13-12 所示，在弹出的命令行窗口中输入 net start mysql80 命令启动 MySQL 服务器，再输入 mysql -u root -p 命令进入 MySQL。

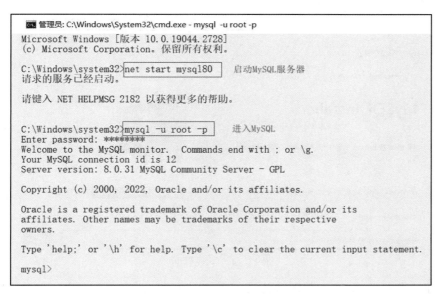

图 13-12　启动 MySQL 服务器

（2）按 Windows 徽标键，在开始菜单找到 MySQL 文件夹，单击 MySQL 8.0 Command Line Client，如图 13-13 所示，输入密码，进入 MySQL。

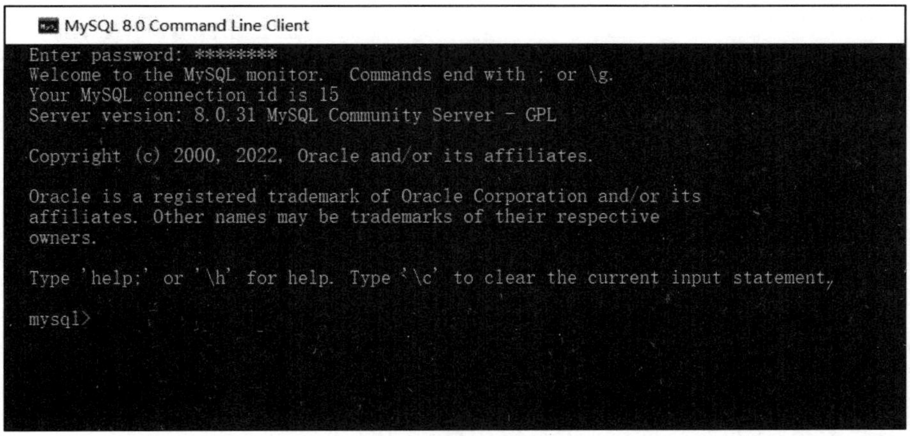

图 13-13　从客户端启动 MySQL

13.4.2　使用 MySQL Workbench 管理软件

MySQL Workbench 是一款专为 MySQL 数据库设计的、免费的、图形化的数据库设计工具，它在一个开发环境中集成了 SQL 的开发，管理，数据库设计，创建以及维护。读者可以在 MySQL 开发者社区下载，下载界面如图 13-14 所示。

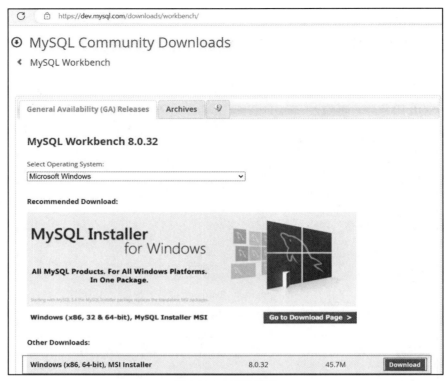

图 13-14　下载界面

　　MySQL Workbench 安装程序下载后，双击安装程序并按默认设置完成安装，将进入 MySQL Workbench 欢迎界面，如图 13-15 所示。在该界面单击 MySQL Connections 连接 MySQL 数据库，在弹出的对话框中输入安装 MySQL 数据库时设置的密码，勾选 Save password in vault 复选框保存密码，单击 OK 按钮进入 MySQL Workbench 软件工作界面。

图 13-15　MySQL Workbench 欢迎界面

　　如图 13-16 所示，在软件工作界面单击 Create a new schema in connected server 图标，在弹出的新建 Schema 窗口中，在 Name 文本框中输入数据库名称，再单击 Apply 按钮。

图 13-16 创建数据库

如图 13-17 所示，会自动生成创建数据库的语句，单击 Apply 将自动创建 edums 数据库。

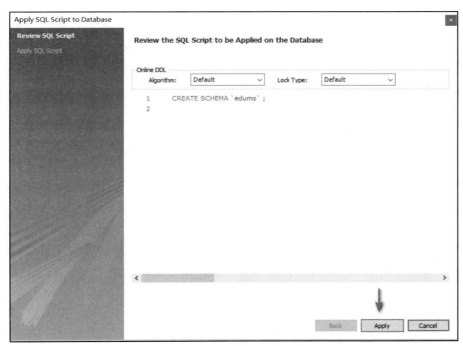

图 13-17 自动创建数据库

如图 13-18 所示，在 Schemas 菜单下，创建了 edums 数据库。

如图 13-19 所示，在 MySQL Workbench 中创建表有两种方法，一种是单击上方的 Create a new table 图标，另一种是在数据库的 Tables 上右击，在弹出的快捷菜单中单击 Create Table 命令，两种方法都可以打开一个 new_tabel-Table 窗口，在该窗口中可以输入表名、定义主键和各个列，最后单击 Apply 按钮便可自动创建表。

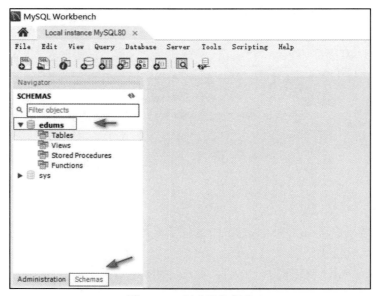

图 13-18　创建的数据库

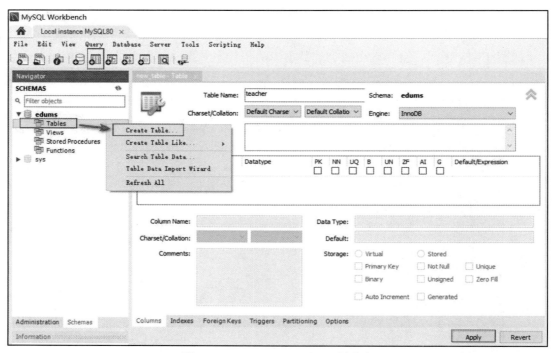

图 13-19　MySQL Workbench 创建表

13.4.3　安装 PyMySQL

与 SQLite 不同，MySQL 服务器以独立的进程运行，并通过网络对外服务，在 Python 中，要使用 MySQL 数据库就需要有相应的驱动程序连接 MySQL 数据库，最常用、最稳定的用于连接 MySQL 数据库的 Python 库是 PyMySQL。

PyMySQL 的安装比较简单，在命令行窗口输入命令：pip install PyMySQL，运行效果如图 13-20 所示。

安装完成后，要使用 PyMySQL 模块，需要在程序中使用 import pymysql 语句导入。

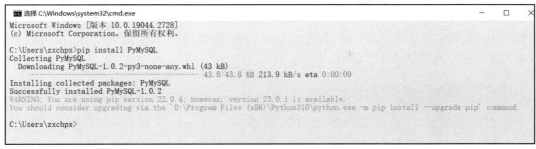

图 13-20 安装 PyMySQL

13.4.4 连接 MySQL 数据库

PyMySQL 遵循 Python Database API 2.0 规范，操作 MySQL 数据库的方式和流程与操作 SQLite 数据库相似。

示例 6 使用 PyMySQL 连接数据库 edums，并创建表 user。

```python
import pymysql

#连接数据库，host 为主机名或 IP，user 是用户名，password 是密码，database 是要连接的数据库
conn = pymysql.connect(host='localhost',user='root',password='123456',database='edums')
cursor = conn.cursor()                      #获取游标
#在 edums 数据库中创建 user 表
cursor.execute("CREATE TABLE user(id int(10) primary key,name varchar(20),password varchar(20))")
conn.commit()                               #提交事务
cursor.close()                              #关闭游标
conn.close()                                #关闭数据库连接
```

运行程序，打开 MySQL Workbench 软件，可以看到在 edums 数据库中创建了一个 user 表，user 表包含 3 个字段，分别为 id、name 和 password，如图 13-21 所示。

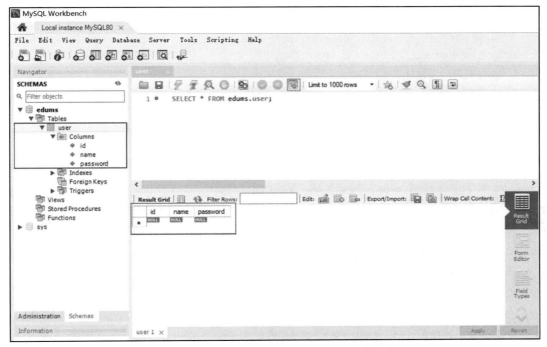

图 13-21 使用 PyMySQL 连接数据库并创建表

在示例 6 中，pymysql 在调用 connect()方法创建连接时，第一个参数为 host，host 代表的是 MySQL 数据库所在的主机名称或 IP 地址，因为 MySQL 数据库就安装在本地，值可以是 localhost，也可以是 127.0.0.1。

13.4.5　操作 MySQL 数据表

在实际开发中，为了避免出现破坏数据库的情况，在操作数据库时，要使用 try…except…finally 语句来处理异常，如果有异常要调用 rollback()方法对数据库操作进行回滚，不论有没有异常都要关闭游标和数据库连接。

1．插入数据

在向数据库插入数据时，可以使用 execute()方法一条一条插入，也可以使用 executemany()方法批量添加多条数据，executemany()方法的语法格式如下。

```
executemany(sql_str,data_list)
```

各参数说明如下。

- sql_str：要执行的 SQL 语句。
- data_list：参数序列。

示例 7　使用 PyMySQL 连接数据库 edums，并向 user 表添加数据。

```python
import pymysql

#连接数据库
conn = pymysql.connect(host='127.0.0.1',user='root',password='123456',database='edums')
cursor = conn.cursor()                #获取游标
#要插入的数据列表
data = [(1,"韩信","zhanshen1"),(2,"白起","zhanshen2"),(3,"霍去病","zhanshen3"),(4,"岳飞","zhanshen4")]

try:
    #在 user 表中插入多条数据
    cursor.executemany("INSERT INTO user(id,name,password) VALUES(%s,%s,%s)",data)
    conn.commit()                #提交事务
except Exception as e:
    print("数据库操作错误！ ",e)
    conn.rollback()                #回滚操作
finally:                #不论是否有异常都关闭游标和数据库连接
    cursor.close()                #关闭游标
    conn.close()                #关闭数据库连接
```

运行程序，运行结果如图 13-22 所示。

在示例 7 中，连接 edums 数据库时，host 的值使用的是 127.0.0.1，程序中定义了 data 列表，用来保存要插入 user 表中的数据。程序中使用 try…except…finally 语句来处理异常，在 try 语句块中，调用 cursor.executemany("INSERT INTO user(id,name,password) VALUES(%s,%s,%s)",data)语句批量插入数据，executemany()方法的第一个参数是向 user 表插入数据的 SQL 语句，在 SQL 语句中，VALUES 部分使用了占位符 "%"，使用占位符的好处是让程序更加安全，可以避免 SQL 注入；executemany()方法的第二个参数是 data 列表；然后调用 conn.commit()语句提交事务。在 except 语句块中捕获了 Exception 异常，如果发生了异常会输出错误信息，并执行 conn.rollback()方法回滚操作来撤销在 try 语句块中对数据库的操作。最后，在 finally 语句块中关闭了游标和数据库连接。

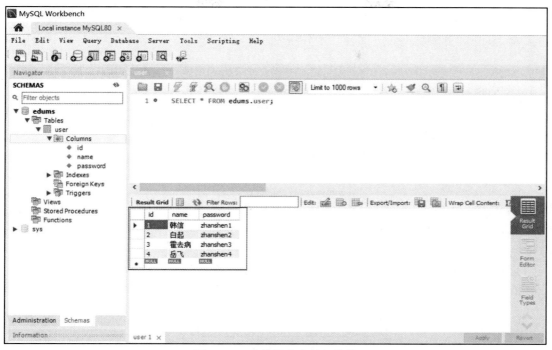

图 13-22　向数据表中插入数据

2. 修改、删除和查询数据

对 MySQL 数据库执行修改、删除和查询操作与操作 SQLite 数据库相似。

示例 8　使用 PyMySQL 连接数据库 edums，对 user 表的数据进行修改、删除和查询操作。

```python
import pymysql

#连接数据库
conn = pymysql.connect(host='localhost',user='root',password='aina1614',database='edums')
cursor = conn.cursor()                    #获取游标
try:
    #在 user 表修改数据
    cursor.execute("UPDATE user SET password = '123456' WHERE id = 2")
    # 执行 SQL 语句，删除数据
    cursor.execute("DELETE FROM user WHERE id = 4")
    # 执行 SQL 语句，查询数据
    cursor.execute("SELECT * FROM user")
    # 获取结果集中的所有数据
    userlist = cursor.fetchall()
    # 通过循环遍历 userlist
    for user in userlist:
        print("id:", user[0])
        print("name:", user[1])
        print("password:", user[2])
        print("--------------------")
    conn.commit()                         #提交事务

except Exception as e:
```

```
        print("数据库操作错误！",e)
        conn.rollback()                    #回滚操作

finally:                                   #不论是否有异常都关闭游标和数据库连接
        cursor.close()                     #关闭游标
        conn.close()                       #关闭数据库连接
```

运行程序，运行结果如图 13-23 所示。

```
id: 1
name: 韩信
password: zhanshen1
--------------------
id: 2
name: 白起
password: 123456
--------------------
id: 3
name: 霍去病
password: zhanshen3
--------------------
```

图 13-23　操作 MySQL 数据库

在示例 8 中，使用 try…except…finally 语句来处理异常，在 try 语句块中，调用 cursor.execute("UPDATE user SET password = '123456' WHERE id = 2")语句将 user 表中 id=2 的数据的 password 修改为"123456"；调用 cursor.execute("DELETE FROM user WHERE id = 4")语句，将 user 表中 id=4 的数据删除掉；调用 cursor.execute("SELECT * FROM user")语句查询 user 表，获取表中所有数据；使用 userlist = cursor.fetchall()获取结果集中所有数据并将其赋值给 userlist 列表，然后通过 for 循环输出了表中现有数据的 id、name 和 password；最后调用 conn.commit()提交事务。在 except 语句块中捕获了 Exception 异常，如果发生了异常会输出错误信息，并执行 conn.rollback()方法回滚操作来撤销在 try 语句块中对数据库的操作。最后，在 finally 语句块中关闭了游标和数据库连接。

本 章 总 结

1．数据库是存储在计算机中的、有组织的、可共享的相关数据集合。

2．数据库管理系统是一种操作和管理数据库的软件，用于建立、使用和维护数据库。它对数据库进行统一的管理和控制，以保证数据库的安全性和完整性。目前市场上主流的数据库产品包括 MySQL、SQL Server、Oracle、DB2 等关系型数据库和 MongoDB 和 Redis 等非关系型数据库。

3．SQL 是数据库定义和操作数据库的语言。

4．创建数据库的 SQL 语句为"CREATE DATABASE databaseName"，其中，CREATE DATABASE 是创建数据库操作的关键字；databaseName 是要创建的数据库的名称。

5．删除数据库的 SQL 语句为"DROP DATABASE databaseName"，其中，DROP DATABASE 是删除数据库操作的关键字；databaseName 是被删除的数据库的名称。

6．创建数据库表的 SQL 语句为"CREATE TABLE tablename(列名 1,列名 2,列名 3)"，其中，CREATE TABLE 是创建数据库表操作的关键字；tablename 是创建的表的名称；括号中的内容是表的列信息（包括列名和列的数据类型）。

7．删除数据库表的 SQL 语句为"DROP TABLE tablename"，其中，DROP TABLE 是删除数据库表操作的关键字；tablename 是被删除的表的名称。

8．插入数据的 SQL 语句为"INSERT INTO 表名(字段列表) VALUES(值列表)"，其中，INSERT INTO 是插入数据操作的关键字；VALUES 关键字表示插入的数据的值。

9．删除数据的 SQL 语句为"DELETE FROM 表名 WHERE 条件子句"，其中，DELETE FROM 是删除数据操作的关键字；WHERE 条件子句限定了删除数据所需要符合的条件。

10．更新数据的 SQL 语句为"UPDATE 表名 SET 字段名=值 WHERE 条件子句"，其中，UPDATE 是更新数据操作的关键字；SET 关键字后是更新数据的具体内容；WHERE 关键字限定了更新操作所需要符合的条件。

11．查询数据的 SQL 语句为"SELECT 列名称 FROM 表名称 WHERE 条件子句"，其中，SELECT 是查询数据操作的关键字；SELECT 关键字后是要查询的数据所在的列名称；FROM 限定了在哪张表中查询数据；WHERE 关键字限定了查询操作所需要符合的条件（WHERE 条件子句是可选的，若查询语句后没有 WHERE 条件子句，则查询表中所有数据）。

12．Python 提供了 Python Database API Specification v2.0（简称 DB API），DB API 是一种连接到 SQL 数据库的标准化方式，定义了模块接口、连接对象、游标对象、类型对象和构造函数、可选的数据库 API 扩展和可选的错误处理扩展等。

13．为了连接到数据库，每个数据库模块都提供了一个模块级函数 connect(parameters)，connect()函数实际使用的参数因数据库不同而可能不同，但是通常都包含数据源名称、用户名、密码、主机名称和数据库名称等信息。

14．在使用 connect()函数成功连接数据库后，可以使用返回的 Connection 对象的实例获得数据库的游标对象 Cursor，可以使用游标对象执行 SQL 语句。

15．在操作数据库时，首先要创建连接对象 connection，然后要获取游标对象 cursor，使用游标对象执行 SQL 语句操作数据库，在操作完成后要先关闭游标，再关闭数据库连接。

16．SQLite 是一个 C 语言库，是一种轻量级的基于磁盘的数据库，SQLite 数据库将整个数据库作为一个单独的、可跨平台使用的文件存储在主机中，因其体积很小，所以被广泛应用于手机或被集成到一些应用程序中。Python 内置了 SQLite3，开发者可以通过 import sqlite3 语句导入 SQLite3 模块使用。

17．MySQL 是一个关系型数据库管理系统，是 Oracle 公司旗下产品，由于 MySQL 数据库开源、体积小、速度快，一般中小型和大型网站的开发都选择 MySQL 作为网站数据库。

18．MySQL Workbench 是一款专为 MySQL 数据库设计的、免费的、图形化的数据库设计工具，它在一个开发环境中集成了 SQL 的开发、管理、数据库设计、创建以及维护。

19．在 Python 中，要使用 MySQL 数据库就需要有相应的驱动程序连接 MySQL 数据库，最常用、最稳定的用于连接 MySQL 数据库的 Python 库是 PyMySQL。安装 PyMySQL 是在命令行窗口中输入命令：pip install PyMySQL。在程序中使用 PyMySQL 需通过 import pymysql 语句导入 PyMySQL 模块。

20．在实际开发中，为了避免出现破坏数据库的情况，在操作数据库时，要使用 try…except…finally 语句来处理异常，如果有异常要调用 rollback()方法对数据库操作进行

🖊 回滚，不论有没有异常都要关闭游标和数据库连接。

实 践 项 目

开发一个餐厅点餐系统，要求使用 MySQL 数据库。

项目需求：

（1）系统用户有两类：顾客和餐厅。顾客免登录，餐厅登录需要用户名和密码。

（2）顾客操作：顾客输入就餐人数，系统为顾客匹配座位，并向顾客展示菜名，顾客选择后下单，系统输出订单，并计算出订单金额，由顾客结账。

餐厅操作：餐厅登录后可以修改密码、查看订单列表、获得经营总金额。

初始数据：

（1）餐厅（user 表）登录用户名为 admin，密码为 goodman。

（2）桌号（desk 表）信息见表 13-5。

表 13-5　桌号信息

D_id	编号	人数
1	A001	2
2	A002	4
3	A003	4
4	A004	6
5	A005	8

（3）菜单数据（dishes 表）见表 13-6。

表 13-6　菜单数据

V_id	菜名	价格
1	黑木烤鸭	98
2	小炒黄牛肉	25
3	椒盐基围虾	58
4	白灼菜心	15
5	东坡肘子	68

（4）订单数据（orders 表）结构见表 13-7。

表 13-7　订单数据结构

O_id	桌号	菜品	金额/元	时间
1	A002	黑木烤鸭，椒盐基围虾	156	2023-03-30 18:35:46
2	A001	白灼菜心，东坡肘子	83	2023-03-30 18:55:24

实现效果：

（1）如图 13-24 所示，启动程序后，顾客点餐输入 1，餐厅登录输入 2。当输入 1 时，要求顾客输入用餐人数，根据顾客输入的人数，查询 desk 表，获得桌人数≥就餐人数的数据，并将满足条件的第一条记录的桌安排给顾客，然后输出 dishes 表中的菜单，并让顾客选择菜单中的菜品进行点菜，顾客点菜时，输入要点的菜名的序号，各序号之间用英文逗号隔开。

```
-----------------欢迎使用易好用餐厅管理系统-----------------
顾客点餐请输入1，餐厅登录请输入2：1
请输入用餐人数：6
您可以坐 A004 号桌
~~~~~~~~~~本店特色菜，请点菜~~~~~~~~~~
序号        菜名         价格
1          黑木烤鸭       98
2          小炒黄牛肉     25
3          椒盐基围虾     58
4          白灼菜心       15
5          东坡肘子       68
请输入您要点的菜的序号，菜品之间用",",分隔（如1,2,3）：
```

图 13-24　设置座位和展示菜单

（2）如图 13-25 所示，当用户输入菜品的序号后，让用户确认订单，输出用户就餐人数、座位号、所点的菜的列表，并计算出总金额，要求用户确认订单。

```
请输入您要点的菜的序号，菜品之间用","分隔（如1,2,3）：2,3,5
请确认订单：
您是6人就餐
您的座位号是：  A004
您点的菜是：
序号        菜名         价格
1          小炒黄牛肉     25
2          椒盐基围虾     58
3          东坡肘子       68
您的总消费金额是：  151
请确定订单，支付费用输入y，不确定输入n：
```

图 13-25　顾客点菜并确认订单

（3）如图 13-26 所示，如果用户输入 y 就是确认订单，让用户输入金额完成支付，如果用户输入的金额与系统计算的金额不一致，提示用户，并让用户重新输入，直到用户输入正确为止。当用户输入正确时，完成支付，输出"付款完成，祝您用餐愉快！"，并将顾客订单信息生成一条订单记录插入 orders 表中，效果如图 13-27 所示。

```
请确定订单，支付费用输入y，不确定输入n：y
请输入付款金额：150
输入与应付金额不一致，请重新输入！
请输入付款金额：151
付款完成，祝您用餐愉快！
```

图 13-26　顾客确认订单并支付

Result Grid		Filter Rows:		Edit:	Export/Import:
O_id	dnumb	odish	amount	otime
1	A002	黑木烤鸭，椒盐基围虾	156	2023-03-30 18:35:46
2	A001	白灼菜心，东坡肘子	83	2023-03-30 18:55:24
3	A004	小炒黄牛肉,椒盐基围虾,东坡肘子	151	2023-03-31 00:01:49

图 13-27　保存订单

（4）如图 13-28 所示，若用户输入的是 n，则输出"谢谢，请重新点餐！"并退出程序。

```
请输入您要点的菜的序号，菜品之间用","分隔（如1,2,3）：2,3,5
请确认订单：
您是6人就餐
您的座位号是：  A004
您点的菜是：
序号        菜名              价格
1          小炒黄牛肉           25
2          椒盐基围虾           58
3          东坡肘子            68
您的总消费金额是：  151
请确定订单，支付费用输入y，不确定输入n：n
谢谢，请重新点餐！
```

图 13-28　顾客不确认订单

（5）如图 13-29 所示，如果用户输入 2，以餐厅角色进入系统，输入用户名和密码，若账号验证失败，则提示"用户名或密码错误，请重新输入或联系管理员！"并退出系统。

```
-----------------欢迎使用易好用餐厅管理系统-----------------
顾客点餐请输入1，餐厅登录请输入2：2
请输入用户名：admin
请输入密码：hello123
用户名或密码错误，请重新输入或联系管理员！
```

图 13-29　餐厅登录，身份验证失败

（6）如图 13-30 所示，如果餐厅登录，身份验证成功，就可以选择修改密码功能和查看订单功能，修改密码功能为输入新密码、更新 user 表。

```
-----------------欢迎使用易好用餐厅管理系统-----------------
顾客点餐请输入1，餐厅登录请输入2：2
请输入用户名：admin
请输入密码：goodman
请选择要进行的操作，1为修改密码，2为查看订单：1
请输入新密码：123456
密码修改成功！
```

图 13-30　餐厅登录成功，并修改密码

（7）如图 13-31 所示，若用户进行的操作是查看订单，则输出所有订单信息，并输出经营总金额。

```
-----------------欢迎使用易好用餐厅管理系统-----------------
顾客点餐请输入1，餐厅登录请输入2：2
请输入用户名：admin
请输入密码：123456
请选择要进行的操作，1为修改密码，2为查看订单：2
-------------------------当前所有订单信息-------------------------
序号  桌号        菜品                    金额            时间
1    A002   黑木烤鸭，椒盐基围虾            156    2023-03-30 18:35:46
2    A001   白灼菜心，东坡肘子             83     2023-03-30 18:55:24
3    A004   小炒黄牛肉，椒盐基围虾，东坡肘子   151    2023-03-31 00:01:49

当前经营总金额为：  390
```

图 13-31　输出所有订单信息

第 14 章 综合实战项目

本书 1～13 章对 Python 核心技术进行了详细讲解,希望读者在学习过程中认真完成示例和实践项目,本章将通过综合实战项目将所学技术综合运用,加深读者对技术的理解,强化读者对技能的掌握。

14.1 功 能 设 计

14.1.1 系统功能结构

开发一个单机版的小说阅读器,功能模块包括用户注册、用户登录、查看小说列表、查看收藏列表、修改小说、删除小说等功能,功能结构如图 14-1 所示。

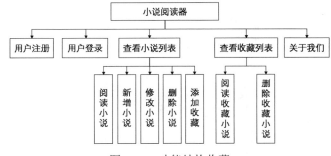

图 14-1 功能结构收藏

14.1.2 系统业务流程

小说阅读器系统流程如图 14-2 所示。

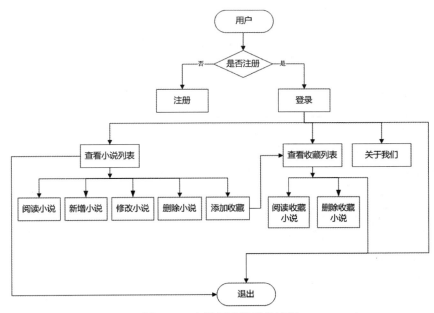

图 14-2 小说阅读器系统流程

14.2 开 发 环 境

14.2.1 开发环境简介

本软件的开发及运行环境如下。

操作系统：Windows10 及以上。

数据库：MySQL 8.0.31.0。

操作库管理工具：MySQL Workbench8.0.32-winx64。

开发工具：PyCharm。

第三方模块：PyMySQL。

编码格式：UTF-8。

14.2.2 程序目录结构

程序目录结构如图 14-3 所示。

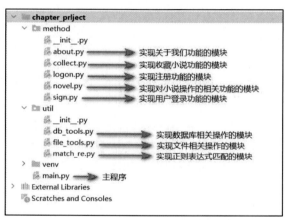

图 14-3 程序目录结构

14.3 需 求 分 析

14.3.1 用户注册

功能名称	用户注册
功能描述	用于用户注册
访问方式	1
输入	用户名、密码、确认密码、手机号、邮箱
输出	是否注册成功的提示信息
逻辑过程	启动程序，1 为注册，2 为登录 注册信息及要求： 用户名：由英文字母和数字组成，长度为 4～12 个字符，以英文字母开头 密码：由大小写字母和数字组成，长度为 6～10 个字符 验证密码：要求与密码一致 手机号：11 位手机号

续表

逻辑过程	邮箱：符合邮箱格式要求 用户输入信息要通过正则表达式验证，如果输入不符合规则要提示用户重新输入，直到每条信息都输入正确，全部验证通过后将用户信息保存在 TBL_USER 表中
所涉及表	TBL_USER
效果图	------------------欢迎使用文心小说阅读器------------------ 注册请输入1，登录请输入2，退出请输入0：1 请输入用户名（英文字母和数字组成，长度为4～12个字符，以英文字母开头）：chinaboy 请输入密码（由大小写字母和数字组成，长度为6～10个字符）：123 密码不符合规则，请重新输入！ 请输入密码（由大小写字母和数字组成，长度为6～10个字符）：123abc 确认密码（请再次输入密码）：123 两次密码不一致，请重新输入！ 确认密码（请再次输入密码）：123abc 请输入您的手机号：138123456 手机号码不符合规则，请重新输入！ 请输入您的手机号：13812345678 请输入您的邮箱：zxchpx 邮箱地址不符合规则，请重新输入！ 请输入您的邮箱：zxchpx@163.com 注册成功！

14.3.2　用户登录

功能名称	用户登录
功能描述	用于用户登录
访问方式	2
输入	用户名、密码
输出	是否登录成功的提示信息
逻辑过程	启动程序，1 为注册，2 为登录 登录信息及要求： 用户输出用户名和密码查询数据库，若与数据库保存信息一致，则登录成功，否则登录失败
所涉及表	TBL_USER
效果图	------------------欢迎使用文心小说阅读器------------------ 注册请输入1，登录请输入2，退出请输入0：2 请输入用户名：chinaboy 请输入密码：123 用户名或密码错误！ 请输入用户名：chinaboy 请输入密码：123abc 登录成功！ 查看小说列表请输入1，查看收藏列表请输入2，查看关于我们请输入3，退出请输入0 请输入您选择的功能序号：

14.3.3　查看小说列表

功能名称	查看小说列表
功能描述	用于查看小说列表
访问方式	1

输入	无
输出	小说列表
逻辑过程	用户登录成功后，输入 1 为查看小说列表，查询数据库获取小说列表并输出，输出字段：序列、书名、作者、出版社、内容简介
所涉及表	TBL_NOVEL
效果图	1．无小说的情况 查看小说列表请输入1，查看收藏列表请输入2，查看关于我们请输入3，退出请输入0 请输入您选择的功能序号：1 还没有小说，请先新增小说！ 阅读小说11，新增小说12，修改小说13，删除小说14，添加收藏15，退出程序0 2．有小说的情况 ------------------欢迎使用文心小说阅读器------------------ 注册请输入1，登录请输入2，退出输入0：2 请输入用户名：chinaboy 请输入密码：123abc 登录成功！ 查看小说列表请输入1，查看收藏列表请输入2，查看关于我们请输入3，退出请输入0 请输入您选择的功能序号：1 ------------------------------小说列表------------------------------ 序号　　书名　　　　作者　　　　　出版社　　　　　　　内容简介 1　　岁月如歌　　　席杰　　　中国人民大学音像出版社　　《岁月如歌》是一部优··· 2　　演讲的力量　　克里斯安德森　中信出版集团股份有限公司　　在《演讲的力量》中，··· 3　　任正非传　　　孙力科　　浙江人民出版社　　　任正非，一个中国商业··· 4　　平凡的世界　　路遥　　　中国文联出版公司　　在这本书里，讲述的是··· 阅读小说11，新增小说12，修改小说13，删除小说14，添加收藏15，退出程序0 请输入您要执行的操作的序号：

14.3.4　查看收藏列表

功能名称	查看收藏列表
功能描述	用于查看收藏列表
访问方式	2
输入	无
输出	收藏列表
逻辑过程	用户登录成功后，输入 2 为查看收藏列表，查询 TBL_NOVEL 表，获取 collect 字段为"是"的信息并输出，输出字段：序列、书名、作者、出版社、内容简介
所涉及表	TBL_NOVEL
效果图	1．无收藏的情况 ------------------欢迎使用文心小说阅读器------------------ 注册请输入1，登录请输入2，退出输入0：2 请输入用户名：chinaboy 请输入密码：123abc 登录成功！ 查看小说列表请输入1，查看收藏列表请输入2，查看关于我们请输入3，退出请输入0 请输入您选择的功能序号：2 还没有收藏的小说，请先收藏小说！ 阅读收藏小说21，删除收藏小说22，退出程序0 请输入您要执行的操作的序号：

续表

效果图	2. 有收藏的情况

```
-----------------欢迎使用文心小说阅读器-----------------
注册请输入1，登录请输入2，退出请输入0：2
请输入用户名：chinaboy
请输入密码：123abc
登录成功！
查看小说列表请输入1，查看收藏列表请输入2，查看关于我们请输入3，退出请输入0
请输入您选择的功能序号：2
---------------------------------------小说收藏列表-----------------------------------
序号     书名          作者          出版社                 内容简介
1      岁月如歌        席杰        中国人民大学音像出版社      《岁月如歌》是一部优···
2      平凡的世界       路遥        中国文联出版公司          在这本书里，讲述的是···
阅读收藏小说21，删除收藏小说22，退出程序0
请输入您要执行的操作的序号：
```

14.3.5　关于我们

功能名称	关于我们
功能描述	用于查看版本信息、软件介绍等信息
访问方式	3
输入	无
输出	软件版本信息和软件介绍信息
逻辑过程	用户登录成功后，输入 3 为查看关于我们，查询数据库获取相关信息并输出
所涉及表	TBL_ABOUT
效果图	

```
-----------------欢迎使用文心小说阅读器-----------------
注册请输入1，登录请输入2，退出请输入0：2
请输入用户名：chinaboy
请输入密码：123abc
登录成功！
查看小说列表请输入1，查看收藏列表请输入2，查看关于我们请输入3，退出请输入0
请输入您选择的功能序号：3
-------------------------------------关于我们------------------------------------
版本：    V1
版权：   统信国基（北京）科技有限公司
简介：   欢迎使用文心小说阅读器，本软件是一款单机版的小说阅读软件，可以实现小说阅读、新增、修改、删除和收藏等功能，希望您能喜欢。
-------------------------------------------------------------------
查看小说列表请输入1，查看收藏列表请输入2，查看关于我们请输入3，退出请输入0
请输入您选择的功能序号：
```

14.3.6　阅读小说

功能名称	阅读小说
功能描述	在展示小说列表后，用于查看小说详细信息
访问方式	11
输入	小说名称
输出	小说详情
逻辑过程	在小说列表下，输入 11 进入阅读小说功能，输入小说名称，根据小说名称查询 TBL_NOVEL 表输出小说基本信息，并读取 D:\novel\小说名称.txt 文件，输出小说内容
所涉及表	TBL_NOVEL
所涉及文件	D:\novel\小说名称.txt

续表

效果图	------------------欢迎使用文心小说阅读器------------------ 注册请输入1，登录请输入2，退出请输入0; 2 请输入用户名: chinaboy 请输入密码: 123abc 登录成功! 查看小说列表请输入1，查看收藏列表请输入2，查看关于我们请输入3，退出请输入0 请输入您选择的功能序号: 1 --------------------小说列表-------------------- 序号　书名　　　　作者　　　　　出版社　　　　　　　内容简介 1　　岁月如歌　　　席杰　　　中国人民大学音像出版社　《岁月如歌》是一部优··· 2　　演讲的力量　　克里斯安德森　中信出版集团股份有限公司　在《演讲的力量》中，··· 3　　任正非传　　　孙力科　　　浙江人民出版社　　　　　任正非，一个中国商业··· 4　　平凡的世界　　路遥　　　　中国文联出版公司　　　　在这本书里，讲述的是··· 阅读小说11，新增小说12，修改小说13，删除小说14，添加收藏15，退出程序0 请输入您要执行的操作的序号: 11 请输入要阅读的小说书名: 平凡的世界 小说名称:　平凡的世界 小说作者:　路遥 小说出版社:　中国文联出版公司 小说简介:　在这本书里，讲述的是最平凡的人和最平凡的现实，这本书可以让你沉淀下来，看清现实，会让你以一颗最坚韧的心，去拼搏、去奋斗、 小说内容:　1975年初农民子弟孙少平到原西县高中读书，他贫困、自卑，后对处境相同的地主家庭出身的郝红梅产生情愫，在被同班同学侯玉英发 查看小说列表请输入1，查看收藏列表请输入2，查看关于我们请输入3，退出请输入0 请输入您选择的功能序号:

14.3.7　新增小说

功能名称	新增小说
功能描述	在展示小说列表后，用于新增小说
访问方式	12
输入	小说名称、作者、出版社、小说简介、小说内容
输出	新增是否成功信息 新增成功：新增小说成功，并输出小说列表 新增失败：新增小说失败
逻辑过程	在小说列表下，输入 12 进入新增小说功能，输入小说名称、作者、出版社、小说简介和小说内容，将小说名称、作者、出版社、小说简介保存在 TBL_NOVEL 表，将小说内容保存在 D:\novel\小说名称.txt 文件
所涉及表	TBL_NOVEL
所涉及文件	D:\novel\小说名称.txt
效果图	查看小说列表请输入1，查看收藏列表请输入2，查看关于我们请输入3，退出请输入0 请输入您选择的功能序号: 1 --------------------小说列表-------------------- 序号　书名　　　　作者　　　　　出版社　　　　　　　内容简介 1　　岁月如歌　　　席杰　　　中国人民大学音像出版社　《岁月如歌》是一部优··· 2　　演讲的力量　　克里斯安德森　中信出版集团股份有限公司　在《演讲的力量》中，··· 3　　任正非传　　　孙力科　　　浙江人民出版社　　　　　任正非，一个中国商业··· 4　　平凡的世界　　路遥　　　　中国文联出版公司　　　　在这本书里，讲述的是··· 阅读小说11，新增小说12，修改小说13，删除小说14，添加收藏15，退出程序0 请输入您要执行的操作的序号: 12 请输入小说书名: 尘埃落定 请输入小说作者: 阿来 请输入小说出版社: 人民文学出版社 请输入小说简介: 小说描写一个声势显赫的康巴藏族土司，在酒后和汉族太太生了一个傻瓜儿子。这个人人都认定的傻子 请输入小说内容: 那是个下雪的早晨，我躺在床上，听见一群野画眉在窗子外边声声呼唤。 母亲正在铜盆中洗手，她把一双白净修长的手浸泡在温暖的牛奶里，吁吁地嘬着气，好像使双手漂亮是件十分累人的事情 然后，她叫了一声桑吉卓玛。 侍女桑吉卓玛应声端着另一个铜盆走了进来。那盆牛奶给放到地上。母亲软软地叫道："来呀，多多。养小狗从柜子下面哪 --------------------小说列表-------------------- 序号　书名　　　　作者　　　　　出版社　　　　　　　内容简介 1　　岁月如歌　　　席杰　　　中国人民大学音像出版社　《岁月如歌》是一部优··· 2　　演讲的力量　　克里斯安德森　中信出版集团股份有限公司　在《演讲的力量》中，··· 3　　任正非传　　　孙力科　　　浙江人民出版社　　　　　任正非，一个中国商业··· 4　　平凡的世界　　路遥　　　　中国文联出版公司　　　　在这本书里，讲述的是··· 5　　尘埃落定　　　阿来　　　　人民文学出版社　　　　　小说描写一个声势显赫··· 查看小说列表请输入1，查看收藏列表请输入2，查看关于我们请输入3，退出输入0 请输入您选择的功能序号:

效果图	小说保存目录

Data (D:) > novel

名称	类型	大小
尘埃落定.txt	文本文档	1 KB
平凡的世界.txt	文本文档	2 KB
任正非传.txt	文本文档	1 KB
岁月如歌.txt	文本文档	2 KB
演讲的力量.txt	文本文档	2 KB

14.3.8　修改小说

功能名称	修改小说
功能描述	在展示小说列表后，用于修改小说
访问方式	13
输入	小说名称、作者、出版社、小说简介
输出	修改是否成功信息 修改成功：提示修改小说成功，并输出小说列表 修改失败：提示修改小说失败
逻辑过程	在小说列表下，输入 13 进入修改小说功能，输入要修改小说的名称，可修改小说作者、出版社、简介。将新的小说作者、出版社、简介更新至 TBL_NOVEL 表
所涉及表	TBL_NOVEL
效果图	（见下方效果图）

```
阅读小说11，新增小说12，修改小说13，删除小说14，添加收藏15，退出程序0
请输入您要执行的操作的序号：13
请输入要修改的小说书名：岁月如歌
请输入该小说的作者：席杰
请输入该小说的出版社：人民文学出版社
请输入该小说的简介：《岁月如歌》是一部三十余万字的长篇小说，作者席杰为我们精心塑造了近四十个不同性格的人物形象。
小说修改成功！
-----------------------------------小说列表-----------------------------------
序号    书名          作者          出版社              内容简介
1     岁月如歌        席杰          人民文学出版社          《岁月如歌》是一部三···
2     演讲的力量       克里斯安德森     中信出版集团股份有限公司     在《演讲的力量》中，···
3     任正非传        孙力科         浙江人民出版社          任正非，一个中国商业···
4     平凡的世界       路遥          中国文联出版公司         在这本书里，讲述的是···
5     尘埃落定        阿来          人民文学出版社          小说描写一个声势显赫···
查看小说列表请输入1，查看收藏列表请输入2，查看关于我们请输入3，退出请输入0
请输入您选择的功能序号：
```

14.3.9　删除小说

功能名称	删除小说
功能描述	在展示小说列表后，用于删除小说
访问方式	14
输入	小说名称
输出	删除是否成功信息 删除成功：提示删除成功，并输出小说列表 删除失败：提示删除失败
逻辑过程	在小说列表下，输入 14 进入删除小说功能，输入要删除的小说名称，将该小说信息从 TBL_NOVEL 表删除，将小说内容文件 D:\novel\小说名称.txt 文件同步删除
所涉及表	TBL_NOVEL

所涉及文件	D:\novel\小说名称.txt
效果图	查看小说列表请输入1，查看收藏列表请输入2，查看关于我们请输入3，退出请输入0 请输入您选择的功能序号：*1* ------------------------------小说列表------------------------------ 序号　书名　　　　　作者　　　　　　出版社　　　　　　　　内容简介 1　　岁月如歌　　　　席杰　　　　　　人民文学出版社　　　　《岁月如歌》是一部三··· 2　　演讲的力量　　　克里斯安德森　　中信出版集团股份有限公司　　在《演讲的力量》中，··· 3　　任正非传　　　　孙力科　　　　　浙江人民出版社　　　　任正非，一个中国商业··· 4　　平凡的世界　　　路遥　　　　　　中国文联出版公司　　　在这本书里，讲述的是··· 5　　尘埃落定　　　　阿来　　　　　　人民文学出版社　　　　小说描写一个声势显赫··· 阅读小说11，新增小说12，修改小说13，删除小说14，添加收藏15，退出程序0 请输入您要执行的操作的序号：*14* 请输入要删除的小说书名：*演讲的力量* 小说文件删除成功！ ------------------------------小说列表------------------------------ 序号　书名　　　　　作者　　　　　　出版社　　　　　　　　内容简介 1　　岁月如歌　　　　席杰　　　　　　人民文学出版社　　　　《岁月如歌》是一部三··· 2　　任正非传　　　　孙力科　　　　　浙江人民出版社　　　　任正非，一个中国商业··· 3　　平凡的世界　　　路遥　　　　　　中国文联出版公司　　　在这本书里，讲述的是··· 4　　尘埃落定　　　　阿来　　　　　　人民文学出版社　　　　小说描写一个声势显赫··· 查看小说列表请输入1，查看收藏列表请输入2，查看关于我们请输入3，退出请输入0 请输入您选择的功能序号：

14.3.10　添加收藏

功能名称	添加收藏
功能描述	在展示小说列表后，用于将小说添加至收藏列表
访问方式	15
输入	小说名称
输出	添加是否成功信息 添加成功：提示××小说收藏成功，并输出收藏列表 添加失败：提示××小说收藏失败
逻辑过程	在小说列表下，输入 15 进入收藏小说功能，输入要收藏的小说名称，在 TBL_NOVEL 表中将该小说的 collect 字段设置为"是"
所涉及表	TBL_NOVEL
所涉及文件	D:\novel\小说名称.txt
效果图	查看小说列表请输入1，查看收藏列表请输入2，查看关于我们请输入3，退出请输入0 请输入您选择的功能序号：*1* ------------------------------小说列表------------------------------ 序号　书名　　　　　作者　　　　　　出版社　　　　　　　　内容简介 1　　岁月如歌　　　　席杰　　　　　　人民文学出版社　　　　《岁月如歌》是一部三··· 2　　任正非传　　　　孙力科　　　　　浙江人民出版社　　　　任正非，一个中国商业··· 3　　平凡的世界　　　路遥　　　　　　中国文联出版公司　　　在这本书里，讲述的是··· 4　　尘埃落定　　　　阿来　　　　　　人民文学出版社　　　　小说描写一个声势显赫··· 阅读小说11，新增小说12，修改小说13，删除小说14，添加收藏15，退出程序0 请输入您要执行的操作的序号：*15* 请输入要收藏的小说书名：*尘埃落定* ------------------------------小说收藏列表------------------------------ 序号　书名　　　　　作者　　　　出版社　　　　　　内容简介 1　　岁月如歌　　　席杰　　　　人民文学出版社　　《岁月如歌》是一部三··· 2　　平凡的世界　　路遥　　　　中国文联出版公司　　在这本书里，讲述的是··· 3　　尘埃落定　　　阿来　　　　人民文学出版社　　小说描写一个声势显赫··· 查看小说列表请输入1，查看收藏列表请输入2，查看关于我们请输入3，退出请输入0 请输入您选择的功能序号：

14.3.11　阅读收藏小说

功能名称	阅读小说
功能描述	在展示收藏小说列表后，用于阅读收藏列表下的小说
访问方式	21
输入	小说名称
输出	小说详细信息
逻辑过程	在小说收藏列表下，输入 21 进入阅读收藏小说功能，输入小说名称，根据小说名称查询 TBL_NOVEL 表输出小说基本信息，并读取 D:\novel\小说名称.txt 文件，输出小说内容
所涉及表	TBL_NOVEL
所涉及文件	D:\novel\小说名称.txt
效果图	

14.3.12　删除收藏小说

功能名称	删除收藏小说
功能描述	在展示收藏小说列表后，用于将小说从收藏列表中删除
访问方式	22
输入	小说名称
输出	删除是否成功信息 删除成功：提示××小说删除成功，并输出收藏列表 删除失败：提示××小说删除失败
逻辑过程	在小说收藏列表下，输入 22 进入删除收藏小说功能，输入要删除的小说名称，在 TBL_NOVEL 表中将该小说的 collect 字段设置为"否"
所涉及表	TBL_NOVEL
效果图	

14.3.13　退出程序

功能名称	退出程序
功能描述	在程序中可以退出程序的位置输入 0，则退出程序
访问方式	0
输入	无
输出	输出提示信息：谢谢使用，退出系统！
逻辑过程	执行 exit()函数，退出程序
效果图	------------------欢迎使用文心小说阅读器------------------ 注册请输入1，登录请输入2，退出请输入0：2 请输入用户名：*chinaboy* 请输入密码：*123abc* 登录成功！ 查看小说列表请输入1，查看收藏列表请输入2，查看关于我们请输入3，退出请输入0 请输入您选择的功能序号：0 谢谢使用，退出系统！

14.4　详　细　设　计

14.4.1　数据库设计

1．用户表

表名	TBL_USER				
说明	用于保存用户的注册信息				
字段	PK_UID	name	password	phone	email
字段说明	用户表 id	用户名	密码	电话	邮箱
类型	int	varchar(20)	varchar(20)	varchar(15)	varchar(30)
备注	主键、自增长				

2．小说表

表名	TBL_NOVEL					
说明	用于保存小说的基本信息					
字段	PK_NID	name	author	press	profile	collect
字段说明	id	小说名称	小说作者	出版社	简介	是否收藏
类型	int	varchar(20)	varchar(20)	varchar(30)	varchar(100)	varchar(6)
备注	主键、自增长					是/否

3．关于我们表

表名	TBL_ABOUT			
说明	用于保存小说的基本信息			
字段	PK_AID	version	copyright	profile

字段说明	id	版本号	版权	简介
类型	int	varchar(5)	varchar(45)	varchar(200)
备注	主键、自增长			

14.4.2　文件保存设计

小说列表保存根目录：D:\novel。

小说命名格式：小说名称.txt。

14.5　开 发 计 划

用例	开发完成时间	测试通过时间	备注
功能 1：用户注册			
功能 2：用户登录			
功能 3：查看小说列表			
功能 4：查看收藏列表			
功能 5：关于我们			
功能 6：阅读小说			
功能 7：新增小说			
功能 8：修改小说			
功能 9：删除小说			
功能 10：添加收藏			
功能 11：阅读收藏小说			
功能 12：删除收藏小说			
功能 13：退出程序			

读书笔记